PAUL ZSOLNAY VERLAG

ETHLIE ANN VARE UND GREG PTACEK

Patente Frauen

Große Erfinderinnen

Aus dem Amerikanischen von
Christa Broermann

PAUL ZSOLNAY VERLAG
WIEN - DARMSTADT

Bildnachweis: Seite 65 Transglobe/Interfoto, Seite 150 Transglobe/Inter-
foto, Seite 150 Keystone Press Agency, Seite 154 Transglobe/Interfoto,
Seite 160 Votava.

2. Auflage 1990

Umschlag und Einband: Tinka Schlotterer, BRD
Satzerfassung und Codierung: Profitext der iM Software GmbH,
Leonberg-Warmbronn: Satzcode von Dr. Ulrich Mihr
Umbruch: Ventura Publisher durch Büro Dr. Ulrich Mihr
Belichtung: Setzerei Kittelberger, Reutlingen-Rommelsbach
Druck und Bindung: May & Co., Darmstadt
Printed in Germany
ISBN 3-552-04117-6

CIP-Kurztitelaufnahme der Deutschen Bibliothek

Vare, Ethlie Ann:
Patente Frauen : große Erfinderinnen / Ethlie Ann Vare; Greg Ptacek.
Aus d. Amerikan. von Christa Broermann. - Wien;
Darmstadt: Zsolnay, 1989
    Einheitssacht.: Mothers of invention < dt. >
    ISBN 3-552-04117-6
NE: Ptacek, Greg:

Patente Frauen

Große Erfinderinnen

Inhaltsverzeichnis

Für unsere Mütter

SHIRLEY M. RILEY
LORIN WADE

von zwei ihrer eher zweifelhaften Erfindungen

Vorwort

von Annemarie Renger

Erfindungen – dabei denkt man an Technik und technischen Fortschritt durch Erfindungen – und dabei denkt man an die männlichen Genies, die dazu beigetragen haben, medizinischen Fortschritt in Diagnostik und Therapie intensiv zu befördern, die Raumfahrt und ihre wissenschaftlichen Begleitprogramme zu ermöglichen und auch den technischen Fortschritt im Alltag umzusetzen. Frauen kommen da kaum in den Sinn, es sei denn, man greift in die Geschichte zurück. Dann fallen einem Namen wie Madame Curie und Melitta Bentz ein – viel mehr aber nicht.

Wie die Autoren nachweisen, ist das Verschweigen von Erfinderinnen durchaus keine Angelegenheit der Moderne, das im „männlichen Chauvinismus des 19. Jahrhunderts" einen traurigen Höhepunkt erreichte.

Bereits im antiken Athen war es den Frauen „bei Todesstrafe untersagt, Medizin oder Heilkunde zu studieren oder auszuüben". Der „Hexenhammer", eine pseudotheologische Schrift, die über lange Zeit entscheidenden Einfluß auf die gesellschaftliche Unterdrückung der Frauen ausüben konnte, weil sich die kirchlichen Hierarchien dieses Traktates immer wieder bedienten, um aufkommende Emanzipationswünsche von Frauen zu unterdrücken, verkündete gar: „Wenn eine Frau allein denkt, denkt sie Böses."

Doch die Entwicklung des Eindringens von Frauen in Berufsbereiche, die bisher ausschließlich den Männern vorbehalten waren, ließ sich – trotz mancherlei traditioneller Vorurteile – letztlich nicht aufhalten. Heute mutet es geradezu skurril an, wenn man erfährt, daß es Frauen noch Anfang des letzten Jahrhunderts äußerst schwer

11

gemacht wurde, öffentliche Bibliotheken(!) zu besuchen und für ihre wissenschaftlichen Vorhaben zu nutzen.

Grundlage eines solchen Verhaltens der Gesellschaft gegenüber den Frauen war die von Männern propagierte Meinung, daß es den Frauen genügen müsse, die Genies zu gebären und sie großzuziehen – alles weitere werde dann vom „starken Geschlecht" besorgt.

Es gibt aber eine nicht endenwollende Reihe von Frauen, die entscheidend dazu beigetragen haben, daß Fortschritte im Bereich der Technik, der Forschung und ihrer Anwendung im täglichen Leben durchaus nicht ausschließlich mit männlichen Erfindungen gleichzusetzen sind.

Die Autoren haben mit dem jetzt in deutscher Sprache vorgelegten Buch ein Kompendium vorgelegt, das alle Zweifel an der weiblichen Fähigkeit zu bahnbrechenden Erfindungen in unterschiedlichen Bereichen ausräumt.

Es ist den Verfassern gelungen, nicht nur die Vielfalt weiblichen Genies darzustellen, sondern es ist ihnen geglückt, die Geschichte der unzähligen Erfindungen von Frauen auch so aufzubereiten, daß es Spaß macht, das umfangreiche Werk zu lesen, weil es neugierig macht.

Da werden sträflichst vergessene Frauen wieder in Erinnerung gerufen, so z. B. Lise Meitner, die mit Max Planck, Otto Hahn und Niels Bohr und dessen Frau zusammengearbeitet hat, ihre wissenschaftliche Leistung ist in Deutschland aufgrund ihrer jüdischen Herkunft und ihrer pazifistischen Einstellung nie richtig gewürdigt worden – im Bewußtsein unseres Volkes ist sie wahrscheinlich gar nicht vorhanden.

Wer weiß schon, daß die Erfindung zur Bekämpfung von Krankheiten wie der Meningitis von einer Frau stammt – wer hat je davon gehört, daß die erste Computer Software von Grace Murray Hopper entwickelt wurde, die erste Installation einer Solarheizung von einer Frau vorgenommen wurde?

Als Rosalynn Yalow den Medizin-Nobelpreis im Jahr 1977 erhielt, sagte sie anläßlich der Preisverleihung: „Die Welt kann es sich nicht leisten, die Talente der Hälfte ihrer Bevölkerung zu verschwenden, wenn die vielen Probleme, die uns bedrängen, gelöst werden sollen."

Inzwischen macht sich in unserer Gesellschaft die Erkenntnis breit, daß Frauen, wenn sie nur rechtzeitig und in gleichem Umfang wie die Männer in den technischen Fächern unterrichtet werden, gleich gute oder bessere Ergebnisse erzielen. Die immer noch vorhandenen

Schwierigkeiten aufgrund der doppelten Rolle, die ihnen zumeist als Frau und Mutter zuwächst, müssen stetig und nachdrücklich reduziert werden, um ihnen faire und gleichberechtigte Bedingungen zu schaffen, wie sie unser Grundgesetz vorschreibt. Welche Frau und Mutter hat nicht noch die Hälfte eines aktiven Lebens vor sich, wenn die Kinder das Haus verlassen? Sollen diese Jahre für sie und für uns, die wir vom technischen Fortschritt leben, ungenutzt verstreichen? Vieles ist in den letzten Jahrzehnten auf den Weg gebracht worden, aber vieles bleibt auch in den vor uns liegenden Jahren noch zu tun.

Ich hoffe sehr, daß dieses Buch dazu beiträgt, Vorurteilshaltungen mittels Fakten zu korrigieren und Frauen in ihrer Rolle als Fortschrittsfaktor in unserer gesellschaftlichen Entwicklung zu begreifen.

Hoffentlich nehmen viele Männer dieses Buch in die Hand – für Frauen, die noch selbst Zweifel an ihren Fähigkeiten haben, sollte es Pflichtlektüre sein.

Es ist erstaunlich und erfreulich zugleich, wenn man nachlesen kann, welche Erfindungen alle auf das Konto von Frauen gehen – und manchmal wird man darüber schmunzeln, wie solche Erfindungen tatsächlich entstanden sind.

Annemarie Renger, Bundestagsvizepräsidentin
Bonn, im Juni 1989

Danksagung

Ein so ehrgeiziges Vorhaben wie die Zusammenstellung des ersten Buches über Erfinderinnen erfordert die Unterstützung vieler Einzelpersonen und Organisationen. Wir möchten den folgenden Institutionen und ihren Vertretern für die Mitwirkung an diesem Buch danken und uns bei all denen entschuldigen, die wir versehentlich vergessen haben:

Dem US-Patent- und Warenzeichenamt; dem Women's Bureau im US-Arbeitsministerium; dem Patent Information Clearinghouse; dem Innovation Invention Network; Norman C. Parrish vom National Congress of Inventor Organizations; Susan Boone von den Women History Archives am Smith College; Pat Parrett und Ray Bower von der Carnegie Institution in Washington; der Society of Women Engineers; Ann Forfreedom und dem Women's Research and Resource Center; der Business and Professional Women's Foundation; T. A. Appel von der American Physiological Society; dem American Statistical Association's Committee on Women in Statistics; Roberta Toole von der Inventor's Association von St. Louis; Russell D. Egnor; Anna C. Urband und Patricia W. Viets vom US-Marineministerium; Lisa Brower vom Vassar College; Carole Manloff von den Melitta-Werken; der Nestlé Corporation; der Gillette Corporation; Maggie E. Weisberg von der Inventor's Workshop International Education Foundation; Nikki E. Godwin von der Bette Clair MacMurray Foundation; der Gihon Foundation; Deborah J. Warner und Bernard S. Finn vom National Museum of American History; Carolyn Kopp von der Rockefeller University; Nancy Cuoto von der Cornell University Press; Eileen Reilley von der American Chemical Society; Elizabeth Shenton vom Radcliffe College; der Atlanta University; der University of Arizona; der American Home Economics Association; Matilda McQuaid vom Ameri-

15

can Institute of Architects; den Intellectual Property Owners; dem Memphis State University Center for Research on Women; der National Women's Hall of Fame; dem Minnesota Inventors Congress; dem Southwest Institute for Research on Women; der Königlichen Schwedischen Akademie der Wissenschaften; Robert C. Post von der Zeitschrift *Technology and Culture;* dem *Weekly Reader;* der National Society of Black Engineers; dem Inventors Club of America; Susan Green von der University of Washington in Seattle; Dorothy T. Globus vom Cooper-Hewitt Museum; dem Medical College of Pennsylvania; der National Society of the Daughters of the American Revolution; dem American Institute of Aeronautics and Astronautics; Professor Margaret Rossiter und Professor Harriet Zuckerman.

Wir möchten auch den folgenden Personen für ihren Zeitaufwand und ihre Mitarbeit danken: Stephanie Kwolek, Ruth Handler, Edie Adams, Stella Gräfin Andrassy, Betsy Ancker-Johnson, Isabella Karle, Yvonne Slaughter, Donald Saccone und Michael Nesmith.

Außerdem möchten wir den folgenden Freunden und Kollegen ganz besonders herzlich danken, ohne die die Verwirklichung dieses Projekts nicht möglich gewesen wäre: Madeleine Morel, Karen Moline, Alison Brown Cerier, Andy Ambraziejus, Mary Toldeo, Howard Weinstein, Evangeline Griego, R. J. Stevens, Lindsay Brohamer, Fiona Brohamer, Phalen G. Hurewitz, Jill Richmond, Jessica M. A. Speetjens, Shirley Riley und Professor Anne Fausto-Sterling von der Brown University.

Und schließlich Dank an Alisse Kingsley, John Hunt und Russel Vare, die stets zur Stelle waren, wenn wir sie brauchten, Dank an Vicki Radovsky für die zündende Idee und Julie Newmar für ihre Großzügigkeit.

Ethlie Ann Vare und Greg Ptacek

Die Anschrift für Briefe an die Autoren lautet:
8306 Wilshire Boulevard
Suite 6003
Beverly Hills, California 90211

Einleitung

Einer der ersten Erfinder, die in jeder amerikanischen Grundschulfibel vorgestellt werden, ist Eli Whitney, das Genie, das 1793 die Entkörnungsmaschine für Baumwolle erfunden haben soll. In Wirklichkeit hat Mr. Whitney die Entkörnungsmaschine weder 1793 erfunden noch in irgend einem anderen Jahr. Eli Whitney baute lediglich eine Vorrichtung, die von Mrs. Catherine Littlefield Greene, einer schönen Frau aus Georgia, entworfen, vervollkommnet und auf den Markt gebracht wurde. Im Gegensatz zu ihrem in Massachusetts geborenen Gast war sie mit den Samenkapseln der Baumwolle bestens vertraut.

In manchen Darstellungen wird behauptet, Mrs. Greene habe Eli Whitney die vollständigen Pläne für die Entkörnungsmaschine überreicht, in anderen, sie habe „lediglich" die Idee gehabt und die Arbeit finanziert. Wie dem auch immer gewesen sein mag, Catherine Littlefield Greene wurde von den Verfassern der Grundschulfibeln vergessen.

Frauen haben in Amerika schon Dinge erfunden, als es die Vereinigten Staaten noch gar nicht gab, und ebenso in anderen Erdteilen, als man in unserem Kulturkreis von Amerika noch nichts wußte. Catherine Littlefield Greene ist auch beileibe nicht die einzige erfinderische Frau, deren Leistungen von den Geschichtsschreibern unterschlagen worden sind. Es scheint ein ideologischer Standard der westlichen Welt zu sein, daß Frauen unfähig sind, etwas zu erfinden, obwohl die Tatsachen dieser Auffassung vielfach widersprechen. Diese irrige Annahme wurde dadurch untermauert, daß eine ganze Reihe von Fakten einfach bewußt übergangen wurden.

Sogar im *Smithsonian Museum* sind auf dem Gemälde, das die großen Erfinder Amerikas ehrt – „Männer des Fortschritts" von John Lawrence Mott, um 1856 –, eben nur Männer abgebildet. Alle sind Weiße und älter als vierzig Jahre. 1856 jedoch hatte eine junge Witwe namens Martha Coston bereits das Signallicht für die Marine patentieren lassen. Ada Lovelace hatte einen Vorläufer des Computers entworfen, Mary Montague hatte die Pocken-Inokulation eingeführt, Nicole Clicquot hatte den Rosé-Champagner kreiert, und Madame Lefebre hatte den ersten Salpeterdünger künstlich hergestellt.

Doch wir können den männlichen Chauvinismus des neunzehnten Jahrhunderts nicht einfach belächeln und als überholt abtun. In seinem 1957 erschienenen Buch *Inventors and Inventions* (Erfinder und Erfindungen) schreibt der Autor C. D. Tuska, damals Direktor des Patentwesens bei der Radio Corporation of America: „Ich werde wenig über Erfinderinnen sagen... die meisten unserer Erfinder gehören dem männlichen Geschlecht an. Warum ist der Prozentsatz (der Frauen) so niedrig? Ich muß ehrlich sagen, ich weiß es nicht, es sei denn, der liebe Gott habe sie eben dazu bestimmt, Mütter zu werden. Altmodisch, wie ich bin, hege ich die Überzeugung, daß Frauen schon kreativ genug sind, ohne daß sie auch noch „erfinderisch" sein müßten. Sie gebären die Erfinder und helfen sie großziehen, und das sollte genügen."

1957 hatten Eleanor Raymond und Maria Telkes gerade eine funktionsfähige Solarheizung installiert. Grace Murray Hopper hatte den Grundstein für Computer-Software gelegt, und Melitta Bentz den modernen Kaffeefilter erfunden. Mary Engle Pennington hatte die Kühltechnik und Margaret Knight die Tragtüte mit dem viereckigen Boden entwickelt. Katherine Burr Blodgett ließ unsichtbares Glas patentieren. Gladys Hobby stellte das erste verwendbare Penicillin her, Kate Gleason entwarf die ersten Fertighäuser, und Hattie Alexander hatte ein Mittel gegen Meningitis gefunden.

Die nationale Ruhmeshalle für Erfinder in Washington zählte 1984 insgesamt stolze zweiundfünfzig Mitglieder: Keine einzige Frau war dabei. William Coolidge, der Erfinder der Vakuumröhre, wird erwähnt – nicht jedoch Marie Curie, die das Gerät erfand, das wir heute „Geigerzähler" nennen, und die das Phänomen der Radioaktivität entdeckte. Enrico Fermi hat seinen Platz in der Ruhmeshalle, weil er den ersten Atomreaktor gebaut hat – nicht jedoch Lise Meitner, die als erste die Kernspaltung durchführte und ihr den Namen gab. Leo Bakeland wird dafür geehrt, daß er das Bakelit erfunden hat – nicht jedoch Madame Dutillet, die ein Jahrhundert früher Kunstmarmor schuf.

Erfinderinnen totzuschweigen ist keineswegs nur in der modernen
Welt üblich. Im antiken Athen war es den Frauen „bei Todesstrafe
untersagt, Medizin oder Heilkunde zu studieren oder auszuüben".
Die Kirche des Mittelalters erhob das Vorurteil gegen den weiblichen
Intellekt zum Dogma. Der *Hexenhammer* verkündete: „Wenn eine
Frau allein denkt, denkt sie Böses." Im achtzehnten Jahrhundert sagte
der Gelehrte und Philosoph Immanuel Kant: „Der schöne Verstand ... überläßt abstrakte Spekulationen oder Kenntnisse, die nützlich, aber trocken sind, dem emsigen, gründlichen und tiefen Verstan-
de. Das Frauenzimmer wird demnach keine Geometrie lernen." Und
sein ebenfalls freidenkerischer Kollege Jean-Jacques Rousseau
brachte ganz ähnliche Gefühle zum Ausdruck, als er notierte: „Die
Erforschung der abstrakten und spekulativen Wahrheiten, die Prin-
zipien und Axiome der Wissenschaften, alles, was auf die Verallge-
meinerung der Begriffe abzielt, ist nicht Sache der Frauen."

Wir haben versucht, so weit wie möglich in der Geschichte zurück-
zugehen, um schöpferischen Frauen zu ihrem Recht zu verhelfen.
Leider gibt es bislang keine umfassende Geschichte der Frauen. Noch
immer sind viele Informationen über die historischen Leistungen von
Frauen nicht aufgearbeitet. Unser Spektrum ist so breit wie möglich
gewählt, und wir haben sowohl skurrile als auch epochemachende
Erfindungen aufgenommen.

Seit 1880 anerkennt das Patentamt der Vereinigten Staaten nicht
nur mechanische Vorrichtungen als eigenständige Erfindungen,
sondern auch Substanzen, Techniken und Prozesse. Heute wäre es
nicht nur möglich, einen im Labor entwickelten Impfstoff gegen Aids
zu patentieren, sondern auch die Arbeitsmethoden, die für die Herstellung notwendig sind, oder die Spezialspritze, die für die subkuta-
ne Injektion gebraucht wird.

In diesem Buch dehnen wir die Definition der Erfinderinnen so
weit aus, daß sie auch Entdeckerinnen mit einschließt. Es werden also
auch Frauen gewürdigt, die als erste den Wert von Dingen erkannten, die aller Welt offen vor Augen lagen, und dadurch der Menschheit einen Dienst erwiesen.

Die Liste der Erfinderinnen umfaßt Tänzerinnen, Bäuerinnen,
Nonnen, Sekretärinnen, Schauspielerinnen, Geschäftsfrauen,
Hausfrauen, weibliche Offiziere, leitende Angestellte von Großunternehmen, Lehrerinnen, Schriftstellerinnen, Flüchtlinge, Adelige
und Kinder. Die unterschiedlichsten Menschen können Erfindungen
machen und tun es auch. Die Vorstellung jedoch, das Geschlecht

könne auf geheimnisvolle Weise die Möglichkeit ausschließen, ein technisches Problem zu lösen, ist nicht nur überholt, sondern auch gefährlich. Rosalyn Yalow, 1977 Trägerin des Nobelpreises für Medizin, drückte diesen Gedanken mit folgenden Worten aus: „Die Welt kann es sich nicht leisten, die Talente der Hälfte ihrer Bevölkerung zu verschwenden, wenn die vielen Probleme, die uns bedrängen, gelöst werden sollen."

Die Geschichte der Frauen

Aus einleuchtenden Gründen sind Erfindungen von Frauen aus vorgeschichtlicher Zeit schwer zu bestimmen. Aber mündliche Überlieferung und anthropologische Beobachtungen über die Arbeitsteilung lassen darauf schließen, daß Frauen – und nicht etwa gütige und geschlechtslose Besucher aus dem All – die ersten waren, die webten und Leder herstellten und somit das Färben und das Gerben erfanden. Frühe Werkzeuge wie der Schaber und die Ahle wurden zweifellos von Frauen ersonnen. Und Frauen waren auch die Töpferinnen der Stammesgemeinschaften und damit die Erfinderinnen von Brennofen und Ton.

Die Frauen der urgeschichtlichen Zeit haben vermutlich auch den Mörser und den Stößel erfunden, und von den Frauen der Cro-Magnon-Zeit nimmt man an, daß sie einfache chemische Verfahren entwickelt haben, um die ersten Kosmetika herzustellen. Frauen entdeckten die ersten pflanzlichen Heilmittel und verwandelten Baumwolle und Flachs in Tuch. Frauen waren die ersten Architekten, die Hütten, Wigwams und Jurten bauten.

Da viele Erfinderinnen in alten Zeiten aufgrund ihrer Verdienste zu den Göttern gezählt wurden, ist es manchmal schwierig, zwischen religiösem Glauben und tatsächlichen Leistungen zu unterscheiden. Der ägyptischen Göttin Isis wird die Einführung der Landwirtschaft zugeschrieben, sie soll als erste Getreide angepflanzt haben. Sie fand heraus, wie man Brot bäckt und Leinen herstellt, und sie stattete erstmals ein Boot mit einem Segel aus. Isis wird auch die Entdeckung der ägyptischen Kunst der Einbalsamierung der Toten zugeschrieben, ein Verfahren, das so viele Geheimnisse birgt, daß man es bis auf den heutigen Tag nicht nachvollziehen kann.

In Griechenland war die unsterbliche Pallas Athene die „Entdeckerin des Pfluges und der Mühsal des Pflügers". Die Römer kannten sie unter dem Namen Minerva und nannten sie *oleae inventrix* („Entdeckerin der Olive"); ihr wird die Erfindung der Musikinstrumente zugeschrieben, und sie soll die erste Rüstung hergestellt haben. Ceres, die römische Göttin der Feldfrucht und des Wachsens, wird von manchen Historikern für eine in den Götterstand erhobene sterbliche

Königin gehalten, die in Sizilien lebte und die dortige Bevölkerung mit dem Pflug und dem Brotbacken mit Sauerteig bekannt gemacht hat.

Minerva, die Göttin der Weisheit, soll das Spinnen und Weben erfunden haben – Künste, von denen die meisten Anthropologen mit ziemlicher Sicherheit annehmen, daß sie das Verdienst von Frauen aus Fleisch und Blut sind. Lange bevor Plinius schriftlich festhielt, daß Pamphylia aus Kea als erste die Baumwolle kämmte und dann zu Tuch webte, hatten die Frauen den Webstuhl erfunden.

Der Chinesin Silinghi, Gattin des Kaisers Hoangti, wird die Erfindung der Seide um ungefähr 3000 v. Chr. zugeschrieben. Auch sie wurde für ihre Erfindung mit der Erhebung in den Götterstand belohnt und wird als die Göttin der Seidenraupe verehrt.

Königin Semiramis von Assyrien soll die Konstruktion von Kanälen, Brücken und Dämmen erfunden haben. Nach Berichten griechischer Historiker hat sie den Bau der Hängenden Gärten zu Babylon, eines der sieben Weltwunder der Antike, veranlaßt.

Kleopatra – von der wir nicht genau wissen, ob sie mit der Kleopatra der romantischen Legenden identisch ist – soll den ersten Destillierapparat gebaut und zu den allerfrühesten Alchimisten gehört haben. Zwei Schriften aus der Zeit, da es Chemie im engeren Sinn noch nicht gab, werden ihr zugeschrieben: *Dialog mit den Philosophen* und *Goldmachen*.

Schriftliche Zeugnisse, die aus der Zeit um 2000 v. Chr. erhalten geblieben sind, belegen die frühen Entdeckungen zweier Frauen aus Mesopotamien auf dem Gebiet der Chemie. Tapputi-Belatekallim und (erster Teil des Namens fehlt)-ninu waren bekannte Parfümherstellerinnen; -ninu war Autorin eines Textes über Parfümerie, in dem sie nach Art eines Kochbuches auch Rezepte für chemische Verbindungen angab.

Auf die indische Kaiserin Nur Mahal – für deren Nichte das Taj Mahal errichtet wurde – soll der Kaschmirschal und die Herstellung von Rosenöl zurückgehen.

Und wer wollte ernsthaft die Annahme bestreiten, daß eine Frau das Kochen erfunden hat?

Zwar verschwimmen die meisten dieser Leistungen so sehr im Dunst der Jahrhunderte, daß man sie nicht mehr eindeutig einer bestimmten Person zuordnen kann — ganz gleich welchen Geschlechts. Aber es gibt doch ein paar bedeutende Frauen des Altertums, deren Erfindungen aufgezeichnet wurden und deren Leben dokumentiert ist. Wir können nur ahnen, wie viele ihrer Kolleginnen weniger Glück hatten.

Maria die Jüdin

DER KEROTAKIS

Diese Wissenschaftlerin des ersten Jahrhunderts nach Christus, bekannt unter dem Namen Maria die Jüdin, Maria Prophetissa und Mirjam die Prophetin, wird von einigen Bibelforschern für die Schwester Mose gehalten. Fragmente ihrer Schriften sind unter der Bezeichnung *Maria Practica* in alten Textsammlungen zur Alchimie erhalten geblieben. Sie lebte und wirkte in Alexandria.

Marias Erfindungen gehören alle in den Bereich der Labortechnik. Das *balneum mariae* oder Wasserbad wird heute noch angewendet. Es ist eine Art doppelwandiger Kessel, der dazu dient, Substanzen bei konstanter Temperatur zu halten oder Reagenzien langsam und gleichmäßig zu erhitzen. Außerdem ist das Gerät der Vorläufer unseres Schnellkochtopfs. In Frankreich wird dieser Doppelkessel noch heute als *bain-marie* bezeichnet.

Maria erfand zudem den *tribikos,* aller Wahrscheinlichkeit nach der erste Destillierapparat der Geschichte. Er bestand aus Keramikgefäßen und Kupferröhren.

Ihr bedeutendster Beitrag zu der in den Kinderschuhen steckenden Chemie aber war der *kerotakis.* Diese Vorrichtung wurde als Rückflußapparatur für die Sublimation von Salzen, Metallen und Elementen verwendet. Dämpfe von Arsen, Quecksilber und Schwefel – unverzichtbare Bestandteile zur Herstellung von Edelmetallen aus Grundelementen, was zumindest die Alchimisten und Begründer der Chemie glaubten – wurden im *kerotakis* erzeugt und aufgefangen. Zwar scheiterte das Vorhaben, Blei in Gold zu verwandeln, aber diese vergeblichen Bemühungen haben zu vielen bedeutenden wissenschaftlichen Entdeckungen geführt.

Einmal stieß Maria bei ihren Experimenten mit Schwefeldampf auf eine Metallegierung, die von schwarzem Sulfid überzogen war. Diese Verbindung wird im Englischen noch heute Mary's Black genannt.

Hypatia

DER ASTROLAB, DIE SENKWAAGE

Hypatia aus Alexandrien ist die erste Wissenschaftlerin, deren Leben gut dokumentiert ist. Sie war auch die letzte Wissenschaftlerin der Antike, bevor das Licht Hellas' und Roms in der Finsternis des Mittelalters erlosch. Ihr Martyrium ist in der Geschichte bleibender als ihre Erfindungen, obwohl die Senkwaage – das erste Laborgerät, mit dem man das spezifische Gewicht von Flüssigkeiten messen konnte – eine bahnbrechende Erfindung war.

370 n. Chr. in Alexandria geboren, wuchs Hypatia in einer Welt hochentwickelter Geistigkeit auf. Ihr Vater Theon war Mathematiker und Astronom am Museum von Alexandria, und Hypatia war seine beste Schülerin. Sie studierte in Athen und Italien und wurde Dozentin an den Fakultäten für Mathematik, Philosophie, Astronomie und Mechanik und veröffentlichte wissenschaftliche Arbeiten. Ihre Vorlesungen wurden von Studenten der gesamten damals bekannten Welt besucht, und die *Arithmetica,* ihre dreizehn Bände umfassende Abhandlung über Algebra, setzte neue Maßstäbe.

Hypatias Hauptinteresse galt der angewandten Technik, und sie erfand denn auch den flachen Astrolab. Mit diesem Instrument läßt sich der Stand der Sonne und der Sterne sowie das Tierkreiszeichen am Aszendenten bestimmen. Hypatias Astrolab bestand aus zwei drehbaren Scheiben aus durchbrochenem Metall, die übereinander um einen abnehmbaren Zapfen bewegt werden konnten. Hypatia perfektionierte diese Vorrichtung so weit, daß sie damit Aufgaben aus dem Bereich der sphärischen Astronomie bewältigen konnte.

Ferner erfand sie ein Gerät zur Messung des Wasserstands, ein wei-

Hypatia von Alexandria (um 370 bis 415). Märtyrerin für den weiblichen Intellekt.

teres System zum Destillieren und das Aräometer. Das Aräometer, auch Senkwaage genannt, war eine versiegelte Röhre in der Größe einer Flöte. An einem Ende war ein Gewicht eingeschlossen. Wie tief das Aräometer in eine bestimmte Flüssigkeit einsank, zeigte das spezifische Gewicht der Flüssigkeit an.

Hypatia hat nicht geheiratet, obwohl viele der politisch maßgeblichen Persönlichkeiten Alexandrias, mit denen sie regen Umgang hatte, um sie warben. Leider konnten sie auch diese Beziehungen nicht vor den fanatischen christlichen Sekten schützen, deren Einfluß immer stärker wurde. In jenen Jahren gewann ein christlich geprägter Fundamentalismus die Überhand über die antike Rationalität; überzeugte Christen meinten, die Wissenschaft stehe im Widerspruch zu den Lehren der Religion. Im Jahre 391 wurde die Bibliothek des Serapäums auf Befehl von Theophilos, dem Bischof von Alexandria, geplündert und in Brand gesteckt. Die Neuplatoniker wurden verfolgt, und an der berühmten und einflußreichen Hypatia schieden sich die Geister.

Im Jahre 412 gelobte Kyrillos, der Patriarch von Alexandria, die Stadt von den neuplatonischen „Ketzern" zu befreien. Hypatia wurde von ihren Freunden gedrängt, dem Logos abzuschwören und ihren Unterricht einzustellen, aber sie weigerte sich. Im März 415 setzte eine Gruppe fanatischer Mönche die Hetztiraden des Kyrillos in die Tat um, und Hypatia mußte für ihre Überzeugung sterben.

Sokrates Scholastikus schildert die Szene so: „Sie zerrten sie aus ihrem Wagen, schleppten sie in die Kirche namens Caesarium. Dort zogen sie sie splitternackt aus, schnitten ihr die Haut auf und rissen ihr mit scharfen Muschelschalen das Fleisch aus dem Körper, bis der Atem ihren Körper verließ, dann vierteilten sie ihren Leichnam, brachten die vier Teile zu einem „Cinaron" genannten Platz und verbrannten sie zu Asche."

Kyrillos, der Anstifter der Tat, wurde heiliggesprochen.

Es sollte tausend Jahre dauern, bis die Welt die Wiedergeburt jener „wertfreien" Wissenschaft sah, für die Hypatia gelebt hat – und gestorben ist.

Trotula

REFORMERIN DER MEDIZIN

Unter den Ärzten, die im elften Jahrhundert nach Christus in Italien lebten und wirkten, war Trotula aus Salerno, die Ehefrau von Johannes Platearius, die herausragendste Persönlichkeit. Ihre Schriften *Practica Brevis* und *De Compositione Medicamentorum* wurden vierhundert Jahre lang von Generationen von Ärzten und Heilkundigen von Hand abgeschrieben und erschienen anschließend noch weitere dreihundert Jahre lang gedruckt. Soweit man weiß, war sie die erste Ärztin, die zur Erhaltung der Gesundheit Sauberkeit, eine ausgeglichene Ernährung, Bewegung und die Vermeidung von Streß empfahl, und sie gehörte zu den ersten Heilkundigen, die ihre Patienten ohne Astrologie, Gebete oder Magie behandelten.

Trotula gehörte der Adelsfamilie Ruggiero aus der Gegend von Neapel an. Über ihr Leben weiß man nur wenig. Ihr Mann, ebenfalls Arzt, ist unter dem Namen Johannes Platearius oder Giovanni Platerio bekannt. Ihre Söhne, Matthias und Johannes der Jüngere, traten beide in die Fußstapfen ihrer Eltern und schrieben ebenfalls medizinische Werke. Trotula starb um 1097 in Salerno. Man nimmt an, daß sie ihre Ausbildung zu Hause bekam; die Erlaubnis zu praktizieren dürfte sie anläßlich der großen Pestepidemien und aufgrund des Mangels an ausgebildeten Ärzten erhalten haben.

Zu Trotulas Lebzeiten war das Sezieren des menschlichen Körpers von der Kirche verboten; also stellte sie ihre Diagnosen aufgrund des Farbtons der Haut, des Pulses, des Gesichtsausdrucks und des Urins. Sie behandelte vorwiegend mit Kräutertinkturen und Salben, medizinischen Bädern und praktizierte den Aderlaß. Zu ihren chirurgischen Techniken gehörten der Gebrauch der Lanzette und der Kaiserschnitt. Trotulas medizinische Neuerungen waren vernünftig, praktikabel und für ihre Zeit modern. „Kein anderes Buch dieser Art war so gut geschrieben, und jahrhundertelang folgte ihm kein weiteres", schrieb Dr. Kate Hurd-Mead 1930 in ihrer Arbeit *Isis*.

Trotula war die erste Ärztin, die nach einer schwierigen Geburt den Damm nähte; während der Wehen führte sie einen Dammschutz ein, um das Einreißen zu verhindern. Ihre Abhandlungen über die Versorgung von Mutter und Kind nach der Geburt waren von unschätzbarem Wert; auch ist sie in ihrem Werk *Passionibus Mulierum Curandorum* (Die Krankheiten der Frauen) als erste ganz speziell auf die medizinischen Bedürfnisse der Frau eingegangen. Dieses Werk war später unter dem Titel *Trotula Maior* bekannt.

Zahlreiche Historiker schrieben später ihre Werke versehentlich – oder vielleicht auch mit Absicht – anderen Autoren zu. In den bekanntesten Übersetzungen erschien ihr Name unversehens in der männlichen Form Trottus, und eine weitverbreitete Version aus dem 16. Jahrhundert schrieb Trotulas Werke einem Mann namens Erotian zu.

Trotula wagte es im 11. Jahrhundert, als Ärztin zu praktizieren. Sie war nicht etwa die Ausnahme, die die Regel bestätigt, sondern sie setzte buchstäblich ihr Leben aufs Spiel. Im frühen Mittelalter herrschte die Unwissenheit und im späten der Aberglaube. Eine Frau, die sich an die Heilkünste heranwagte, wurde als Hexe betrachtet –, und bei vielen Hexenprozessen jener Zeit wurden Frauen für keine andere Untat bestraft, als daß sie sich in einem von Männern beherrschten „Handwerk" versucht hatten.

Zehntausende von Frauen wurden während des Mittelalters als Hexen auf dem Scheiterhaufen verbrannt. Man schätzt, daß allein in Deutschland zwischen 1400 und 1600 durchschnittlich zwei „Hexen" pro Tag hingerichtet wurden. In Toulouse wurden bei einem Autodafé innerhalb von 24 Stunden 400 Frauen umgebracht. Ihnen wurde nicht vorgeworfen, Menschen Schaden zugefügt zu haben, sondern daß sie die Hilfe des Teufels dafür gewonnen hätten, Menschen zu heilen.

Wissen ist Macht, aber diese Macht konnte gefährlich sein. Für eine Frau, die vor der Renaissance lebte, mitunter sogar tödlich.

Maria Gaetana Agnesi

DIE DIFFERENTIALRECHNUNG

Der Beiname „Hexe von Agnesi" steht heute nicht mehr für einen Menschen, sondern für eine mathematische Formel. Diese Formel ist Grundlage einer Kurve, die ein uraltes Rätsel löste: die Frage, wie man das Volumen eines Würfels exakt verdoppeln kann. Sie wurde von der berühmten Sprachwissenschaftlerin und Theoretikerin Maria Gaetana Agnesi entwickelt. Ihre mathematische Begabung verblüffte ihre Zeitgenossen so sehr, daß sie den Spitznamen „die Hexe von Agnesi" bekam. Die von ihr entdeckte Formel ist noch heute unter diesem Namen bekannt.

Maria war natürlich keine Hexe. Aber sie war die Autorin des Werkes *Instituzioni Analitiche*, eines Klassikers der Mathematik. Ihre Abhandlung trug dazu bei, die Grundlagen für die moderne Integralrechnung zu schaffen. Nach Marias Tod war dieses Werk noch hundert Jahre lang jedem höher Gebildeten bekannt.

Maria wurde 1718 in Mailand geboren. Sie war ein Wunderkind. Schon mit fünf Jahren sprach sie fließend Französisch, und mit elf

Jahren konnte sie aus dem Griechischen, Lateinischen, Deutschen, Spanischen und ein wenig aus dem Hebräischen übersetzen. Als Maria neun Jahre alt war, erschien eine Schrift, in der sie das Recht der Frauen auf eine höhere Bildung verteidigte, und ihr erstes Werk zur Differentialrechnung wurde gedruckt, als sie zwanzig war. Maria wurde in jungen Jahren von ihrem Vater in den Grundlagen der Mathematik unterrichtet. 1750 erhielt sie einen Ruf an die Universität Bologna, wo sie den Lehrstuhl ihres Vaters für Mathematik übernehmen sollte. Ihr Scharfsinn grenzte nach Aussagen ihrer Biographen ans Wunderbare: Oft erwachte sie mitten in der Nacht und schrieb die Lösung einer Aufgabe nieder, an der sie tagsüber gearbeitet hatte. Am nächsten Morgen war sie dann verblüfft, daß sie die detaillierte Lösung im Halbschlaf niedergeschrieben hatte.

Die Veröffentlichung der *Instituzioni Analitiche* im Jahre 1748 förderte Marias Ruhm. Kaiserin Maria Theresia schickte ihr als Anerkennung ein Kästchen mit Edelsteinen, und Maria Agnesi wäre zum Mitglied der Französischen Akademie der Wissenschaften ernannt worden, wenn die Statuten die Aufnahme einer Frau erlaubt hätten. Papst Benedikt XIV. wollte sie an die Universität Bologna berufen, doch sie lehnte ab, weil sie Mailand nicht verlassen wollte. Nachdem sie drei Bände über die Differentialrechnung abgeschlossen hatte, zog sie sich von der wissenschaftlichen Arbeit zurück und widmete sich ganz der Fürsorge für die Armen und Kranken ihrer Heimatstadt. Sie richtete in ihrem Haus ein öffentliches Spital ein und leitete die letzten fünfzehn Jahre ihres Lebens „Pio Alberto Trivulzio", ein jedermann zugängliches Heim für Alte und Obdachlose. 1799 starb sie mit einundachtzig Jahren, von allen als fromme Wohltäterin gepriesen. Ihre Werke galten lange Zeit als bahnbrechende wissenschaftliche Arbeiten auf dem sich entwickelnden Gebiet der höheren Mathematik und waren richtungweisend für so berühmte Mathematikerinnen wie Emmy Noether, der geistigen Tochter Maria Agnesis im zwanzigsten Jahrhundert, die die Schöpferin der modernen abstrakten Algebra wurde.

Mary Kies und Mrs. Samuel Slater

DIE ERSTEN AMERIKANISCHEN PATENTE

Mary Kies aus South Killingly in Connecticut wird irrtümlich für die erste Frau gehalten, der in den Vereinigten Staaten von Amerika ein Patent erteilt wurde. Ihr Patent für „eine Methode, Stroh mit Seide und Faden zu verweben" wurde am 5. Mai 1809 erteilt. Die Methode war in der Hochzeit der Strohhutmode etwa zehn Jahre lang bei der Produktion in Gebrauch. Das erste Patent, das in den Vereinigten Staaten eine Frau angemeldet hat, wurde jedoch Mrs. Samuel Slater im Jahre 1793 für Baumwollnähfaden erteilt. Ihre Erfindung ist nicht nur älter, sondern war im Hinblick auf ihren wirtschaftlichen Wert und die Dauer ihrer Nutzung auch viel wichtiger. Mrs. Slater stand jedoch in den Augen der Nachwelt ganz im Schatten ihres Ehemanns. Deshalb geriet die Frau, die diese wichtige Erfindung machte, fast völlig in Vergessenheit. Nicht einmal ihr Vorname ist bekannt.

Samuel Slater war ein britischer Mechaniker, der 1789 nach Amerika auswanderte und in Rhode Island eine Baumwollspinnerei kaufte, die in wirtschaftlichen Schwierigkeiten war. Vermutlich dank der Erfindung seiner Frau wurde Slaters Spinnerei ein gewinnträchtiges Unternehmen, und Samuel Slater & Co. eröffnete bald weitere Niederlassungen in Massachusetts, Connecticut und New Hampshire. Die Spinnereien florierten mindestens drei Jahrzehnte lang und machten Samuel Slater zu einem reichen Mann. Man kann nur hoffen, daß sie auch der Frau Wohlstand brachten, die diesen Erfolg erst ermöglicht hatte.

MAIS

Obwohl Mrs. Samuel Slater die erste Frau war, die in den Vereinigten Staaten ein Patent bekam (1793), so war sie doch keineswegs die erste Erfinderin in Amerika. Sybilla Masters, eine Quäkerin, die in der Kolonie West New Jersey aufwuchs, wurde am 25. November 1715 das englische Patent Nr. 401 für eine Maschine erteilt, mit der man Mais verarbeiten konnte. (In England konnten bereits seit dem Jahre 1624 Patente rechtlich geschützt werden.) Natürlich wurden die Papiere auf Thomas Masters, Sybillas Ehemann, ausgestellt, aber das Dokument bezieht sich ausdrücklich auf „eine neue Erfindung, die Sybilla, seine Frau, gemacht hat".

Sybilla Righton (manchmal auch „Sabella" oder „Isabella" genannt) übersiedelte nach 1690 von West New Jersey nach Philadelphia und heiratete den dort ansässigen reichen Kaufmann Thomas Masters. Thomas war Großgrundbesitzer, Bürgermeister von Philadelphia (1708) und Mitglied des Provinzrats (1720-23).

1712 reiste Sybilla eigens nach England, ihr Veredelungsverfahren für Mais – oder Tuscarora-Reis, wie sie ihn nannte – patentieren zu lassen. Sie hoffte, damit ein Vermögen zu machen, daß sie den Mais im Ausland auf den Markt brachte. Sie war davon überzeugt, daß das nahrhafte Maismehl ein Stärkungsmittel für „schwindsüchtige und kränkliche Personen" sei. Die Maschine, die sie für die Verarbeitung der Maiskörner entworfen hatte, unterschied sich von den übrigen Mühlen der damaligen Zeit dadurch, daß sie die Körner zerstampfte und nicht mahlte. Die Konstruktion bestand aus einer Kombination von hölzernen Zahnrädern, Mörsern und Trockenblechen und wurde mit Pferden oder durch Wasserkraft angetrieben. Thomas kaufte sogar die Governor's Mill in Philadelphia, um dort „Tuscarora-Reis" herzustellen.

Das Patent der Masters galt für „die Reinigung und das Trocknen von Mais, der in mehreren Kolonien in Amerika wächst", und war „in England, Wales und Berwick-upon-Tweed sowie in den Kolonien in Amerika geschützt".

Leider fanden die Engländer keinen Geschmack am „Tuscarora-Reis", und die Governor's Mill war und blieb ein Zuschußbetrieb, der

33

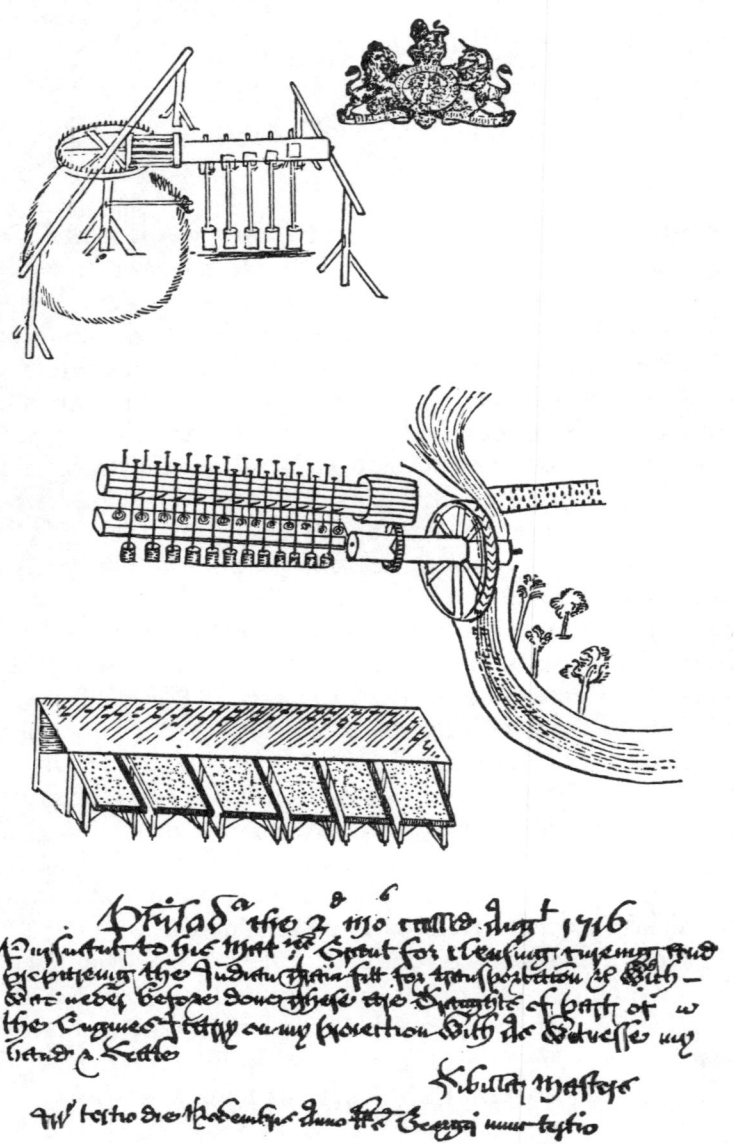

Zeichnungen zum ersten Patent, das einem Amerikaner erteilt wurde. 1715 erlangte der Kolonist Thomas Masters das britische Patent Nr. 401 für „eine neue
Erfindung, die Sybilla, seine Frau, herausgefunden hat". Die Zeichnungen von
der Mechanik der Maschinen für die Patentanmeldung hat die Erfinderin selbst
unterschrieben.

von einer Generation zur nächsten weitergereicht wurde. Sybilla jedoch beschäftigte sich mit anderen Ideen.

Am 18. Februar 1716 meldete Thomas Masters ein weiteres englisches Patent (Nr. 403) an, und zwar abermals für eine Erfindung, die seine Frau gemacht hatte. Es betraf „das alleinige Verarbeiten und Flechten von Palmettofasern und -stroh nach einer neuen Methode, mit der man Hüte und Hauben herstellen und andere Waren aus diesen Rohmaterialien verbessern kann". Als stets weitblickender Geschäftsmann bewarb sich Thomas Masters um ein Monopol für die Einfuhr von Palemettoblättern von den Westindischen Inseln und erhielt es auch.

Sybilla eröffnete in London ein Geschäft, in dem sie Hüte, Hauben und „Wiegen-Körbe" sowie Matten verkaufte, die aus diesen Fasern hergestellt waren. Dieses Unternehmen beschäftigte sie ungefähr ein Jahr; dann kehrte das Ehepaar nach Philadelphia zurück. Am 15. Juli 1717 erteilte der Provinzrat den Masters die Erlaubnis, Sybillas Patente in Pennsylvania eintragen und öffentlich bekanntmachen zu lassen.

Die Governor's Mill produzierte weiterhin „Tuscarora-Reis" – Maismehl – für die Bürger von Philadelphia, doch ohne großen wirtschaftlichen Erfolg. Das Ehepaar vererbte seinen vier Kindern hauptsächlich einen riesigen Grundbesitz. Sybilla Masters starb 1720, Thomas 1723.

Erst dreiundsiebzig Jahre später konnte sich eine weitere amerikanische Frau offiziell als „Erfinderin" bezeichnen.

Die Arbeit der Frauen

Erfindungsgeist im Alltag

Nicht jede Frau kann den Sauerstoff entdecken (obwohl der Sauerstoff tatsächlich von einer Frau entdeckt wurde). Jemand mußte auch die Wegwerfwindel und die Tragtüte aus Packpapier erfinden. Da die Berufssparten „Hausangestellte" und „Hausfrau" – gelegentlich könnte man sie für Synonyme halten – traditionell die Domäne der Frauen waren, überrascht es nicht, daß die Mehrzahl der Erfindungen von Frauen in das Gebiet der Haushaltsführung fällt. Noch in den vierziger Jahren unseres Jahrhunderts waren die vier häufigsten Berufe, die Frauen in Amerika ausübten, Hausangestellte, Wäscherin, Köchin und Näherin.

Hunderte von Erfindungen, vom Toastständer (Mary Evard) über „Monatsbinden" (Gertrude Campbell) bis zu tragbaren Speisenwärmern (Maria Bradley), könnten hier genannt werden. Eine Frau namens Margaret Colvin aus Battle Creek in Michigan ließ immerhin ein halbes Dutzend automatischer Waschmaschinenmodelle patentieren. Die Bissell-Teppichkehrmaschine, die in zahllosen Haushalten verwendet wurde, ist nach ihrer Erfinderin Anna Bissell benannt, was wahrscheinlich wenige wissen. Als um 1950 die Hausarbeit, die häufigste berufliche Arbeit von Frauen, durch die Büroarbeit nach und nach verdrängt wurde, machten weibliche Büroangestellte Erfindungen, die ihnen die Arbeit erleichtern sollten – etwa Bette Nesmith Grahams *Liquid Paper,* mit dem die Erfinderin viel Geld verdiente. Das „flüssige Papier" zum Überlackieren von Tippfehlern ist jedem Benutzer einer Schreibmaschine ein Begriff.

Auch Kinder- und Säuglingspflege ist aus naheliegenden Gründen ein zentrales Anliegen von Erfinderinnen. Es ist noch nicht lange her, daß drei Französinnen – Dominique Peignoux, Yvette Guys und Françoise Dekan – die „Babylodie" neu auf den Markt gebracht haben, eine Vorrichtung, die dem Baby in die Windel gesteckt wird und anfängt „When the Saints Go Marching in" zu spielen, sobald die Windel naß wird. Die Mutter hört die Marschmusik und legt das Baby trocken. (Manche Leute befürchten, diese Erfindung könnte bei Erwachsenen zu peinlichen Situationen führen, wenn sie die entsprechenden Klänge zufällig zur Unzeit hören.) Tragen für Babys, die Babyhüpfschaukel, Babykleidung und der Kindertoilettensitz sind ebenfalls Produkte weiblichen Erfindungsgeistes.

Wenn der Platz der Frau schon im Haus ist, worauf die offensichtlich unausrottbaren männlichen Chauvinisten noch immer bestehen, kann sie wenigstens niemand davon abhalten, ihre Lebensumstände zu verbessern.

Bette Nesmith Graham

KORREKTURFLÜSSIGKEIT „LIQUID PAPER"

Bette Nesmith Graham ist ein ausgezeichnetes Beispiel für die Wahrheit des Sprichworts „Not macht erfinderisch". Sie gründete ein Unternehmen, das Millionen einbrachte, weil sie als arme Schreibkraft Schwierigkeiten hatte. Um ihren Job nicht zu verlieren, „mogelte" sie bei Tipparbeiten. Sie überdeckte Fehler mit weißer Farbe. Als sie 1980 starb, war *Liquid Paper* eine internationale Firma, deren Erzeugnis zum Inventar von Büros in aller Welt gehört. Bette hinterließ ein Vermögen von fünfzig Millionen Dollar. Die Hälfte des Geldes ging an ihren Sohn Michael Nesmith, ein ehemaliges Mitglied der Gruppe Monkee. Ihr Erbe ist mit ein Grund dafür, daß Musiksendungen im Fernsehen heute so populär sind, denn Michael investierte das Geld in die Pacific Arts Studios, wo schon früh Fernseh-Musikshows produziert wurden.

Bette Nesmith Graham wurde am 23. März 1924 in Dallas als Bette Claire McMurray geboren. Sie war die Tochter eines Autogroßhändlers und einer Hausfrau, die nebenbei malte, Handarbeiten machte und sang. Ihre Schwester Yvonne erinnert sich, daß Bette „willensstark war und entschlossen, eigene Wege zu gehen". Da sie Schwierigkeiten mit der Selbstdisziplin hatte, verließ Bette mit siebzehn Jahren die Schule und bewarb sich um einen Posten als Sekretärin in einem Anwaltsbüro – obwohl sie nicht tippen konnte. In der Firma schätzte man jedoch ihren Elan und schickte sie auf eine Sekretärinnenschule. In Abendkursen erwarb sie das Abschlußdiplom für die High School.

1942 heiratete Bette ihren Schulfreund Warren Nesmith, und am 30. Dezember 1943 brachte sie ihren Sohn Michael zur Welt. Warren war damals bereits im Krieg. Also war Bette mit neunzehn Jahren alleinerziehende, berufstätige Mutter. Da sich das Ehepaar Nesmith kurz nach Warrens Entlassung aus der Armee im Jahre 1946 scheiden ließ, änderte sich ihre Situation erst, als sie 1964 Bob Graham heiratete.

Bis 1951 war es Bette gelungen, für sich und ihren Sohn ein Heim zu schaffen, und sie hatte sich zur leitenden Sekretärin bei der Texas Bank & Trust in Dallas emporgearbeitet. In dieser Position wurde ihr die unzulängliche Ausbildung zum Problem. Wenn man bei den neuen elektrischen IBM-Schreibmaschinen mit Carbon-Bändern versuchte, einen Tippfehler auszuradieren, verschmierte man das ganze Blatt. „Ich weiß noch, daß ich versuchte, zusätzlich etwas Geld zu verdienen, indem ich mithalf, die Fenster der Bank für Feiertage zu dekorieren", erinnert sich Bette Nesmith. „Mir fiel auf, daß kein einziger Dekorateur Fehler beim Beschriften durch Radieren korrigierte. Er überpinselte sie immer. Daher beschloß ich, zum selben Mittel zu greifen. Ich goß etwas wasserlösliche Deckfarbe in eine Flasche und nahm meinen Wasserfarbenpinsel mit ins Büro. Und damit korrigierte ich meine Tippfehler."

Fast fünf Jahre lang nahm Bette heimlich ihre Flasche mit weißer Farbe aus der Schublade und verbesserte ihre Tippfehler. Es galt als Betrug, dem Arbeitgeber Fähigkeiten vorzuspiegeln, die man nicht hatte. Einmal, als sie die Stelle wechselte, ermahnte sie ihr neuer Chef: „Pinseln Sie ja nichts von dem weißen Zeug auf meine Briefe."

Auch wenn der Chef wenig begeistert war, die Frauen im Schreibbüro erkannten sofort, daß diese Flüssigkeit eine große Arbeitserleichterung war. Nachdem ein Dutzend Mitarbeiterinnen Bette um eine Flasche ihrer magischen Mixtur gebeten hatte, machte sie sich zu Hause daran, den ersten Posten dessen zusammenzumischen, was auf dem handgeschriebenen Etikett als „Fehler-weg" bezeichnet wurde. 1956 war bereits eine Heimindustrie in Gang gekommen, die

1957 half der kleine Michael Nesmith seiner Mutter Bette, hundert Flaschen „Fehler-weg" in der Garage abzufüllen. Michael wurde später Pop-Star, Bette Nesmith Millionärin und „Fehler-weg" hieß Liquid Paper.

die Sekretärinnen bei der Texas Bank & Trust mit „Fehler-weg" versorgte. Noch im selben Jahr ließ sich Bette Nesmith dazu überreden, das Produkt auf den Markt zu bringen. Sie änderte den Namen in *Liquid Paper* und machte sich an die mühselige Arbeit, das Produkt gesetzlich schützen und patentieren zu lassen. Doch zuvor beschloß sie, die Zusammensetzung zu verbessern.

„Ich ging in die Bibliothek und fand die Formel für eine Art Temperafarbe", erinnert sie sich. „Ein Chemielehrer von Michaels Schule half mir ein bißchen. Dann lernte ich von einem Mann, der in einer Farbenfabrik arbeitete, wie man die Grundstoffe für Farben zerreibt und mischt."

Bette benützte ihre Küche als Labor und ihre Garage als Abfüllraum. Abends und am Wochenende arbeitete sie daran, eine perfekte, schnell trocknende, nicht sichtbare Deckflüssigkeit zu entwickeln. Sie bot sie IBM an, aber IBM lehnte ab. Also entschloß sie sich, das Produkt auf eigenes Risiko herzustellen.

Ende 1957 wurden monatlich bereits hundert Flaschen *Liquid Paper* verkauft, die von Michael und seinen Freunden in der Garage aus Ketchup- und Senfflaschen in Behälter gefüllt wurden, aus denen die Deckfarbe sich mit einer Art Düse aufs Papier bringen ließ. Nachdem ein Artikel über das Produkt in einer landesweit vertriebenen Zeitschrift für Bürobedarf erschienen war, wurden aus den Hunderten Tausende von Flaschen. Aber Bette behielt ihren Tagesjob, bis sie eines Morgens gefeuert wurde, weil sie aus Versehen „The Liquid Paper Company" unter einen Brief geschrieben hatte – anstatt den Namen ihres Arbeitgebers.

Es dauerte lange, bis aus der „Liquid Paper Company" ein einträgliches Unternehmen wurde. Noch 1966 verdiente Michael als Mitglied seiner Musikgruppe beim Fernsehen bedeutend mehr als seine Mutter als Besitzerin und Gründerin der Liquid Paper, Inc. Doch dann wendete sich das Blatt. 1968 hatte der Betrieb mehr als eine Million Dollar Bruttoeinnahmen und produzierte über zehntausend Flaschen *Liquid Paper* pro Tag.

1975 beschäftigte Liquid Paper über zweihundert Mitarbeiter, stellte fünfundzwanzig Millionen Flaschen der Flüssigkeit her und verkaufte sie in einunddreißig Ländern. Bette Nesmith zog sich vom Vorsitz des Direktoriums zurück und beschloß, sich für den Rest ihres Lebens ihren Wohlfahrtseinrichtungen, der Religion und der Kunst zu widmen. 1979 kaufte die Gillette Corporation Liquid Paper für 47,5 Millionen Dollar plus einem Gewinnanteil für Bette Nesmith pro

Flasche, die bis zum Jahr 2000 verkauft wird, auf. Als Bette Nesmith Graham am 12. Mai 1980 starb, hinterließ sie die eine Hälfte ihres Vermögens ihrem Sohn und die andere Hälfte ihren philanthropischen Stiftungen.

Melitta Bentz

FILTERKAFFEE

1908 hatte eine deutsche Hausfrau in Dresden das zeitraubende Verfahren der Kaffeezubereitung satt: Gemahlene Bohnen wurden lose in einen Stoffbeutel gegeben und in kochendes Wasser gehängt. Obendrein war Kaffee, der auf diese Weise zubereitet wurde (oder auf die schnellere Art, den gemahlenen Kaffee direkt im Wasser zu kochen), bitter und enthielt viel Kaffeesatz.

Daher riß Melitta Bentz eines Tages kurzerhand ein Blatt Löschpapier aus einem Schulheft ihres Sohnes und schnitt aus dem durchlässigen Papier ein kreisrundes Stück aus. Dann legte sie es auf den Boden einer Blechdose, in den sie viele feine Löcher gebohrt hatte, und setzte die Dose auf eine Kaffekanne. Sie hatte sich überlegt, daß sie wohlschmeckenden Kaffee ohne lästigen Kaffeesatz machen könnte, wenn sie den gemahlenen Kaffee in diesen Filter tat und ihn mit kochendem Wasser überbrühte. Melitta Bentz' Idee für ein Kaffee-Filter-System war gut. Sogar so gut, daß sie und ihr Ehemann Hugo einen Kupferschmied damit beauftragten, die neumodischen Kaffeefilter für den Verkauf herzustellen. 1909 stellten sie ihr Filtersystem auf der Leipziger Messe vor und verkauften über zwölfhundert „Filtriergeräte", wie sie sie damals noch nannten. Die Melitta-Werke waren geboren.

1912 stellte Melitta bereits eine ganze Reihe verschiedener Kaffeefilter her. Die Firma Bentz wuchs, ging auf Melittas Kinder und Enkel über und wurde von diesen weiter betrieben. Der ursprünglich runde Filter wurde bald durch die uns heute vertraute Trichterform ersetzt,

44

Der schon fast zum Allgemeinbegriff gewordene Ausdruck „Melitta Kaffeefilter" ist in Wahrheit ein Kompliment an Melitta Bentz, die das so genannte Filtrier-System erfunden hat. Das Bild zeigt sie und ihr „Urfilter".

und die frühen Metallfilter machten Porzellan- und Kunststoffmodellen Platz. Melitta-Filter werden heute in hundertfünfzig Ländern in der ganzen Welt benützt, zwei Drittel der amerikanischen Kaffeetrinker benützen zur Zubereitung ihres Kaffees Melitta-Filter. Eine Hausfrau, die guten Kaffee schätzte, und ein Handwerksbetrieb in Dresden gründeten diesen internationalen Konzern, und der Vorname dieser Frau wird für immer ein Synonym für ihre weltweit verbreitete Erfindung bleiben.

Marion Donovan

DIE WEGWERFWINDEL

Marion Donovan hatte ein Problem, das sie 1950 in New York mit allen anderen jungen Müttern teilte. Der Babyboom hatte damals gerade seinen Höhepunkt erreicht, und alle Babys hatten undichte Windeln. Außerdem mußten diese Windeln gewaschen, gebleicht, zum Trocknen aufgehängt oder in die teure Wäscherei gebracht werden. Kein Wunder, daß sich Marion Donovan Windeln wünschte, die man nach Gebrauch einfach wegwerfen konnte.

Heute, in den Tagen der Pampers und Fixies und Luvs, erscheint es uns viel eher verwunderlich, daß sich zunächst niemand für ihre Erfindung interessierte. Als sie 1951 den *Boater* erfand (eine Einweg-Windel aus einem Duschvorhang und einer saugfähigen Wattierung), lehnten potentielle Hersteller die Produktion des Artikels mit der Begründung ab, sie sei zu teuer.

Marion Donovan entschloß sich, die Herstellung der *Boaters* selbst zu finanzieren. Schon bald vertrieben große Kaufhäuser die mit Druckknöpfen verschließbare Babywindel, und Marion Donovan hatte sich und vielen Babys das Leben sehr erleichtert. Sie verkaufte schließlich ihre Firma (lange bevor Wegwerfwindeln ein Massenartikel im Supermarkt wurden) für eine Million Dollar, um sich anderen Dingen zu widmen: Sie entwarf einen Rockbügel für bis zu dreißig Röcken sowie einen elastischen Reißverschlußzug.

Ann Moore und Andrea H. Proudfoot

BABYTRAGEN

Ann Moore arbeitete Anfang der sechziger Jahre im Friedenskorps und verbrachte den größten Teil dieser Zeit bei den Eingeborenen von Togo im ehemaligen Französisch-Westafrika. Als sie 1964 nach Colorado zurückkehrte und bald darauf ihr erstes Kind gebar, wünschte sie, in der amerikanischen Kultur gäbe es etwas Ähnliches wie die Babytragen der afrikanischen Stämme. Diese ermöglichen es nämlich den Frauen, ihre Kinder zur Arbeit mitzunehmen, und fördern außerdem eine enge Verbindung zwischen Eltern und Kind. Ann nahm ein langes Stück Stoff und band sich ihre Tochter Mande vor die Brust. Aber das war unbequem, und außerdem rutschte Mande aus dieser provisorischen Trage immer wieder heraus. Schließlich nähte Ann mit ihrer Mutter, Lucy Aukerman, aus einem alten Leintuch einen Beutel, der Öffnungen für die Hände und Füße des Babys hatte, und befestigte Träger daran, die sich auf dem Rücken kreuzten. In dieser Trage konnte sie Mande überallhin mitnehmen.

Wenn die Leute Mande in dem praktischen Beutel sahen, fragten sie Ann oft, wo man so eine Babytrage bekommen könne. Durch Mundpropaganda und eine Anzeige in einem Versandkatalog bauten Ann Moore und Lucy Aukerman zu ihrer Überraschung ein blühendes Unternehmen auf. Sie stellten Snugli Babytragen her.

1977 ließ Ann Moore den Snugli patentieren, und sie und ihr Mann Mike gründeten die Snugli Inc. 1983 hatte die Firma Bruttoeinnahmen von sechs Millionen Dollar im Jahr. Ann Moore ist inzwischen über fünfzig Jahre alt und Mutter von drei erwachsenen Kindern. Sie ist überzeugt, daß sie überall auf der Welt zum Wohlbefinden von Müttern und Kindern beigetragen hat. „Wenn uns die Zukunft eine Welt bringt, in der es liebevollere und zärtlichere Erwachsene gibt", sagte sie 1984, „dann ist das eine sehr erfreuliche Aussicht."

Eine Mutter jedoch war nicht zufrieden mit dem Snugli. Andrea H. Proudfoot aus Eugene in Oregon hatte einen Snugli geschenkt bekommen und fand ihn unbequem. Daraufhin beschloß sie, eine Babytrage zu konstruieren, die das Gewicht des Kindes von der Brust auf den Rücken verlegt. „Andrea's Baby Pack" wurde ebenfalls patentiert, und Andrea Proudfoot beschäftigt inzwischen fünfzehn Frauen, die die Rückentrage und die Kleidungsstücke, die sie noch zusätzlich entwirft, in einer kleinen Firma nähen.

Obwohl sie immer wieder Fusionsangebote von großen Firmen bekommt, hält sie an ihren Patentrechten für den Baby Pack fest. Sie schätzt, daß sie mit diesem Produkt monatlich etwa tausend Dollar netto verdient.

Jane Wells

DIE BABY-HÜPFSCHAUKEL

1872 ließ Mrs. Jane Wells aus Chicago in Illinois die Baby-Hüpfschaukel patentieren, die zu einer Standardeinrichtung in Kinderzimmern geworden ist, ebenso wie Kinderbettchen, Laufstall und der hohe Beistellstuhl.

„Diese Vorrichtung kann ein Kind in Bewegung setzen, sobald es aufrecht sitzen und bis es laufen kann", schrieb sie in ihrer Patentanmeldung. „Sie gibt ihm die Möglichkeit, zu tanzen, zu schaukeln und sich in jede beliebige Richtung zu drehen, so daß sie ihm ein gesundes und sicheres Vergnügen bietet und Eltern und Kinderschwestern die Beaufsichtigung erleichtert und viel Zeit spart." Die Baby-Hüpfschaukel wurde in über hundert Jahren kaum verändert und gewährt den Eltern noch immer die dringend benötigten Ruhepausen. Schließlich sind die Frauen, die früher als Kindermädchen gearbeitet haben, heute zum erheblichen Teil damit beschäftigt, Medizin zu studieren.

Das ursprüngliche Modell wurde von der Occidental Manufacturing Company hergestellt und auf den Markt gebracht. Janes Ehemann Joel arbeitete dort als Betriebsleiter. Der größte Teil der Fließbandarbeit in der Occidental wurde von Frauen verrichtet. Sie hatten dadurch Arbeit, was für die damalige Zeit ungewöhnlich war.

Gertrude Muller

DER KINDERTOILETTENSITZ

Der Toilettensitz für Kinder heißt nicht deshalb „toidy", weil Mütter gerne die kindliche Aussprache nachahmen oder weil ihnen die richtige Bezeichnung peinlich wäre. „Toidy Seat" ist vielmehr der Markenname dieser Toilette im Kleinformat, die Agnes Muller erfunden, hergestellt und auf den Markt gebracht hat. „Toidy" ist seitdem, wie die Wörter „Kleenex" oder „Scrabble", in die amerikanische Umgangssprache eingegangen.

Gertrude Muller entwarf Produkte für Kinder und hatte damit Erfolg. Neben dem „Toidy" erfand sie den Sicherheitssitz für das Auto und den zusammenklappbaren Kinderhochstuhl.

Gertrude Muller wurde 1887 geboren und wuchs in einer einflußreichen Familie aus Indiana auf. Sie heiratete nicht und hatte keine Kinder. Die Idee für den *Toidy* hatte Gertrude um 1915 bei einem Besuch ihrer Schwester und ihrer kleinen Nichte. Gertrude war Sekretärin in einer Firma, die sanitäre Anlagen herstellte. Ihre Schwester überlegte, ob sie diese Firma zur Produktion einer besseren transportablen Kindertoilette bewegen könnten, denn das damals gebräuchliche Produkt war groß, schwer und unhandlich. Sie konnten die Firma für ihre Idee gewinnen. Gertrude entwarf den Sitz, und die Firma produzierte ihn.

Bereits 1924 ließ Gertrude Muller den *Toidy* und weitere Produkte in ihrem eigenen Betrieb herstellen: Die erfolgreiche Firma „The Juvenile Wood Products Company" blieb im Familienbesitz, bis die Direktorin Gertrude Muller 1957 im Alter von siebenundsechzig Jahren an Krebs starb.

Fannie Farmer

WISSENSCHAFTLICHE KOCHREZEPTE

Diese Erfindung könnte niemand beim Patentamt anmelden. Fannie Farmer entwickelte die Standardisierung von Kochrezepten in der uns heute bekannten Form. Bis in die achtziger Jahre des vorigen Jahrhunderts war es üblich, Rezepte mit Angaben wie „eine Prise", „eine Handvoll" oder „ein gehäufter Eßlöffel" zu beschreiben. Dann jedoch machte die schüchterne, rothaarige Fannie Farmer in ihrem

49

Boston Cooking School Book erstmals Mengenangaben wie „eine Tasse durchgesiebtes Mehl".

Fannie Farmer wurde am 23. März 1857 in Boston geboren, und dort verbrachte sie auch die meiste Zeit ihres Lebens. Als sie sechzehn Jahre alt war, wurde ihr linkes Bein entweder durch einen leichten Hirnschlag oder durch Polio gelähmt. Seitdem hinkte sie und galt als nicht mehr heiratsfähig.

Sie wurde die „Familienhilfe" im Haushalt von Mrs. Charles Shaw, einer Freundin der Farmers. Dort lernte Fannie kochen und kam dabei auf die Idee, Kochrezepte mit exakten Mengenangaben zu schreiben. Ihr Schützling, die kleine Marcia, verstand die damals üblichen Rezepte nicht, und Fannie wußte nicht, wie sie ihr die Angaben genau hätte erklären können. Also notierte Fannie ihre eigenen Rezepte mit genauen Mengenangaben, und Marcia schrieb sie ab.

Als Fannie achtundzwanzig Jahre alt war, schrieb sie sich an der Boston Cooking School ein und fand dort ihren Beruf. Neun Jahre später war sie stellvertretende Leiterin der Schule. Ihr Hauptinteresse galt zwar der Ernährung von Patienten in Krankenhäusern und von Rekonvaleszenten (sie soll Dr. Elliott P. Joslin bei seinen Forschungsarbeiten zur Diabetes geholfen haben), aber sie wurde vor allem durch ihr 1896 veröffentlichtes Kochbuch bekannt. Als sie das Manuskript zum Verleger brachte, waren die maßgeblichen Leute allerdings sehr skeptisch gegenüber diesen neumodischen „wissenschaftlichen" Rezepten und bestanden darauf, daß Fannie selbst für die Herstellungskosten des Buches aufkam. Vier Millionen Exemplare des Kochbuchs wurden verkauft.

Fannie Farmer schrieb und lehrte bis zum Ausbruch des Ersten Weltkrieges. Ihre monatliche Kolumne in der Zeitschrift *The Women's Home Companion* erschien zehn Jahre lang. Im Alter erlitt Fannie zwei Schlaganfälle, durch die sie an den Rollstuhl gefesselt wurde, aber dennoch setzte sie sich weiterhin dafür ein, nahrhafte *und* gesunde Speisen zuzubereiten.

Fannie Merritt Farmer starb mit fünfundsiebzig Jahren in ihrer Heimatstadt Boston. Die „Miss Farmer's School of Cookery" überlebte ihre Gründerin um dreißig Jahre und schloß erst 1944 ihre Pforten.

Margaret Knight

TRAGTÜTEN AUS PACKPAPIER

Margaret Knights bekannteste Erfindung ist die Tragtüte aus Packpapier – oder vielmehr die Maschine, mit der diese Tüten mit flachem Boden hergestellt werden. Die energische Frau aus Neuengland ließ siebenundzwanzig ihrer zahlreichen Erfindungen patentieren; fast alle haben mit schweren Maschinen zu tun.

Margaret, mit Rufnamen Mattie, kam 1838 auf die Welt und machte ihre erste bemerkenswerte Erfindung, als sie zwölf Jahre alt war. Die Familie lebte in New Hampshire, und Matties älterer Bruder arbeitete dort in einer Textilfabrik. Eines Tages besuchte Mattie die Fabrik und sah, wie ein Arbeiter verletzt wurde. Ein Weberschiffchen mit Stahlspitze schoß aus dem Webstuhl und traf den Mann. Mattie entwarf eine Vorrichtung, mit der die Maschinen in solchen Fällen gestoppt und Unfälle dieser Art künftig vermieden wurden. Obwohl die Vorrichtung vielfach in Gebrauch kam, wurde sie niemals patentiert.

Mattie Knights Maschine zur Herstellung von Papiertragtüten, patentiert 1870, war ein großer Erfolg. Die Maschine wurde im Laufe der Zeit verbessert und ist noch heute in Gebrauch. Kurz nachdem sie das Patent erhalten hatte, bot man ihr 50 000 Dollar für den Verkauf der Rechte an, aber sie lehnte ab. In den Jahren zwischen 1883 und 1894 meldete sie ein Dutzend weiterer Patente an, und zwar für Erfindungen, die von Schieberahmen für Fenster bis zu Geräten zum Zuschneiden von Schuhen reichten. Nach der Jahrhundertwende wandte sich Mattie der neu entstehenden Kraftfahrzeugtechnik zu und ließ Ventile, Rotoren und Motoren patentieren. Die meisten ihrer Patente überließ sie ihren Arbeitgebern für Bargeld, anstatt über Jahre hinweg Lizenzgebühren zu kassieren. Margaret Knight starb 1914 und hinterließ nur 275,05 Dollar!

REZEPTFREIE MEDIKAMENTE

Die Königin der rezeptfreien Medikamente hatte kein einziges Patent für Arzneimittel. „Lydia E. Pinkham's Vegetable Compound" wurde als eingetragenes Warenzeichen geführt, doch die Familie Pinkham ließ beim amerikanischen Patentamt lediglich ein Firmenemblem registrieren, auf dem Lydias gütiges, lächelndes Großmuttergesicht abgebildet war. „Lydia E. Pinkham's Vegetable Compound" war ein Hausmittel aus Heilkräutern, das Lydia Pinkham jahrelang angewandt hatte, wenn ihre Kinder krank waren.

Die Flüssigkeit enthielt Extrakte aus Fieberwurzel *(aletris farinosa)*, Bockshornklee *(trigonella foenumgraecum)*, Schwalbenwurz *(asclepias tuberosa)*, Schlangenwurzel *(cimicifuga racemosa)* und weiteren Heilpflanzen. Sie wurde mit 19prozentigem Alkohol angesetzt. Die Patientinnen, die Lydia Pinkhams Markenmedizin einnahmen, wurden in einen Zustand leichter Euphorie versetzt, während sich ihre „Frauenbeschwerden" wahrscheinlich nicht nachweisbar besserten. Dennoch war dieses Heilmittel sicher weniger schädlich, als die damals üblichen Salpetersäurespülungen oder Operationen an den Eierstöcken. Der Name *Lydia E. Pinkham* wurde zu einem festen Begriff, und Lydias Werbeprospekte gehörten bald zu den wichtigsten Ratgebern, die im damaligen Amerika über Gesundheit und Hygiene der Frau aufklärten.

Lydia Estes wurde am 9. Februar 1819 geboren. Sie hatte elf Geschwister und wuchs in einer liberalen Quäkerfamilie aus Massachusetts auf. Die Estes wurden von den Bürgern ihrer Heimatstadt angefeindet, weil sie offen für die Abschaffung der Sklaverei eintraten und sich für die Rechte der Frau einsetzten. Lydia war einen Meter fünfundsiebzig groß, hatte kastanienbraunes Haar und dunkle Augen – sie war eine eindrucksvolle Erscheinung und liebte ihre Freiheit. Lydia arbeitete als Lehrerin, und es war für ihre Freunde und ihre Familie eine große Überraschung, als sie 1843 Isaac Pinkham heiratete. Isaac war ein Witwer, der über ein höchst bescheidenes Einkommen und einen ebensolchen Verstand verfügte. Er war kleiner als Lydia, ein bißchen rundlich und viel weniger selbständig als sie. 1873 war Lydia Mutter von vier Kindern und pflegte noch dazu ihren mittellosen, ständig kränkelnden Ehemann.

Lydias zweiter Sohn Dan kam als erster auf die Idee, die Hausmedizin seiner Mutter zu verkaufen, um den Etat der Familie aufzubessern. Seit Jahren schon waren nicht nur Nachbarn, sondern sogar Leute aus anderen Städten zu den Pinkhams gekommen, um sich mit Lydias Medizin zu versorgen. „Warum sollen wir kein Geschäft daraus machen, das Mittel herzustellen und zu verkaufen, wie es mit jeder anderen Medizin auch getan wird?" fragte sich Dan. Damals gab es noch keine staatliche Kontrollbehörde, die die Pinkhams an diesem Vorhaben hätte hindern können. Um ein Allheilmittel unter die Leute zu bringen, mußte man lediglich dafür werben und es verkaufen. Zu den beliebtesten Hausmitteln zählten Mixturen wie Opiumsirup (als Schmerzmittel oder Schlaftrunk) und graue Quecksilbersalbe (gegen Filzläuse und Hautekzeme). Lydia E. Pinkhams Kräutermischung war bestimmt gesundheitlich weniger bedenklich für die Konsumenten.

Anfangs wurde das Mittel nur von den Kindern der Familie Pinkham vertrieben. Sie verteilten mit dem Fahrrad und zu Fuß Werbezettel. Ab 1876 inserierte die sich etablierende Firma in der Zeitung *Boston Herald* und entwickelte sich innerhalb kurzer Zeit zu einem blühenden Versandhandel. Als im Jahre 1879 auch noch eine Photographie Lydias auf dem Etikett des Mittels abgedruckt wurde, war „Lydia E. Pinkham's Vegetable Compound" der absolute Renner, und Tausende von Frauen wandten sich mit der Bitte um medizinische Ratschläge an Lydia.

Lydia schrieb die informativen, aber maßlos übertriebenen Werbeprospekte für ihr Mittel selbst, und sie fügte jeder Flasche kostenlose Broschüren über das prämenstruelle Syndrom, über Unterleibsbeschwerden und über die Wechseljahre bei. Sie versprach ihren Kundinnen: „Ihre Wangen werden wieder rosig, Ihr Schritt fest und Rücken- und Kopfschmerzen werden Sie gar nicht mehr kennen. Sie werden ein neuer Mensch sein." In Kundenzuschriften (die meisten schrieb Lydia selbst) war zu lesen, das Mittel habe Tumore zum Schrumpfen gebracht, Schlaflosigkeit beseitigt, den Appetit angeregt und wieder Leben in langweilige Ehen gebracht.

Lydia beaufsichtigte die „persönliche Ratgeberabteilung", in der schriftliche Kundenfragen beantwortet wurden. Die Zeitschrift *The Ladies' Home Journal* und die Regierung der Vereinigten Staaten warfen Lydia später vor, ihre Ratschläge hätten viele Frauen davon abgehalten, zum Arzt zu gehen. Das mag stimmen. Andererseits empfahl Lydia bereits einfache gesundheitsfördernde Maßnahmen wie Sauberkeit und Bewegung, als noch vierzig Prozent der Operationen tödlich verliefen. Lydias zwei Söhne starben 1881 an Tuberkulose; sie selbst erlitt Anfang 1883 einen Schlaganfall und starb fünf Monate darauf. Ihre Nachkommen waren sich nicht darüber einig, in welchem Stil sie die Firma weiterführen sollten. Lydias „persönliche Ratgeberabteilung" wurde schließlich beibehalten. Die Kundinnen schrieben weiterhin an Mrs. Lydia E. Pinkham – und einer von Lydias Enkeln ließ die Briefe von seiner Frau beantworten. 1905 wurde im Rahmen einer Zeitschriftenkampagne gegen „pharmazeutische Spezialpräparate" eine Photographie von Lydias Grab veröffentlicht. Es gab einen internationalen Skandal, denn jetzt stand zweifelsfrei fest, daß die *echte* Mrs. Pinkham seit fast zwanzig Jahren tot war und folglich all die freundlichen Briefe nicht geschrieben haben konnte.

Trotzdem erwirtschaftete Lydia Pinkham's Firma Anfang der zwanziger Jahre jährlich drei Millionen Dollar. Der Betrieb war bis 1968 in Familienbesitz; dann übernahm Cooper Laboratories die Produktion des Hausmittels. „Lydia E. Pinkham's Vegetable Compound" wurde bis weit in die siebziger Jahre hinein hergestellt und verkauft.

Lydia Pinkham selbst wurde durch das Unternehmen, das sie gegründet hatte, nicht reich. Die erste Dividende für Pinkham-Aktien wurde erst zwei Jahre nach ihrem Tod ausbezahlt. Lydias Gesicht jedoch war eine Zeitlang das bekannteste Frauengesicht in den USA. Außerdem ist es ihr Verdienst, daß sie in einem Zeitalter, das Weiblichkeit mit Schwäche und Kränklichkeit gleichsetzte, energisch und unüberhörbar für die Gesundheit der Frau eingetreten ist.

Designerinnen

Unter den Begriff „Design" können Kosmetikartikel ebenso fallen wie Produkte, die der Dekoration von Innenräumen dienen. Die Ägypterinnen, die ihre Augenlider mit Kohle bemalten, waren „Designerinnen", und die Beleuchtungstechnikerinnen des zwanzigsten Jahrhunderts sind es auch.

Zum Design gehören Neuerungen wie Anna Kalsos Schuh mit dem Negativabsatz und Madame Paquins Konfektionspuppe, die im Jahr 1900 in Paris vorgestellt wurde. Die ersten Kosmetikerinnen waren meist Erfinderin, Unternehmerin und Werbefachfrau in einer Person. Viele Modeschöpferinnen kreierten ihre persönlichen Stilrichtungen.

Allein der Geschichte des Büstenhalters könnte man ein ganzes Kapitel widmen. Ein gewisser Otto Titzling behauptet, er habe den Büstenhalter erfunden. Da er jedoch kein einziges Patent besitzt, liegt die Vermutung nahe, daß er seinen Ruhm seinem Namen, der sich im Englischen hervorragend für Wortspiele eignet, verdankt (engl. „tits" umgangssprachlich für „Brüste"). Philippe de Brassière, wie Titzling eine schillernde Figur der goldenen zwanziger Jahre, erhebt ebenfalls Anspruch auf diese Erfindung – aber auch er hat kein Patent vorzuweisen. Olga Erteszek dagegen besitzt achtundzwanzig Patente für Büstenhalter. Sie machten die Gründung der Olga Corporation möglich. Auch Polly Jacob (alias Caresse Crosby), die den ersten Büstenhalter entwarf, und Ida Rosenthal, die ihn verbesserte, haben Patente.

DER BÜSTENHALTER

„Als ich jung war", schreibt Caresse Crosby in ihrer Autobiographie *The Passionate Years* (dt. „Die leidenschaftlichen Jahre", 1953), „wurden die Mädchen in eine Rüstung aus Fischbeinstäben und rosa Schnürbändern gesteckt. Diese Ungetüme reichten von den Achseln bis zu den Knien. Über dem Gestänge war eine Stoffhülle aus Musselin oder Seide befestigt ... Hätten wir damals schon Petting gemacht, dann hätten wir nicht viel Freude daran gehabt."

Caresse Crosby galt später als sexuell sehr freizügige Frau, aber sie hat den Büstenhalter – damals noch unter dem Namen Polly Jacob – nicht erfunden, um den Austausch von Zärtlichkeiten zu erleichtern. Eines Abends fühlte sich Polly durch ihr Korsett nicht nur schrecklich beengt, sondern es ragten auch noch ein paar Fischbeinstäbe über den Rand ihres Dekolletés. Sie ließ sich deshalb von ihrem Hausmädchen Marie zwei Seidentaschentücher, ein Stück rosafarbenes Band, Nadel und Faden bringen und konstruierte den ersten modernen Büstenhalter. Dieser formte die Brüste noch nicht, sondern drückte sie flach, so wie sich das damals für eine unverheiratete Dame schickte.

Der „rückenfreie Büstenhalter", wie Polly ihre Erfindung nannte, befreite die Frauen vom lästigen Korsett. Polly zeigte ihn heimlich ihren Freundinnen, und viele von ihnen wollten auch einen haben. „Mir wurde erst klar, daß ich mit den Büstenhaltern ein Geschäft machen könnte, als mich eine Frau aus Boston schriftlich um einen Büstenhalter bat und eine Dollarnote beilegte", erinnerte sich Polly. (Otto Titzling behauptete, er habe 1912 den Büstenhalter erfunden. Er ließ ihn jedoch niemals patentieren. Philippe de Brassière bestand sogar noch 1929 darauf, er habe den Büstenhalter erfunden und die Bezeichnung gehe auf seinen Namen zurück, aber dieser Behauptung wurde in einem Prozeß widerlegt. Die Bezeichnung „brassiere" (engl. für „Büstenhalter") ist eine Ableitung vom altfranzösischen Wort für „Oberarm".)

Daß Mary Phelps „Polly" Jacob überhaupt in Erwägung zog, mit ihrer Erfindung Geld zu verdienen, zeigt, wie sehr sie sich von ihren Altersgenossinnen unterschied. Sie war in die höchste Gesellschaftsschicht hineingeboren worden und „Handel treiben" war dort etwas, worauf man herabsah – Pollys Urururgroßvater war schließlich auf der *Mayflower* nach Amerika gekommen. J. P. Morgan war für sie „Onkel Jack", und Lady Baden-Powell ernannte sie zur ersten offiziellen Pfadfinderin Amerikas. Warum sollte dieses edle Geschöpf einen „Ausbeutungsbetrieb" aufmachen? Aber genau das tat Polly.

Sie nahm einen Kredit auf, sah sich nach einem Patentanwalt um und machte sich daran, die Rechte für ihren „rückenfreien Büstenhalter" zu erwerben. 1914 bekam sie ein amerikanisches Patent. Daraufhin lieh sich die Erfinderin hundert Dollar, mietete zwei Nähmaschinen und stellte zwei Mädchen an. Die Mädchen nähten Hunderte von Büstenhaltern, und Polly trug sie in die besseren Geschäfte New Yorks. Aber vorerst interessierten sich nur wenige für ihre Idee.

Ein paar Jahre später war Pollys Jugendtraum, Großindustrielle zu werden, längst verblaßt. Zu diesem Zeitpunkt nahm sie das Angebot eines Freundes ihrer Familie an: Er wollte den Verkauf des Patents an die Warner Brothers Corset Company in die Wege leiten. Sie hielt den Betrag von fünfzehnhundert Dollar, der ihr für die Patentrechte angeboten wurde, „nicht nur für angemessen, sondern sogar für fabelhaft". Dreißig Jahre später schätzte Polly, die Warner Company habe an ihrer Erfindung ungefähr fünfzehn Millionen Dollar verdient.

Dieser Mißerfolg überschattete ihr Leben jedoch nicht. Pollys erste Erfindung war nur der Anfang gewesen. 1915 heiratete sie ihre Jugendliebe Dick Peabody (aus der Familie, nach der das Peabody Museum benannt ist). Kurz nach der Hochzeit mußte er in den Ersten Weltkrieg. Polly bekam zwei Kinder, William und Polleen, und führte ein Leben in Reichtum und Luxus. 1921 lernte sie den Bankier und Dichter namens Harry Crosby kennen – ein einundzwanzigjähriger Junggeselle. Sie war damals eine siebenundzwanzigjährige verheiratete Frau. Polly kämpfte mit ihrem Gewissen, ließ sich aber dann von Dick scheiden und ging mit Harry nach Paris. Diese Scheidung war damals ein Skandal.

„Das Leben mit Harry war ein lustvolles Abenteuer", schrieb Polly. 1927 hatte er seinen Bankjob (bei „Onkel Jacks" Pariser Zweigstelle) aufgegeben, um sich ganz der Dichtkunst zu widmen. Polly, nun Mary Crosby, ließ sich Caresse nennen und dichtete ebenfalls. Sie ritt nackt auf einem Elefantenbaby die Champs-Élysées entlang und warb für einen Ball der Kunststudenten. Harry kaufte eine alte Mühle auf dem Land und schrieb einen Scheck über die gesamte Summe seines Bankguthabens auf dem Blusenärmel seiner Frau aus – dabei wußte er nicht einmal, wieviel Geld er auf diesem Konto hatte. Das Paar reiste nach Ägypten, Syrien und Palästina. Sie rauchten Opium, aalten sich in der Sonne und veranstalteten Orgien. Gäste empfingen sie bevorzugt in ihrem riesigen Bett, und wer zu einem Besuch bei ihnen vorbeikam, wurde eingeladen, mit ihnen in einer römischen Wanne zu baden.

1927 gründeten sie die Black Sun Press, einen Verlag, der limitierte Auflagen von James Joyce, D. H. Lawrence, Hart Crane und Ezra Pound herausbrachte. Ursprünglich hatten die Crosbys nur eigene Arbeiten veröffentlichen wollen, aber bald führten sie viele bedeutende und talentierte Autoren in Europa und in Amerika ein.

Die Crosbys reisten in den zwanziger Jahren wie in einem Rausch durch Europa. Sie waren ein durch die Medien bekanntes Bilderbuchpaar, doch ihre Liebesgeschichte nahm ein tragisches Ende. Harry beging im Dezember 1929 Selbstmord. Caresse war am Boden zerstört. Als der Zweite Weltkrieg ausbrach, kehrte sie zurück in die Vereinigten Staaten und führte ein sehr viel ruhigeres Leben. Ihre Vorlieben für Prunk und Luxus, für Kunst und besonders für Erfindungen gab sie jedoch nicht auf.

Anfang der dreißiger Jahre versuchte Caresse, New Yorker Verlagshäuser zu bewegen, Taschenbuchausgaben von bereits veröffentlichten Büchern herauszubringen. Diese ungebundenen Bücher, meinte Caresse, die „in allen Ländern umgerechnet zwischen fünfundzwanzig und fünfzig Cents kosteten, bewiesen mir durch ihre enorme Verbreitung, daß mehr Menschen mehr lesen würden, wenn Bücher billiger wären". Sie konnte die Verlage Random House, Simon & Schuster und Doubleday jedoch nicht für ihre Idee gewinnen.

„Einer meiner Vorfahren war Robert Fulton, der Erfinder des Dampfschiffes", bemerkte Caresse einmal. „Ich glaube, daß ich meine Begeisterung für Erfindungen von ihm habe. Zwar wird der Büstenhalter niemals einen so bedeutenden Platz in der Geschichte einnehmen wie das Dampfschiff, aber immerhin: Ich habe ihn erfunden. Und vom Perpetuum mobile war ich immer nur knapp entfernt."

Doch bereits in den zwanziger Jahren galt Caresse Crosbys „rückenfreier Büstenhalter" als veraltet. Ida Cohen Rosenthal, eine jüdische Emigrantin aus Rußland von sehr kleiner Statur, erfand ein neues Modell: Der Rosenthal-Büstenhalter war der erste mit Körbchen, um die Brüste zu stützen, und er war auch erstmals in verschie-

Dieses Fotomodell aus der Zeit um die Jahrhundertwende war außerordentlich begehrt wegen seiner Wespentaille – die perfekte Werbung für Korsettfabrikanten. Unglückseligerweise war die schmale Taille das Ergebnis eines fortschreitend engeren Einschnürens, und die Frau erstickte. Rebellinnen gegen diese Unterkleidung wie Caresse Crosby und Ida Rosenthal machten der Selbstquälerei ein Ende.

denen Größen erhältlich. Anfangs waren die Büstenhalter nur ein Werbegag gewesen – Ida hatte sie in ihrem Schneidergeschäft verschenkt, weil ihre Kleider damit besser saßen. Später jedoch veranlaßte Ida ihre Erfindung zur Gründung der Firma „Maidenform", die Millionen einbrachte.

Ida Kaganovich wurde 1886 in der Nähe von Minsk geboren und floh 1904 aus dem Zarenreich nach Amerika. Dort wurde ihr Familienname in Cohen geändert. Sie war Näherin und führte ein kleines Nähgeschäft in Hoboken in New Jersey. 1906 heiratete sie William Rosenthal, der ihr im Laden half.

Im Ersten Weltkrieg wuchs der Markt für Konfektionskleidung. Die Rosenthals erweiterten ihr Geschäft von einer Nähecke im Wohnzimmer mit einer einzigen bezahlten Kraft zu einem Betrieb in Manhattan, in dem zwanzig Angestellte arbeiteten. Anfang der zwanziger Jahre kaufte sich Ida als Teilhaberin in ein elegantes Modegeschäft in der East 57. Street ein, und dort entwarf sie den Büstenhalter in der Form, in der wir ihn heute noch kennen.

In den zwanziger Jahren trug man enganliegende Kleider. Darunter sah Caresse Crosbys Büstenhalter, der den Busen flachdrückte, nicht schlecht aus – vorausgesetzt, die Trägerinnen waren gertenschlank. An fülligeren Frauen wirkten die burschikosen Kleider jedoch vorteilhafter, wenn der Busen ein wenig gestützt wurde. Ida entwarf ein Kleidungsstück mit zwei Druckknöpfen auf dem Rücken. Die damals modischen Hänger fielen dadurch ein wenig weicher. Dieser Büstenhalter wurde verschenkt, um den Verkauf der Kleider zu fördern. Bald kamen die Kundinnen jedoch wieder und wollten nur den Büstenhalter kaufen. Ida und William Rosenthal kratzten viereinhalbtausend Dollar zusammen und gründeten 1923 die Maiden Form Brassiere Company. 1938 hatte die Firma jährliche Bruttoeinnahmen von 4,5 Millionen Dollar – in den sechziger Jahren waren es bereits über vierzig Millionen Dollar.

William Rosenthal war der Produktionsleiter der Firma. Er war Amateurbildhauer und hatte Erfahrung in der Herstellung von Konfektionskleidung. Er kam auf die Idee, die Vorläufer der Körbchengrößen A, B, C, D einzuführen, die inzwischen zu genormten Industriestandards geworden sind. Ida war für alles andere zuständig. Sie war Finanzchefin, Verkaufsmanagerin und Leiterin der Werbeabteilung. Die Methoden, mit denen die Massenproduktion bewältigt wurde, waren ebenso bahnbrechend wie die, mit denen die Angestellten für ihre Arbeit motiviert wurden.

Ida Rosenthal war einen Meter achtundvierzig groß, zierlich und
ein lebhaftes Persönchen. Sie sprühte geradezu vor Aktivität. (Sie soll
männliche Geschäftspartner immer angewiesen haben, sich in ihrer
Gegenwart hinzusetzen, damit sie sie nicht zu sehr überragten.) Ida
bereiste die ganze Welt, um Aufträge für die Firma zu beschaffen. Sie
hatte schließlich in mehr als hundert Ländern Handelspartner, und
es entstanden Produktionsanlagen in England, Puerto Rico und Tri-
nidad. Ida reiste weiterhin durch die Welt und vertrat ihre Firma bis
ins hohe Alter. 1958 starb ihr Mann, und sie wurde Präsidentin der
Firma Maidenform, Inc.

Ida Rosenthal hatte sich in der ganzen Welt für Völkerverständi-
gung eingesetzt. Sie starb 1973 im Alter von siebenundachtzig Jahren,
ein halbes Jahrhundert, nachdem sie – im buchstäblichen Sinn des
Wortes – das Profil der amerikanischen Frau verändert hatte. Die
Firma Maidenform übernahm ihre Tochter Beatrice Coleman.

Harriet Hubbard Ayer, Helena Rubinstein und Eliza-beth Arden

KOSMETIKA

Bis zur Jahrhundertwende hätte keine ehrbare Frau auch nur daran
gedacht, Make-up auf ihr Gesicht aufzulegen. „Angemaltes Frauenzimmer" war im Englischen ein Synonym für Straßenmädchen.
Gleichzeitig gestand man den Frauen jedoch zu – man redete es ihnen
sogar ein –, daß sie zahllose mysteriöse „Frauenleiden" hatten, und
rezeptfrei verkaufte Medikamente waren ein Bombengeschäft. Es ist
daher nicht überraschend, daß Kosmetika dadurch salonfähig
wurden, daß man sie zunächst als Heilmittel tarnte. Die Gesichtscremes gegen Sonnenbrand, Hautunreinheiten und Sommersprossen,
die erfinderische Kosmetikerinnen auf den Markt brachten, nahmen
nach und nach schmeichelnde Farbtöne an. Auch die Wimperntusche
ließ nicht mehr lange auf sich warten. In vierzig Jahren gelang es der

Kosmetikindustrie, von Null bis in die Gruppe der zwanzig größten Industrien des Landes aufzusteigen. In den sechziger Jahren gehörte sie bereits zu den ersten zehn.

Es waren im wesentlichen drei extravagante Frauen, die unabhängig voneinander arbeiteten und manchmal in erbittertem Wettstreit miteinander lagen, die diese riesige Konsumindustrie praktisch von Grund auf schufen. Zwar war keine von ihnen eine Erfinderin in dem Sinne, daß sie selbst Hand anlegte, aber sie alle waren die geistigen Schöpferinnen ihrer jeweiligen Präparate. Sie erkannten den Bedarf, konzipierten das Produkt und überwachten die Herstellung. Ebenso wie Coco Chanel so lange an den Flaschen mit Parfüm Nr. 5 schnupperte (ihre Glückszahl, nicht ihr fünfter Versuch), bis es ihrer Idealvorstellung entsprach, kauften, erbettelten oder borgten die *grandes dames* der frühen amerikanischen Kosmetik die richtige Idee zur rechten Zeit, um ihre Imperien aufzubauen.

Die früheste dieser Kosmetik-Pionierinnen begann ihr Leben mit den meisten Vorteilen und beendete es mit den wenigsten. Harriet Hubbard wurde 1849 (oder ungefähr um diese Zeit; international anerkannte Schönheiten sind, was ihre Altersangaben betrifft, oft unzuverlässig) in einer reichen Familie in Chicago geboren. Sie genoß eine gute Erziehung, war aber überraschenderweise dennoch ein äußerst schüchternes Kind und hielt sich selbst für ein häßliches Entlein. Harriet heiratete 1865 Herbert Copeland Ayer.

Als verwöhnte Mutter zweier Kinder (ein drittes Kind war im Säuglingsalter gestorben, ein weiteres starb später beim großen Brand von Chicago) begann Harriet Hubbard Ayer aufzublühen. Sie reiste, las, befaßte sich mit französischer Dichtung, empfing Schauspieler und Künstler in ihrem Haus und stand bald im Ruf, eine große Schönheit zu sein. Die wachsende Unabhängigkeit und die zunehmende Selbstachtung führten dazu, daß sie sich 1886 von ihrem Mann scheiden ließ.

Harriet zog nach New York, wo man sie als vornehme Dame betrachtete, die ins Unglück geraten ist. Sie wurde Verkäuferin in einem exklusiven Möbelgeschäft, sah sich aber nach einem Unternehmen um, das sie selbst betreiben konnte. Der Drogist, der ihren persönlichen Duft komponierte, wies ihr schließlich den Weg zu ihrem Vermögen: M. Mirault erzählte ihr von einer Gesichtscreme, die sein Großvater für die legendäre Madame Récamier, die zur Zeit Napoleons einen berühmt gewordenen Salon unterhielt, zubereitet hatte, und die angeblich ihre Haut so glatt erhielt wie die eines jungen Mädchens.

Harriet kaufte sofort die Rechte für das Rezept und eröffnete mit Hilfe von geliehenem Geld ein Geschäft, in dem sie die Creme herstellte und vertrieb.

Harriet Hubbard Ayer löste einen Riesenskandal aus, als sie ihren eigenen Namen auf die Verpackung ihrer Schönheitscreme setzte (zusammen mit dem Familienwappen). 1886 hatte der Name einer „anständigen" Frau nur bei drei Gelegenheiten gedruckt zu erscheinen: in der Geburtsanzeige, bei der Eheschließung und in der Todesanzeige. Der Skandal brachte jedoch Erfolg; Lily Langtry unterstützte Récamier-Präparate, und die Damen der vornehmen Gesellschaft strömten in Harriet Ayers Geschäft.

Dennoch war der Erfolg ihrer Firma nur von kurzer Dauer. Harriet wurde von ihrem Geldgeber und ihrer eigenen Tochter (gleichzeitig die Schwiegertochter des Geldgebers) gerichtlich verfolgt. Man beschuldigte sie, mit den Familiengeldern Mißwirtschaft getrieben zu haben. Sie erhob Gegenanklage und gab an, ihre Familie habe sich gegen sie verschworen und wolle sie in den Wahnsinn treiben. 1893 wurde Harriet von ihrem Exmann und ihrer Tochter in eine psychiatrische Anstalt eingeliefert, wo sie vierzehn elende Monate verbrachte. Die Kosmetikfirma wurde verkauft und mit ihr die Rechte auf den Namen Harriet Hubbard Ayer.

Zum Ende hin nahm Harriet Ayers Leben jedoch noch eine Wende zum Guten. Teilweise dank ihres öffentlichen Eintretens zugunsten schlecht behandelter Mitpatienten in der Psychiatrie fühlte sich Harriet stark genug, um sich 1886 um die Stelle einer Kolumnistin bei der *New York World* zu bewerben. Ihre Beiträge erschienen in der Folge regelmäßig in der Sonntagsbeilage, und sie stellte auch als erste eine „Frauenseite" zusammen. Zwei Bücher mit ihren Ratschlägen wurden in gebundenen Ausgaben veröffentlicht. Zur gleichen Zeit begann sie auch, eigene Rezepte für Schönheitsmittel zu erfinden und konzipierte ein Deodorant, ein Haarentkrausungsmittel und eine Reihe von Cold Creams. Sie ließ jedoch nie eines ihrer eigenen Rezepte patentieren und gab sie angeblich umsonst her, anstatt sie zu verkaufen.

Harriet Hubbard Ayer starb 1903 an Lungenentzündung. Nachdem sie den ersten Schritt getan hatte, um Kosmetika zu legitimieren, sollten bald darauf zwei weitere Frauen ein Vermögen auf dieser Grundlage errichten.

Helena Rubinstein wurde um 1870 im polnischen Krakau geboren.

Nach ihrer eigenen Schilderung waren ihre Eltern begütert, und sie studierte kurze Zeit Medizin in Zürich, ehe sie wegen des unglücklichen Endes einer Liebesaffäre nach Australien emigrierte. In ihren Koffer hatte sie, wie sie schrieb, zwölf Tiegel mit Schönheitscreme eingepackt, die ein ungarischer Drogist eigens für ihre Mutter zusammengestellt hatte.

Laut einer anderen, wahrscheinlich eher zutreffenden Version der Geschichte kam Helena aus einer armen Familie im jüdischen Ghetto, arbeitete als Kellnerin sowie in anderen ebenso wenig glanzvollen Berufen und schiffte sich nach Australien ein, um dort ein besseres Leben aufzubauen. Fest steht jedenfalls, daß sie in der Nähe von Melbourne ein erfolgreiches Geschäft eröffnete, in dem sie ihre „creme valaz" als Heilmittel für sonnenverbrannte Gesichter verkaufte. Bis 1908 hatte sie von ihrem Gewinn hunderttausend Dollar gespart und verlegte ihr Geschäft nach London.

Miss Rubinstein (oder Madame Rubinstein, wie sie sich selbst lieber nannte) heiratete den amerikanischen Zeitungsmann Edward Titus und eröffnete den ersten Schönheitssalon in England. Sie hatten zwei Kinder, richteten einen Salon in Paris ein und siedelten vor Ausbruch des Ersten Weltkrieges nach Amerika über. Rubinsteins *Maison de Beauté* in der Neunundvierzigsten Straße in Manhattan wurde zum Zentrum eines landesweiten Netzes von Salons – und Brennpunkt einer intensiven Rivalität zwischen Helena Rubinstein und Elizabeth Arden, deren eigener Salon ganz in der Nähe, in der Fifth Avenue, lag.

Der Kulturschock des Krieges schuf einen enorm erweiterten Markt für die Rubinstein-Produkte. Er war darüber hinaus verantwortlich für den Riß in ihrer Ehe, der bald zur Trennung von ihrem Mann führte. Edward Titus ging 1916 nach Frankreich und schloß sich dem literarischen Untergrund an. Obwohl seine *Black Mannequin Press* Arbeiten von so vielversprechenden und bedeutenden Autoren wie D. H. Lawrence, James Joyce und Ernest Hemingway veröffentlichte, sah Madame Rubinstein keine Gewinnchancen in dem Unternehmen und strich ihrem Mann die Mittel.

Schärfste Kalkulation – bis hin zum Geiz – war und blieb immer das Markenzeichen Madame Rubinsteins. Zu ihrem Vermögen kam sie durch den großen Börsenkrach von 1929: Ein Jahr davor hatte sie ihr gesamtes Unternehmen für drei Millionen Dollar verkauft. Nun kaufte sie es für die Hälfte wieder zurück. Nur wenige Wall-Street-Makler waren über dieses Meisterstück einer Ausländerin erfreut, die

Helena Rubinstein in ihrem Labor in New York City

nur einen Meter fünfundvierzig groß war und ihre Gespräche noch
immer mit jiddischen Ausdrücken pfefferte. (Eine typisch Rubin-
steinsche Transaktion: Als man ihr sagte, sie könne die Penthouse-
Wohnung in einem eleganten Komplex in der Park Avenue nicht
mieten, weil dort Juden nicht zugelassen seien, kaufte sie kurzerhand
das ganze Haus.)

Madame Rubinstein betonte stets die heilenden Eigenschaften
ihrer Cremes und Lotionen und hatte während der zwanziger Jahre
für nur schmückenden Wirkungen nur Verachtung übrig. „Ich habe
nichts gegen ein wenig Rouge und eine diskrete Verwendung von
Puder", pflegte sie zu sagen, „aber einige der Cremes, die so viele
Mädchen und Frauen als Grundierung verwenden und auf die sie
dann ein kunstvolles Make-up auftragen, ruinieren die natürliche
Schönheit des Teints."

Helena bereiste Afrika, Indien und den Orient, um die Künste der dort üblichen Kosmetik zu studieren, und ließ es sich manchen Dollar kosten, in die entsprechenden Geheimnisse eingeweiht zu werden. Nach ihrer Ansicht konnte nur einer von drei Gründen eine Frau daran hindern, Zeit auf die Verbesserung ihres Aussehens zu verwenden: „Unkenntnis, Faulheit oder eine glückliche Ehe".

Helena Rubinstein war keine Chemikerin, aber sie überwachte trotzdem persönlich die Entwicklung der ersten wasserfesten Wimperntusche und einer Reihe von medizinischen Gesichtscremes. Sie verdiente Geld auf jedem Gebiet, an das sie sich heranwagte, und sie behielt ihr Geschäft strikt in der Familie. 1938 ließ sie sich offiziell von Titus scheiden (nach einer Trennung von zwanzig Jahren) und heiratete Artchil Gourielli-Tchkonia, einen Prinzen aus Georgien. Er war zwanzig Jahre jünger als sie – trotzdem überlebte sie ihn. Er starb 1956, Madame Rubinstein lebte bis 1965, ohne jemals zu arbeiten aufzuhören. Als sie über neunzig war, führte sie das Geschäft von ihrem Bett aus. Ihr Nachlaß wurde auf über hundertdreißig Millionen Dollar geschätzt – eine halbe Million davon wurde für den Bau des Helena Rubinstein Pavilions, eines Kunstmuseums in Tel Aviv, verwendet.

Helena Rubinsteins große Rivalin war Elizabeth Arden, eine Frau mit ebenso viel Energie und einem ebenso ausgeprägten Talent für neue Ideen. Die beiden Frauen machten aus der üblichen Konkurrenz zwischen zwei Unternehmen eine erbitterte persönliche Auseinandersetzung. Elizabeth Arden startete einen Großangriff auf Helena Rubinsteins Personal und warb elf ihrer besten Angestellten ab. Madame Rubinstein revanchierte sich, indem sie den Exmann ihrer Rivalin einstellte. Und als die eine 1938 einen Prinzen heiratete, beeilte sich die andere und heiratete 1942 ebenfalls einen Vertreter des Hochadels. Elizabeth Arden reiste um die ganze Welt und besuchte überall Schönheitssalons, aber sie weigerte sich zeitlebens, den Fuß in das Geschäft „dieser Frau" zu setzen, wie sie Madame Rubinstein nannte. Für die Presse waren diese Streitereien natürlich ein gefundenes Fressen.

Elizabeth Arden wurde unter dem Namen Florence Nightingale Graham als Tochter eines Pachtbauern geboren. Die Familie lebte in Kanada in der Nähe von Toronto. Sie nahm den Namen Elizabeth Arden erst an, als sie ihren ersten Salon eröffnete: Das Wort „Elizabeth" war bereits in das vergoldete Namensschild eingraviert, und da sie damals zufällig gerade Tennysons Werk *Enoch Arden* las, ließ sie einfach auf die bereits vorhandene Tafel „Arden" dazuschreiben, um das Geld für eine zweite Tafel zu sparen. Ohne abgeschlossene Schulbildung floh sie vor der bedrückenden Armut auf dem Pachthof nach New York. Sie hatte mehrere erfolglose Versuche unternommen, sich als Zahnarzthelferin, Kassiererin und Stenotypistin eine Existenz aufzubauen. Zu diesem Zeitpunkt war sie dreißig Jahre alt und hatte für ihr Alter wenig vorzuweisen, außer einem besonders feinen Teint. Und mit Hilfe ihres Aussehens legte sie den Grundstock zu ihrem Vermögen.

1908 waren die Frauen bereits so emanzipiert, daß sie sich erlaubten, der Natur gelegentlich mit einer Lotion oder Creme nachzuhelfen. Alle wollten eine Haut wie Florence Graham haben, und als sie eine Stelle als Gesichtsmasseuse in einem New Yorker Schönheitssalon annahm, war ihr Teint die beste Werbung für die Kosmetika und Behandlungsmethoden dieses Hauses.

Mit einem kleinen Darlehen von ihrem Bruder eröffnete Florence ihren ersten Salon in der Fifth Avenue. Sein Türschild gab ihrer Firma den Namen. Sie hat jedoch nie eine Namensänderung von Amts wegen vornehmen lassen. Allmählich wurden aus ihren Gesichtscremes Make-up-Grundierungen, und bald florierten ihre Salons im ganzen Land. Sie war an der Entwicklung von Amoretta, der ersten nichtfettenden Hautcreme, beteiligt und führte Lippenstiftfarben ein, die auf den Hautton und die Kleidung abgestimmt waren. In den zwanziger Jahren besaß sie bereits mehr als hundert eigene Salons.

Elizabeth Arden heiratete 1915 Thomas Lewis Jenkins, einen Bankangestellten, den sie kennengelernt hatte, als sie um ein Darlehen nachsuchte. Er arbeitete auch nach ihrer Scheidung im Jahre 1934 weiter für sie: Es bedurfte einer Helena Rubinstein, um ihre Geschäftsbeziehung zu beenden. 1942 heiratete sie Prinz Michael Evalanoff, was ihre Stellung in der High Society festigte.

Elizabeth Arden war eine gebieterische Frau, die ihre Stärke unter zartrosafarbenen Kleidern verbarg. Die Firma Elizabeth Arden war ganz in ihrem Besitz und hatte einen Jahresumsatz von sechzig Millionen Dollar. Außerdem gewann sie ein Vermögen mit Rennpferden: 1947 gewann ihr Pferd „Jet Pilot" das Kentucky Derby. Sie reiste in der ganzen Welt herum und veranstaltete elegante Wohlfahrtsbälle. Im Alter zog sie es vor, ihre Firma an Eli Lilly und Partner zu verkaufen, weil sie nicht wollte, daß die Firma sie überlebte. Florence Graham starb mit achtundachtzig Jahren (nach ihren Angaben; sie war wohl eher dreiundneunzig) im Gefühl einer grimmigen Genug-

tuung, denn sie hatte ihre Erzrivalin Helena Rubinstein um achtzehn
Monate überlebt.

Julie Newmar

STRUMPFHOSEN FÜR EIN „FRECHES GESÄSS-PROFIL"

Die Schauspielerin und Tänzerin Julie Newmar, deren Beine einst für
eine Million Dollar versichert waren, hatte die besten Voraussetzungen, eine neue Strumpfhose zu entwerfen und patentieren zu lassen.
Sie nannte ihre Erfindung „Körper-Perfektions-Hose", aber das
amerikanische Patentamt befand, „Strumpfhose mit Formband für
ein freches Gesäßprofil" sei passender. (Vgl. die Schilderung dieser
Begebenheit im Vorwort.) Auf jeden Fall ist die Hose so konstruiert,
daß sie die Gesäßbacken hochschiebt und damit der Trägerin zu einer
„natürlicheren Erscheinung" verhilft.

„Der Nachteil der normalen Strumpfhosen ist, daß sie einem das
Gesäß plattdrücken. Das sieht sehr künstlich aus", sagte sie. Sie löste
das Problem, indem sie die Strumpfhose schräg schnitt, also diagonal
zum Fadenlauf des Gewebes, und die Mittelnaht elastisch machte.

Julie Newmar, ein großer (ein Meter achtundsiebzig), rotblonder
Bühnen-, Film- und Fernsehstar sieht skandinavisch aus – aber auch
ihr Name klingt nur so. In Wirklichkeit wurde sie 1935 in Los Angeles
als Tochter eines Professors der Ingenieurwissenschaften und eines
ehemaligen Showgirls von den „Ziegfeld Follies" geboren. Bereits
mit sieben Jahren hatte Julie die „Bretter, die die Welt bedeuten" kennengelernt. „Ich wurde ‚ermutigt', in zwei Matineen aufzutreten, als
‚Alice im Wunderland'. Danach folgten acht Jahre Arbeitslosigkeit",
berichtete sie gern.

Nach einem Versuch als Choreographin, Tanzlehrerin und
Double für die Universal Studios, machte sie sich allmählich einen
Namen. Mit ihrer ersten dramatischen Rolle am Broadway, als Part-

68

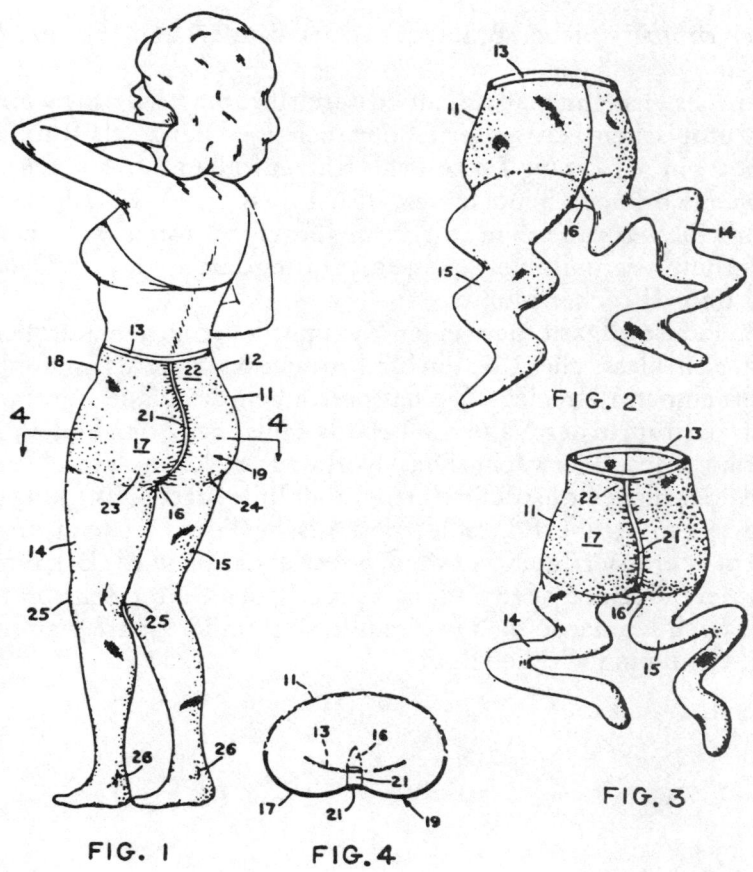

FIG. 2

FIG. 3

FIG. 1 FIG. 4

Diese einfachen Zeichnungen einer Idee genügten, um Julie Newmar 1975 das Patent Nr. 3 914 799 für ein „Freches Gesäßprofil" einzubringen.

nerin von Charles Boyer in *The Marriage-Go-Round,* gewann sie einen Tony Award. Anschließend erhielt sie Rollen in sechs weiteren Broadway-Musicals, darunter *Guys and Dolls, Li'l Abner* und *Dames at Sea.*

Julie Newmar wurde landesweit bekannt durch die Filmversion von *The Marriage-Go-Round,* in der sie noch einmal die Rolle der skandinavischen Superfrau spielte, die versucht, Susan Hayward den Ehemann abspenstig zu machen. Sie hatte überdies Rollen in fünf weiteren Spielfilmen, darunter als „ein Vierzehntel" der *Seven Brides for*

Seven Brothers (Sieben Bräute für sieben Brüder) und 1985 in *Street-walkin'*.

Am besten kennt man sie jedoch durch ihre Starrollen in zwei recht naiv-utopischen Fernsehserien der sechziger Jahre: als Rhoda der Roboter in *My Living Doll* und als Katzenfrau in *Batman*. Die Serie *Batman* wird noch heute in den USA auf mehreren Kanälen ausgestrahlt. Sie war außerdem Stargast in fünfzig weiteren Fernsehshows und erinnert sich mit einer gewissen Rührung daran, wie sie in *Columbo* Selbstmord begehen mußte.

Zu Hause trägt sie meist einen Gymnastikanzug, aber kürzlich hat sie sich ein klassisches Kostüm für ihre neue Karriere als Immobilienunternehmerin zugelegt. Sie hat persönlich die Pläne für ein Einkaufszentrum in der Nähe von Beverly Hills entworfen und die Ausführung selbst überwacht. Die „Körper-Perfektions-Hose" jedoch wird noch nicht industriell gefertigt, aber Julie hat die Hoffnung nicht aufgegeben. „Eine führende französische Firma ist jetzt an dem Patent interessiert, aber wer weiß, ob etwas daraus wird? Es kann sehr frustrierend sein, eine Erfindung zu machen, die ihrer Zeit voraus ist. Aber auch Leonardo da Vinci mußte vierhundert Jahre warten, bis seine Erfindung wirklich flog!"

Sarah Breedlove Walker

EIN MITTEL GEGEN HAARKRAUSE

Sarah Breedlove Walker, eine verwitwete schwarze Wäscherin, erfand ihre Methode, afro-amerikanische Haare zu glätten, 1905 „im Traum" und mischte ihre Pomaden und Salben in Waschzubern zusammen. Zehn Jahre später war Madame C. J. Walker – unter diesem Namen wurde sie bekannt – die reichste schwarze Frau in Amerika. Die Walker-Methode der Haarbehandlung gab dreitausend Vertreterinnen im ganzen Land Arbeit und wurde in den Vereinigten Staaten sowie in Europa nachgeahmt.

Sarah Breedlove wurde 1867 im Mississippi-Delta in Louisiana als Tochter einer Bauernfamilie geboren, verlor schon als Kind ihre Eltern und heiratete mit vierzehn Jahren. Mit zwanzig war sie bereits Witwe und zog nach St. Louis, wo sie sich selbst und ihre Tochter A'Lelia als Wäscherin ernährte.

Dort erfand sie auch die Frisiertechniken, um Haare zu entkrausen, so daß schwarze Frauen sich der Frisurenmode anpassen konnten, die bei den Weißen gerade vorherrschte. Sie stellte ihre verschiedenen Haarwuchspomaden, Seifen und Shampoos in der Küche her und verkaufte die Produkte mit gutem Erfolg in ihrem Wohnviertel. Bald darauf zog sie nach Denver in Colorado, weil sie in der Nähe ihres Bruders leben wollte. Dort lernte sie den Journalisten Charles J. Walker kennen und heiratete ihn.

Sarah Walker entwickelte nicht nur eine Reihe von Produkten, sondern führte auch die Verkaufsstrategie ein, die Firmen wie Avon seither so erfolgreich einsetzen. War sie anfangs noch selbst von Haustür zu Haustür gegangen, um ihre Produkte zu verkaufen, so warb sie bald einen Stab von „Schönheitsberaterinnen" für den Verkauf an. Diese Damen waren einheitlich in blütenweiße, gestärkte Blusen und lange, schwarze Röcke gekleidet und brachten die Walker-Produkte überall im Land ins Haus. Die erste Firma, in der ihre Produkte hergestellt wurden, gründete sie in Denver; bald folgte eine weitere in Pittsburgh. 1910 verlegte sie die Firmenzentrale nach Indianapolis.

Tatkräftig machte sie für sich selbst und für ihre Produkte Werbung. Auf den Verpackungen ihrer Erzeugnisse prangte ihr Porträt. Außerdem hielt sie überall in den Vereinigten Staaten Vorträge und machte Demonstrationsveranstaltungen. Sie bildete den gesamten Walker-Verkaufsstab persönlich aus, und die Mme. C. J. Walker Manufacturing Company, deren Präsidentin und alleinige Besitzerin sie war, gehörte bald zu den bedeutendsten Arbeitgebern für schwarze Frauen im ganzen Land. Sie bot dreitausend Handelsvertreterinnen in den Vereinigten Staaten und in der Karibik Arbeit. Abgesehen von den Superstars der Bühne war Sarah Walker die berühmteste Frau schwarzer Hautfarbe. Sie verdiente ein Vermögen von über einer Million Dollar.

Sarah Walker spendete große Summen für die *National Association for the Advancement of Colored People*, NAACP (Nationale Gesellschaft zur Förderung Farbiger), und finanzierte Stipendien für das Tuskegee Institute. Ihre Angestellten richteten „Walker Clubs" ein, um Gemeinschaftsdienste zu fördern. A'Lelia wurde Mäzenin – ihr Salon, in dem sich Intellektuelle aller Couleurs trafen, hieß „Dark Tower" –, und Sarah beauftragte den schwarzen Architekten Vertner Tandy, für 250 000 Dollar eine Villa für Mutter und Tochter zu bauen.

Sarah Walker starb am 25. Mai 1919. Ihr Großunternehmen stand damals in voller Blüte. Auch nachdem die Ärzte eine schwere Nierenerkrankung festgestellt hatten, weigerte sie sich hartnäckig, ihr Arbeitstempo zu drosseln. Sie vermachte das Unternehmen ihrer Tochter A'Lelia und hinterließ außerdem ein großes Treuhandvermögen, mit dem Waisenhäuser, Altersheime und Schulen für Schwarze unterstützt wurden.

Ellen Demorest und Eleanor Butterick

SCHNITTMUSTER AUS PAPIER

Das heute allgemein gebräuchliche Schnittmuster aus Papier ließ das Ehepaar und Arbeitsteam Ebenezer und Eleanor Butterick aus Massachusetts patentieren. Ihnen wird in der Regel auch die Erfindung zugeschrieben. Die Rechte wurden 1863 unter Ebenezers Namen geschützt. Es war jedoch ein anderes gemeinsam arbeitendes Ehepaar, das erstmals Kapital aus der Idee schlug, Anleitungen zu drucken, nach denen man modische Kleidung zu Hause nähen konnte. Obwohl ihre Idee nicht unter einem heute noch bekannten Firmenemblem Verbreitung fand – wie das bei ihrer Konkurrenz der Fall war –, machte die Erfindung William und Ellen Demorest doch zu ihren Lebzeiten wohlhabend und einflußreich.

Ellen „Nell" Demorest brachte ab 1860 Schnittmuster auf den Markt. Sie hatte ihr Hausmädchen dabei beobachtet, wie sie Nähvorlagen aus Einwickelpapier ausschnitt. Wegwerfbare Schnittmuster zu benützen, damit die Kleider nachher besser paßten, war an sich keine neue Idee. Aber vervielfältigte Papiermuster, die der aktuellen Mode entsprachen, an Frauen zu verkaufen, die zu Hause an der Nähmaschine saßen (die selbst erst kurz zuvor erfunden worden war), war durchaus neu. Nell und William entwarfen ein System, mit dem man Einzelteile von Kleidungsstücken auf Seidenpapier nach Größen abstufen konnte, und innerhalb von fünf Jahren hatten sie ein Netz von dreihundert Verteilern im ganzen Land aufgebaut. Ihr allmonatliches Schnittmusterheft *Mme. Demorest's Mirror of Fashion* (Madame Demorests Modespiegel) hatte eine Auflage von sechzigtausend Exemplaren, und über das gesellschaftliche Leben des Ehepaars Demorest konnte man sich in der *New York Times* informieren.

Ellen Louise Curtis wurde 1824 als Tochter einer erfolgreichen Putzmacherfamilie geboren. Als sie mit achtzehn Jahren die Schule beendet hatte, besorgte der Vater ihr eine passende Stelle in der Hutbranche in Troy im Staat New York, aber sie siedelte bald in die konkurrenzreichere Stadt New York um. Dort lernte sie William Jennings Demorest, einen Witwer mit zwei Kindern, kennen und heiratete ihn 1858. Sie war damals schon selbst eine wohlhabende Geschäftsfrau, und auch die Geburt eines Sohnes im Jahre 1859 hielt sie nicht davon ab, ihre Karriere entschieden weiter voranzutreiben.

William Demorest betrachtete sich gern als Erfinder und hatte auch einiges an Zubehör und Sonderausrüstung für Nähmaschinen patentieren lassen. Aber als er Nell heiratete, hatte er gerade eine Pechsträhne, und er griff deshalb ihre Idee mit den Schnittmustern aus Papier sofort auf, denn er hielt sie für ein todsicheres Rezept, um schnell reich zu werden. Er hatte recht.

Die Demorests begannen, Kopien von Kleidern der neuesten Mode in jenen flachen Umschlägen zu verschicken, die heute jedem Amerikaner vertraut sind. Die Vorderseite illustrierten sie mit farbigen Modebildern. Sie ließen eine monatlich erscheinende Frauenzeitschrift drucken, um ihre Verkäufe durch den Postversand zu fördern, und erzielten sofort eine hohe Auflagenzahl, weil sie jeder Nummer ein kostenloses Schnittmusterexemplar beilegten. Die Zeitschrift entwickelte sich zu einem Blatt, das mutig für die Rechte der Frauen, für die Sklavenbefreiung und die Abstinenz vom Alkohol eintrat, und die Herausgeber mußten dabei keineswegs heucheln. Mrs. (oder Madame, wie sie sich lieber nannte) Demorest erfüllte nicht nur die umfangreichen Verwaltungsaufgaben in der Firma; die Herstellungsabteilung des Unternehmens gehörte auch zu den wenigen großen Arbeitgebern im Land, die Schwarze zu denselben

Bedingungen beschäftigte wie Weiße und sie am Arbeitsplatz Seite an Seite einsetzte. Es gab denn auch Leute, die sich weigerten, Demorest-Schnittmuster zu kaufen, weil sie in einem Betrieb hergestellt wurden, in dem auch Farbige beschäftigt waren.

„Ich fordere nicht, daß alle Frauen oder auch nur ein großer Teil von ihnen selbständig werden und in Geschäftsbeziehungen eintreten sollen", sagte Madame Demorest bei der „Centennial Exposition" von 1876. „Aber ich fordere, daß alle Frauen die in ihnen angelegte Fähigkeit, Geld zu verdienen, entwickeln und sie ebenso schätzen, wie sie diese Fähigkeit an ihren Vätern, Männern und Brüdern schätzen."

Die Demorests patentierten später weitere, wenn auch weniger bedeutsame Erfindungen: eine Kombination von Hosenträgern und Sockenhaltern, einen verkleinerten Reifrock und einen „Herrschaftlichen Kleideranheber", mit dessen Hilfe die Damen ihre Röcke heben und senken konnten, wenn sie an Bürgersteige und Pfützen kamen. Zwar wurden alle diese Einfälle Ellen Demorest zugeschrieben, aber manche Biographen neigen zu der Annahme, daß diesen Erfindungen wohl überwiegend Williams Ideen zugrunde liegen würden. Der Verkauf dieser bald populären Artikel und einer hohen Anzahl von Schnittmustern brachte dem Einzel- und Versandhandelsunternehmen des Ehepaars Demorest gute Gewinne. In den siebziger Jahren des vorigen Jahrhunderts gedieh das Unternehmen prächtig. Allein im Jahre 1876 verkaufte die Firma drei Millionen Schnittmuster.

Bald jedoch bekamen sie Konkurrenz. Die Buttericks begannen sie zu überrunden. Die Demorests versuchten, vor Gericht einen Prioritätsanspruch auf die Erfindung der Schnittmuster geltend zu machen, aber sie hatten keinen Erfolg, und die Buttericks behielten das alleinige Anrecht auf das Patent. William Demorest zog sich 1885 aus dem Geschäft zurück, Nell setzte sich 1887 zur Ruhe, und die Firma wurde verkauft.

Die große, energische Nell Demorest starb 1898 mit dreiundsiebzig Jahren an einer Gehirnblutung. Ihren Ehemann hatte sie um drei Jahre überlebt. Sie hinterließ einiges an Bargeld und zwei gemeinnützige Vereine: Sorosis, eine einflußreiche Frauenorganisation, die sie mitbegründet hatte, und das Welcome Lodging House, eine Zufluchtsstätte für mißhandelte Frauen und Kinder.

Elizabeth Miller

„BLOOMERS"

Die *Bloomers* wurden zwar nach der Frauenrechtlerin Amelia Bloomer benannt, aber sie hat sie nicht erfunden. Die Kombination von schenkellangem Rock und Türkischen Hosen (und nicht die bauschige Unterwäsche, die wir heute mit diesem Begriff verbinden), wurde 1851 von Elizabeth Smith Miller als Alternative zu den unpraktischen, bodenlangen Kleidern entworfen.

Als eines der eher konservativen Mitglieder einer Familie, deren Oberhaupt der Philanthrop und Reformer Gerrit Smith war (Bekämpfer der Sklaverei und Vorbild für seine Cousine Elizabeth Cady Stanton), heiratete Elizabeth Smith mit einundzwanzig Jahren den prominenten New Yorker Rechtsanwalt Charles Dudley Miller. Sie fühlte sich als Hausfrau recht wohl und erfand die *Bloomers,* um sich eine für Frauen auch damals durchaus respektable Beschäftigung zu erleichtern, nämlich die Gartenarbeit. Verärgert über meterlange Stoffbahnen, die sich beim Unkrautjäten und Bäumeschneiden lästig um ihre Beine wanden und sie zum Stolpern brachten, schneiderte sie sich ein Arbeitsgewand, das sie als „ein kurzes Kleid", kombiniert mit „Türkischen Hosen bis zum Knöchel" bezeichnete. Sie hielt dieses Gewand für einen akzeptablen Kompromiß zwischen Wohlanständigkeit und Zweckmäßigkeit.

Als sie ihre für das Frauenwahlrecht streitende Cousine besuchte, waren sowohl Mrs. Stanton als auch Amelia Bloomer, die ebenfalls gerade zu Gast war, von dieser genialen Lösung begeistert. Bald trugen sie die „pantalettes" überall, und Amelia Bloomer schrieb einen Artikel in der feministischen Zeitschrift *Lily,* in dem sie diese Kleidung empfahl. Die Zahl der Abonnements für *Lily* verdoppelte sich über Nacht, und die Herausgeberinnen wurden von Nachfragen nach einem Schnittmuster förmlich überschwemmt.

Nun waren aber um 1850 Röcke, die lediglich zehn Zentimeter über das Knie hinabreichten, ein Skandal. Frauen, die eine Kleidung trugen, die später als „Bloomer-Kostüm" bekannt wurde, verweigerten gestrenge Sittenrichter den Zugang zu öffentlichen Einrichtungen. Um 1860 hatten sowohl Elizabeth Miller als auch Amelia Bloomer selbst die „pantalettes" aufgegeben – Amelia Bloomer, weil der Aufruhr allmählich die Aufmerksamkeit von dem ihr wichtigeren Anliegen der Frauenrechte ablenkte, und Elizabeth Miller, weil sie, nach ihren eigenen Worten, mit den „alten Wickelkleidern" ganz zufrieden war. Kurz bevor Elizabeth Miller 1911 mit achtundachtzig Jahren starb, sagte sie, sie sei weniger stolz auf ihren revolutionären Kleidungsentwurf als auf das Buch, das sie vor dreißig Jahren geschrieben habe: *In the Kitchen* (In der Küche).

Claire McCardell

DER GYMNASTIKANZUG

Als die Modeschöpferin Claire McCardell in den vierziger Jahren unseres Jahrhunderts den Stretch-Trikot erfand (engl. „leotard", erfunden von und benannt nach dem französischen Akrobaten Jules Leotard, der im neunzehnten Jahrhundert lebte), wollte sie eine zusätzliche Schicht warmer Kleidung für College-Mädchen anbieten. Die Studentinnen lebten damals in Wohnheimen, die wegen der Brennstoffknappheit während des Krieges nicht geheizt wurden. Die meisten Beiträge Claire McCardells zur Mode waren ebenso unkonventionell wie zweckmäßig und deshalb sehr beliebt. Claire entwarf die ersten zweiteiligen Ensembles, damit berufstätige Frauen auch mit einem geringen Budget zu einer ordentlichen Garderobe kamen, weil sie nun Rock und Oberteil beliebig kombinieren und variieren konnten. Sie konzipierte das Zeltkleid, weil sie selbst meinte, es sei angenehm zu tragen. Sie machte Jeans-Stoff populär, weil er preiswert war. Und sie leistete Pionierarbeit bei der Verwendung von Baumwollstoffen anstelle von empfindlichen Materialien wie Satin und Brokat.

Claire McCardell wurde am 24. Mai 1905 in Frederick in Maryland geboren. Sie war das älteste von vier Kindern und einzige Tochter von Adrian McCardell, Vorstand der Frederick County Bank und Senator. Nachdem sie ihre Studien am Hood-College im

Eiltempo hinter sich gebracht hatte, wechselte sie an die New York School of Fine and Applied Arts (New Yorker Schule für Schöne und Angewandte Künste) über, die heute Parsons School of Design heißt. Nach erfolgreichem Abschluß im Jahre 1928 fand Claire bald eine Stelle. Ihre Aufgabe bestand darin, Rosenknospen auf Lampenschirme zu malen. In ihrer knappen Freizeit vervollkommnete sie ihre Kenntnisse im Design. Als Townley Frocks' Chefdesigner 1931 mitten in der Modesaison plötzlich starb, bekam Claire McCardell, die noch in der Ausbildung zur Modeschöpferin steckte, eine Chance, eigene Entwürfe vorzulegen.

Obwohl die Bekleidungsindustrie sich allmählich auf das Konzept der Herstellung von Konfektionskleidung einstellte, brachten ihre revolutionären Entwürfe keinen schnellen Erfolg. Das Zeltkleid, der bahnbrechende Entwurf von 1938, geschneidert nach dem Vorbild eines marokkanischen Gewandes, wurde bei der Vorführung von den Einkäufern verschmäht. Es hing dann in einer Ecke ihres Büros, während sie fern von New York Urlaub machte. In ihrer Abwesenheit fiel das lose herabfallende Kleidungsstück einem Einkäufer von Best & Co. auf, und er bestellte hundert Stück davon. Innerhalb eines Jahres war „The Monastic" (das Klostergewand) der Knüller der Seventh Avenue. Claire hatte den „amerikanischen Look" kreiert.

Durch den Zweiten Weltkrieg gelangte Claire McCardell notgedrungen zu eigenständigen Konzepten. Der Krieg in Europa schränkte die Verbindung zu den französischen Modeschöpfern ein und verringerte ihren Einfluß. Mangel an Arbeitskräften und Material machten ihre praktischen Innovationen lebenswichtig, und die wachsende Zahl von berufstätigen Frauen schuf einen größeren Markt für Kleider von der Stange. Der McCardell „Popover", ein Wickelkleid aus Denim, machte Claires Namen zum festen Bestandteil des häuslichen Lebens: Dieses Kleid war als Arbeitskleidung für Frauen gedacht, deren Haushaltshilfen kriegswichtige Arbeitsplätze in Fabriken angenommen hatten.

1950 wurde Claire McCardell als erste Modeschöpferin vom National Women's Press Club zur „Woman of Achievement" (Frau mit herausragender Leistung) gewählt. 1956 kam sie auf das Titelblatt der Zeitschrift *Time*. Im letzten Kriegsjahr hatte sie den Architekten Irving Harris geheiratet, und 1952 wurde sie Teilhaberin bei Townley Frocks. Sie war die erste Modeschöpferin, die ihre Entwürfe im Franchise-System vertrieb – Schmuck, Pullover, Regenmäntel und Sonnenbrillen mit Nickelgestellen. Als sie am 22. März 1958 im Alter von

52 Jahren an Krebs starb, arbeitete sie an einer Kollektion von Designer-Papierpuppen.

Mary Quant

DER MINIROCK

Als Mary Quant 1966 als Dank für ihren Beitrag zur britischen Handelsbilanz den Orden des Britischen Empire erhielt, begab sie sich im Minirock in den Buckingham Palace. Bei jeder anderen Person wäre das höchst anstößig gewesen, aber schließlich hatte gerade Mary Quants Minirock den „Carnaby Street Look" berühmt gemacht und damit dem englischen Außenhandel einen dringend benötigten Impuls gegeben.

Mary Quant wurde 1934 in London geboren. Nach einer lückenhaften Schulbildung besuchte sie das Goldsmith College of Art. Als sie 1955 in Chelsea ein Geschäft unter dem Namen „Bazaar" eröffnete, nähten sie und ihr zukünftiger Ehemann Alexander Plunket-Greene nachts zu Hause im Wohnzimmer jeweils die Kollektion, die sie am nächsten Tag verkaufen wollten. Schon bald beschäftigte das Paar jedoch Näherinnen und führte Methoden zur Massenproduktion ein, und aus ihrer winzigen Boutique entstand bald ein Mini-Empire. Mary Quant und Alexander Plunket-Greene heirateten 1957. Zu dieser Zeit wurden in ihrem Geschäft etwa hundert Kleider im Monat verkauft. Diese Modelle hatten bereits bedenklich kurze Röcke, aber sie wurden auch fast ausschließlich von einer kleinen Außenseitergruppe von „swinging Londoners" getragen. Der große Erfolg für das Paar – und den Minirock – zeichnete sich jedoch ab, als sie 1965 eine erste Modenschau in Amerika veranstalteten.

Der Minirock war vielleicht ebensosehr eine Wiederentdeckung wie eine Neuerfindung (man schaue sich zum Beispiel die Charleston-Kleider der zwanziger Jahre an, die fünfzehn oder sogar zwanzig Zentimeter oberhalb des Knies aufhörten), aber Mary Quants unternehmerisches Flair machte ihn zum Wahrzeichen des Jahrzehnts. Obwohl er 1963 fast gleichzeitig vom französischen Couturier André Courrèges auf den Markt gebracht wurde, erinnert man sich an diesen Modeschöpfer heute hauptsächlich wegen seiner Stiefel und geometrischen Muster. Mary Quant schöpfte den Rahm für eine Idee ab, über die John Lindsay, der damalige Bürgermeister von New York, spöttelte: „Der Mini ermöglicht jungen Damen, schneller zu laufen, und weil sie ihn tragen, müssen sie das vielleicht auch können!"

Doch selbst nachdem die Zeitschrift *Vogue* den Minirock in ihrer Märzausgabe des Jahres 1964 ausführlich vorgestellt hatte – der Artikel bedeutete offizielle Billigung durch die Modewelt –, war das kniefreie Kleidungsstück immer noch sehr umstritten. Amerikanische Oberschülerinnen mußten das demütigende Ritual über sich ergehen lassen, vor der Schulleiterin auf den Boden zu knien: Jede, deren Rock nicht die Erde berührte, mußte nach dieser Prüfung einen Tag dem Unterricht fernbleiben. Als dann auch noch der Mikrorock – ein Rock, der kaum höher war als ein breiter Gürtel – auf den Markt kam, waren viele „anständige Leute" empört. „Eine Bekleidung für Huren", meinte die Verwaltung des St. Hilda's College in England dazu.

Nach 1970 reihte sich Mary Quant jedoch in das Modeestablishment ein. Ihre rebellische Phase war vorbei. Ihre Artikel wurden von Großhandelsunternehmen wie J. C. Penny in Konzession genommen, sie erweiterte die Reihe ihrer Produkte und nahm Kosmetika (die Max Factor vertrieb), Strumpfwaren, Wäsche, Puppen und Innenausstattung dazu. Mitte der siebziger Jahre hatte sich der Streit um den Minirock gelegt, und ein neuer Streit trat an seine Stelle. Die Frauen begannen, *Hosen* zu tragen. Der Minirock war aus den Kirchen verbannt worden; jetzt wurde der Hosenanzug in Restaurants verboten. Doch ehe das Jahrzehnt um war, hatte nicht nur das ein Ende, sondern die Frauen bestimmten – vielleicht zum erstenmal in der Geschichte – die Länge ihrer Röcke uneingeschränkt selbst.

Anna Kalso

EARTH-SCHUHE

Der Earth-Schuh mit dem Negativabsatz wurde zum Kennzeichen der siebziger Jahre, ebenso wie der Minirock das Kennzeichen der sechziger Jahre gewesen war. Hippies traten an die Stelle der jugendlichen Modepuppen, und die Form begann hinter die Funktion zurückzutreten. Alles „lehnte sich entspannt zurück" – bis in die Schuhsohlen hinein.

Das orthopädische Schuhkonzept der dänischen Yogalehrerin Anna Kalso wurde Earth-Schuh genannt, weil der Schuh sein amerikanisches Debüt am „Tag der Erde" gab, an einem Fest der Alternativen im Jahr 1970. Anna Kalso hatte selbst jedoch bereits seit etwa 1950 Schuhe mit Negativabsatz getragen und angefertigt. Damals hatte sie auf ihren Weltreisen den Gang barfußlaufender „primitiver" Stämme genau beobachtet. In weicher Erde oder im Sand hinterläßt die Ferse einen Abdruck, der tiefer liegt als der Abdruck der Zehen. Und dennoch erhöhen die Menschen des westlichen Kulturraumes hartnäckig die Absätze ihrer Schuhe. Anna Kalso kam zu dem Schluß, daß dies unnatürlich sei und die Körperbalance störe. Sie konstruierte daraufhin Schuhe – die plump und beinahe häßlich aussehen, aber sehr bequem sind –, bei denen die Ferse auf eine tieferliegende Ebene gebettet ist als die Zehenballen.

Anna Kalso besaß zu Beginn nur ein einziges Geschäft in Kopenhagen, doch entstanden bald Filialen in ganz Europa und in den Vereinigten Staaten. Obwohl das Design der Earth-Schuhe nach dem Jahrzehnt der „Selbstentdeckung" an Beliebtheit verlor, stellt die Firma sie noch immer her. Anna Kalso zog sich mit siebzig Jahren aus der Schuhbranche zurück, aber sie verkauft auch im Ruhestand, den sie teils in Dänemark, teils in Arizona verbringt, „gesunde" Kleidung.

Loie Fuller, Mary E. H. Greenewalt und Jean Rosenthal

BELEUCHTUNGSTECHNIK

Zu einer Zeit, als Frauen im Theater fast ausschließlich als Schauspielerinnen beschäftigt wurden, leisteten Loie Fuller, Mary E. H. Greenewalt und Jean Rosenthal Pionierarbeit für den Einsatz von Licht und Farben. Mit ihren technischen Erfindungen und innovativen Designs schufen sie völlig neue optische Ausdrucksmittel für Bühneninszenierungen.

Obwohl sich die drei Frauen wahrscheinlich nie kennengelernt haben, ähnelten sich ihre Erfindungen oder überschnitten sich sogar teilweise. Das entbehrt nicht einer gewissen Ironie, denn der Blickwinkel, unter dem jede einzelne von ihnen arbeitete, war grundverschieden. Loie Fuller, die gefühlsbetonte exotische Tänzerin, wollte ihre Kunst vervollkommnen, Mary Greenewalt, die intellektuelle Konzertpianistin, wollte eine Theorie ausarbeiten, und Jean Rosenthal, eine engagierte professionelle Beleuchterin, arbeitete auf die jeweils nächste Aufführung hin.

Es war nicht Loie Fullers Absicht, sich einen Namen als bahnbrechende Beleuchterin zu machen. Als sie 1891 mit Glühlampen und Farben zu experimentieren begann, war sie bereits eine erfahrene Bühnenschauspielerin von neunundzwanzig Jahren mit viel Temperament – aber bis zu diesem Zeitpunkt hatte sie keine besonders spektakuläre Karriere gemacht. Sie hatte am Broadway (einmal) eine Hauptrolle gespielt, einen ihrer Geldgeber geheiratet, den sie später wegen Bigamie vor Gericht brachte, ein Theaterstück geschrieben, für das sie keinen Abnehmer fand, und eine eigene Theatertruppe zusammengestellt, die eine Tournee durch die ganze Karibik machen sollte – aber bereits in Havanna pleite ging.

1891 gelang es ihr, die weibliche Hauptrolle in einem neuen, zweideutig betitelten Melodram mit dem Titel *Quack, M.D.* („Dr. Quacksalber") zu bekommen. „Als wir schon mitten in der Probenarbeit waren", schrieb sie in ihrer Autobiographie, „kam der Autor auf die Idee, noch eine Szene einzufügen, in der Dr. Quack eine junge Witwe hypnotisiert. Hypnose war damals in New York gerade der letzte Schrei."

Da sie bereits ihren gesamten Vorschuß auf die Gage für Kostüme ausgegeben hatte, kramte sie ihren Kleiderschrank durch und fand einen langen Seidenrock, den ihr ein englischer Verehrer einmal aus Indien geschickt hatte. Sie hoffte inständig, niemand würde dem lächerlich wirkenden Kleidungsstück viel Aufmerksamkeit schenken, sondern die Leute würden sich von dem grünen Licht ablenken lassen, das für die Gartenszene vorgesehen war. In dieser Szene sollte die Witwe, die sie spielte, vom bösen Dr. Quack verführt werden. Bei einer kleinen, improvisierten Tanzeinlage während der Hypnose-Szene flatterte Loie Fuller mit hoch erhobenen Armen auf der Bühne herum, denn „mein Kleid war so lang, daß ich ständig darauf trat". Das Publikum schenkte ihr und ihrem durchsichtigen Kleid nicht nur Aufmerksamkeit, sondern die Szene löste stürmischen Beifall aus. Sie nutzte ihre Chance gründlich, brachte eine Stegreifeinlage und wurde zwanzigmal herausgeklatscht. Die Kritiker bedachten das Stück am nächsten Tag mit einer vernichtenden Kritik, waren aber von Loie Fuller entzückt. Sie jedoch wußte noch nicht recht, „wie sie das Beste daraus machen sollte".

Am nächsten Morgen zog sie das Kleid noch einmal an, „um mir genauer anzuschauen, was ich am Abend vorher gemacht hatte". Als sie vor dem Ankleidespiegel stand, beleuchtete das bernsteinfarbene Morgenlicht das Gewebe. „Goldene Reflexe spielten in den Falten der glänzenden Seide, und in diesem Licht wurde mein Körper in schattenhaften Umrissen verschwommen sichtbar. Es war ein Augenblick, in dem mich ein intensives Gefühl bewegte. Unbewußt erkannte ich, daß mir gerade eine große Entdeckung geschenkt wurde. Ich hatte eine neue Art zu tanzen geschaffen."

Weniger überschwenglich ausgedrückt: Sie erkannte, daß dieser „neue Tanz", wenn sie es nur klug und umsichtig anfing, zur Existenzgrundlage werden und ihr außerdem den Lebenswunsch erfüllen könnte, auf den großen Bühnen Europas aufzutreten. Sie hatte keine Ausbildung als Tänzerin und war ein wenig füllig. Deshalb meinte sie, sie müsse Mutter Natur alle Unterstützung geben, die sie aufbieten konnte. So schuf sie aus reiner Notwendigkeit Beleuchtungsapparate mit sorgfältig arrangierten roten, blauen und gelben Lampen, die ihre wallenden Gewänder dramatisch ausleuchteten, und dieses Beleuchtungsgerät begleitete sie wie ihre Garderobe überallhin.

Heute, da laserunterstützte Spezial-Effekte bereits zum Alltag gehören, wirkt Loie Fullers Erfindung kindlich einfach. Aber als sie

Ende des neunzehnten Jahrhunderts mit ihrer Show begann, wurde Beleuchtung lediglich zu dem Zweck verwendet, die Bühne zu erhellen oder, wie im Falle des berüchtigten Dr. Quack, als plumpe Farbsymbolik (Grün sollte „Garten" bedeuten). Loie Fuller war die erste, die Farbe und Licht als ästhetisches Element im Theater benützte.

Sie wurde hochberühmt und stürmisch gefeiert. Zwar sahen sich selbst die großzügigsten Kritiker genötigt, von ihrem tänzerischen Können taktvoll zu schweigen, aber dessen ungeachtet strömten Künstler und Adelige überall in Europa zusammen, um ihre Darbietungen zu sehen: den „Schmetterlingstanz", den „Serpentinentanz" oder den „Blumentanz". Sarah Bernhardt kopierte ihre Beleuchtungsideen. Auguste Rodin nannte sie „ein Genie". Die Kritiker priesen sie als „eine Revolutionärin der Kunst". Ruth St. Denis ließ sich von der Verwendung von Stoffen und Licht inspirieren. Später holte Isadora Duncan Loie nach Europa und gab ihrer Karriere einen wichtigen Anstoß. Sie war Loie Fuller ohne Zweifel eine Mentorin.

Sie hörte nie auf, mit Licht zu experimentieren. Sie war die erste, die phosphoreszierende Gewänder auf der Bühne einsetzte, und beim „Feuertanz" trat sie auf einer Glasplatte auf, die von unten angestrahlt wurde, um einen flammenähnlichen Effekt zu erzielen. 1927 gab sie mit „Schattentanz" im Alter von fünfundsechzig Jahren ihre letzte öffentliche Vorstellung und setzte dabei bereits Beleuchtungseffekte wie im Film ein. Ein paar Monate später starb sie in Paris an einer Lungenentzündung.

Mary Elizabeth Hallock Greenewalt war wie Loie Fuller Künstlerin, ehe sie Erfinderin wurde. Sie wurde 1871 in Beirut, das damals zu Syrien gehörte, als Tochter des dortigen amerikanischen Konsuls geboren. Es scheint, als habe sie ihren Erfindergeist nicht von ihren Eltern, sondern von ihrem Großvater geerbt. Er erfand die ersten brauchbaren Drucktypen für den Druck des Arabischen.

Mary war eine begabte Musikstudentin. Sie studierte an der Musikakademie von Philadelphia, wo sie 1893 mit zweiundzwanzig Jahren eine Goldmedaille für ihre Leistungen am Klavier erhielt. Sie ging dann viele Jahre lang als Solistin mit den Symphonieorchestern von Pittsburgh und Philadelphia auf Tournee und gab überall im Land Klavierabende. International als führende Chopin-Interpretin anerkannt, nahm sie 1919 und 1920 mehrere Werke dieses Komponisten für die Columbia Records auf Platte auf.

Um die Jahrhundertwende begann sie sich für Farben zu interessieren und vor allem dafür, wie Farben den Betrachter und auch den

Zuhörer emotional und physiologisch beeinflussen. Es ist nicht bekannt, weshalb sie auf den Gedanken kam, aber es könnten die ersten, von frühen Psychologen veröffentlichten Arbeiten über Farbassoziationen gewesen sein oder auch der Beginn der Avantgarde-Bewegung in der Orchestermusik. (Etwa um die gleiche Zeit begann Arnold Schönberg mit der Zwölftonmusik zu experimentieren.) Jedenfalls begann sie den Schlag des Metronoms mit dem menschlichen Herzschlag in Beziehung zu setzen und die Farben des Spektrums mit den sieben Noten der diatonischen Skala. Schließlich stellte sie die Theorie auf, die Hörerfahrung werde intensiviert, wenn die Musik von ihren mathematischen Entsprechungen in Licht und Farbe begleitet wird.

Als sie so weit war, daß sie ihre Theorie auf der Bühne in die Praxis umsetzen konnte, erkannte sie, daß die damalige Bühnentechnik ihre Ideen noch nicht in die Realität umsetzen konnte. Deshalb konstruierte sie 1905 einen eigenen Rheostaten und bekam für die Erfindung das amerikanische Patent Nummer 1 357 773. Ein Rheostat ist ein Widerstandsregler, mit dem man die Helligkeit von Glühlampen stufenlos regeln kann. Mary Greenewalt hielt in der Folge Vorträge über ihre Theorie von einem Zusammenhang zwischen Herzschlag und Rhythmus und veröffentlichte mehrere Artikel über dieses Thema.

1916 stellte sie der nationalen Versammlung der Gesellschaft der Beleuchtungsingenieure triumphierend die Krönung von fünfzehn Jahren Arbeit vor – den *Sarabet*. Sie bezeichnete das Gerät als „Licht- und Farbspieler". Es bestand aus Schaltern und Rheostaten, die wie eine Klaviertastatur angeordnet waren und dem Bediener die Möglichkeit gaben, Farbe und Lichtintensität im Zuschauerraum zu variieren. Der *Sarabet* wurde zwar von folgenden Entwicklungen in der Beleuchtungstechnik rasch überholt, aber Mary Greenewalts Idee, Musik mit Licht und Farbe zu verbinden, ist zu einem tragenden Element in der Bühnenkunst und den Liveshows von Avantgarde-Künstlern wie Laurie Anderson und Peter Gabriel geworden. Als erste Multi-Media-Künstlerin war Mary Greenewalt ihrer Zeit wahrhaft voraus.

Jean Rosenthal, die zu ihrer Zeit renommierteste Beleuchterin am Broadway, war nicht daran interessiert, daß ihr Können vom Publikum bewußt registriert wurde. Vielmehr soll sie einmal gesagt haben: „Die wirkungsvollste und brillanteste Arbeit eines Beleuchters ist gewöhnlich die, die das Publikum kaum bemerkt."

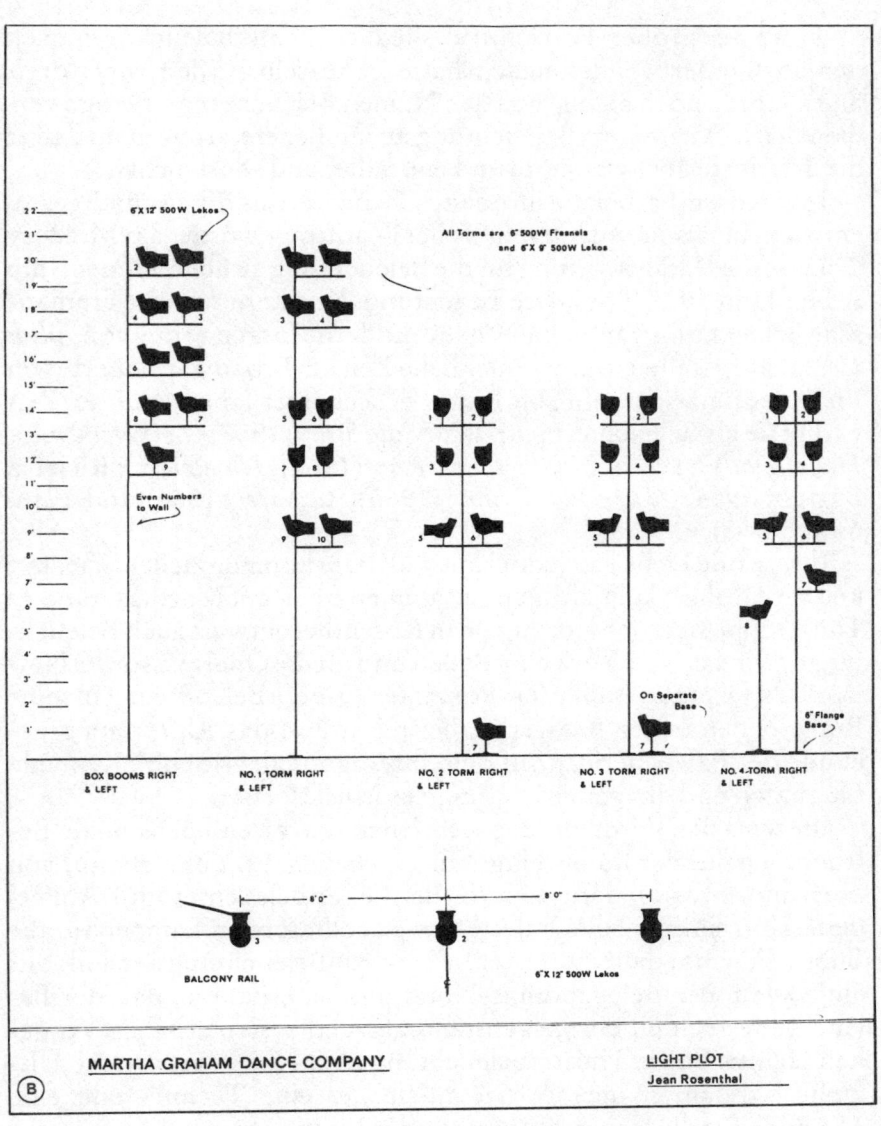

Mit Hilfe dieses schematischen Diagramms kann man für jede Aufführung von „Hello Dolly" die Originalbühnenbeleuchtung der Broadway-Produktion wiederholen. Ehe Jean Rosenthal ihr Notations-System entwickelte, tappten Beleuchter im Dunkeln.

Trotz der großen Fortschritte, die die Theaterbeleuchtung nach der Jahrhundertwende gemacht hatte, gab es selbst in den frühen dreißiger Jahren noch nichts, was den Namen Beleuchtungs-Design verdient hätte. Von einem Beleuchtungstechniker erwartete man, daß er die Scheinwerfer installierte und einstellte, und sonst nichts.

Jean Rosenthal bekam ihre erste Chance, etwas Eigenständiges zu entwickeln, als sie von Orson Welles beauftragt wurde, am Mercury Theatre die Verantwortung für die Beleuchtung zu übernehmen. Ihre Arbeit fand 1937 besondere Beachtung. Kritikern war die dramatische Beleuchtung für Orson Welles' moderne Inszenierung von *Julius Caesar* aufgefallen. Marys glückliche Zeit am Broadway dauerte von Ende der fünfziger Jahre bis Ende der sechziger Jahre. In dieser Zeit wirkte sie als Beleuchterin für *West Side Story* (1957), *Beckett* (1960), *Hello, Dolly!* (1964), *Fiddler on the Roof* (1964), *Hamlet* (mit Richard Burton, 1964), *The Odd Couple* (1965), *Cabaret* (1966) und *Plaza Suite* (1968).

Ihre große Liebe galt jedoch niemals dem kommerziellen Theater, und sie gab ihrer langjährigen Zusammenarbeit mit Martha Grahams Tanztruppe stets den Vorzug. Jean Rosenthal entwarf auch Beleuchtungen für das New York City Ballett und für die Opernsaison im New York City Center. Außerdem konzipierte sie die Beleuchtung für eine Reihe bedeutender Bauwerke, beispielsweise das Abfertigungsgebäude der Pan American auf dem Internationalen John F. Kennedy Flughafen und das ganze Los Angeles Music Center.

Ihr wird das Verdienst zugeschrieben, die zweidimensionale Beleuchtung auf der Bühne eingeführt zu haben, bei der nicht nur von oben und unten sondern auch von den Seiten beleuchtet wird. Außerdem schuf sie eine neue Palette von pastellfarbenen Lampen für die Bühne. Aber ihr dauerhaftester Beitrag zur Beleuchtungstechnik war ein System der Beleuchtungs-Notation. Sie erkannte, daß der Beleuchtungstechnik ein „eigenständiges und systematisches Vorgehen" fehlte. Sollte Theaterbeleuchtung aber eine künstlerische Disziplin werden, so meinte sie, müsse „es eine Technik und eine Methode für die Systematisierung" der Ideen geben.

Als sie am Federal Theatre begann, hatte ein Beleuchter noch keine Möglichkeit, die Arbeit eines anderen zu rekonstruieren. Es gab keine Methode der Aufzeichnung, welche Arten von Licht in welchem Arrangement und an welcher Stelle während einer Aufführung benutzt wurden. Die Notizen, die sie für den eigenen Gebrauch machte, entwickelten sich zu einer systematischen Sprache und wurden schließlich von der ganzen Berufssparte als universelle Systematik angenommen. John Houseman, einer der schöpferischen Giganten des amerikanischen Theaters, anerkannte ihre Leistung und sagte, es sei ihr gelungen, „Form und Ordnung in die Beleuchtung von Vorführungen aller Art" zu bringen.

Jean Rosenthal war 1969 bereits unheilbar krebskrank. Dennoch ließ sie sich im Rollstuhl ins Theater bringen, um die Beleuchtungsanweisung für eine neue Tanzvorstellung der Truppe Martha Grahams zu vervollständigen.

Jean Rosenthal hat ein für allemal deutlich gemacht, daß Theaterbeleuchtung nicht nur darin besteht, die Bühne zu beleuchten, sondern daß sie ein Element der künstlerischen Darstellung ist, das beeinflussen kann „wie man sieht, was man sieht, wie man es empfindet, und wie man hört, was man hört".

Spaß und schlichte Unterhaltung

Nicht nur die Not macht erfinderisch, auch der reine Spieltrieb hat uns viele kleine Freuden des Lebens beschert. Man denke nur an Elizabeth Flanagans Cocktail, Ruth Wakefields Schokoladensplitterplätzchen oder an die unzähligen Puppen und Spielwaren, die von Frauen mit Spaß am Spiel patentiert wurden, ganz zu schweigen von den unzähligen Erfinderinnen, deren Produkte, obwohl sie faszinierend sind, niemals in der Halle eines Museums oder auf den Seiten einer Enzyklopädie stehen werden.

Ruth Handler

DIE PUPPE BARBIE

Barbie und Ken Handler, die Kinder der Gründer von Mattel, Inc., Elliot und Ruth Handler, wurden nicht etwa nach zwei berühmten Puppen getauft. Die Puppen wurden vielmehr nach den Kindern benannt. Ruth Handler kam auf die Idee mit der bezaubernden Barbie-Modepuppe und gab ihr den Namen ihrer kleinen Tochter. Später wurde der dazu passende Freund für den Sohn des Ehepaars Handler gestaltet und erhielt dessen Namen.

Ruth Handler verkörpert einen amerikanischen Traum vom Erfolg, wie er im Bilderbuch steht. Sie wurde in Denver im Staat Colorado geboren, heiratete 1938 ihren Freund aus ihrer Schulzeit und zog eines Tages, einem Impuls folgend, nach Los Angeles. Sie hatte einen Sommerurlaub genutzt, um sich einen Job bei den Paramount Studios zu beschaffen. „Ich habe dort jemanden zum Mittagessen getroffen", erinnert sich Ruth Handler, „und bewarb mich spontan um einen Job. Man sagte mir, es sei praktisch unmöglich, einen zu bekommen, aber ich wurde noch am selben Tag eingestellt. Ich akzeptiere eben Absagen einfach nicht."

Ruth Handler arbeitete einige Zeit als Sekretärin, und Elliot Handler besuchte die Kunstschule und entwarf Beleuchtungskörper. In seiner Freizeit baute er Möbel für die gemeinsamen Wohnräume. „Meine kluge junge Frau meinte, wenn ich sie für unser Haus bauen könne, dann könnte ich sie doch eigentlich auch zum Verkaufen machen", erinnerte er sich 1967. Schon bald hatte das Möbelgeschäft der Handlers Bruttoeinnahmen von zwei Millionen Dollar im Jahr. Und das war nur der Anfang.

Mit Holz- und Metallresten aus dem Betrieb begann Elliot Handler auf Anregung seiner Frau, Puppenmöbel zu bauen. Mattel Creations (benannt nach dem damaligen Partner Harold *Mat*son und *El*liot Handler) entwickelte sich 1946 zu einer Spielzeugfirma, die Miniaturtische und -stühle aus Holz und Plastik herstellte. 1947 stieg die Firma durch eine Spielzeug-Ukulele, die Elliot entworfen hatte, – und später durch ein Spielzeug-Klavier – in die Reihe der landesweit großen Spielwarenhersteller auf. Elliot ließ bald darauf einen preiswerten, haltbaren Spieldosenmechanismus patentieren, die erste in Amerika hergestellte Konkurrenz für teure Importe aus der Schweiz. Eine patentierte automatische Kinderpistole, wiederum Elliots Einfall, trug dazu bei, daß die Firma 1955 bereits fünf Millionen Dollar Bruttoeinnahmen erzielte. Zu diesem Zeitpunkt strahlte sie auch als erste Spielzeugfirma Fernsehwerbung im brandneuen Programm *Mickey Mouse Club* aus.

Aber erst 1959 erlangte die Firma Mattel mit einer Erfindung von Ruth Handler internationalen Ruhm und vervierfachte ihren Umsatz.

„Meine Frau hat jahrelang beobachtet, wie und vor allem mit welchen Puppen unsere Tochter spielte", erinnert sich Elliot Handler, „und sie stellte fest, daß sie Puppen, die für ihre Altersklasse angeboten wurden, nicht beachtete und stets Teenager-Puppen mit modischen Accessoires den Vorzug gab. Damals gab es solche Puppen aber nur aus Papier zum Ausschneiden." Dadurch kam Ruth

Barbie ist vielfach verändert worden, seit Ruth Handler sie 1959 entworfen hat.
Aber sie ist noch immer eine höchst lebensnahe Puppe. Die Abbildung rechts zeigt
die Barbie-Puppe mit ihrem ursprünglichen Ständer, © Mattel 1959, und die
Astronauten-Barbie-Puppe
/t, © Mattel, Inc. 1986.

auf die Idee, eine erwachsene Puppe zu entwerfen, ein Modell für Kleider und Accessoires, auf das ein kleines Mädchen seine Zukunftsphantasien projizieren konnte. Der Empfang für Barbie – benannt nach der Tochter des Ehepaars Handler – auf der New Yorker Spielwarenmesse von 1959 war kühl. „Du spinnst ja, so etwas verkauft sich doch nicht", bekam Ruth zu hören.

Barbie verkaufte sich jedoch so gut, daß sie allein in den ersten acht Jahren fünfhundert Millionen Dollar einbrachte.

„Ich glaube, ich habe gelernt, die Menschen im täglichen Leben zu beobachten", sagt Ruth Handler, „und hin und wieder entdecke ich ein verborgenes Bedürfnis." Der Name Barbie wurde urheberrechtlich geschützt, und ein paar technische Einzelheiten der Puppe wurden patentiert, aber Ruth Handlers Name erscheint nicht auf dem Patent der „Barbie-Puppe". „Ich habe Barbie nicht eigenhändig geformt oder ihre Kleider genäht", sagt Ruth lächelnd. „Ich habe lediglich die technischen Details festgelegt und alles genehmigt, aber die manuelle Arbeit haben andere gemacht. Ich bin für den Entwurf des Verfahrens zuständig und beauftrage dann Ingenieure und Techniker, es auszuführen. Die Patente tragen dann schließlich ihren Namen, und die Rechte werden an die Firma abgetreten. Nur sehr selten wird der Chef als Erfinder genannt. Der Chef muß wissen, wie das Produkt am Ende aussehen soll. Wenn man die Charakteristika kennt, auf die es einem ankommt, dann sorgt man dafür, daß die richtigen Leute die Sache richtig ausführen."

Ruth Handler war von 1948 bis 1967 Vizepräsidentin von Mattel, Inc., und später, von 1967 bis 1973, deren Präsidentin. Sie war außerdem Gründungsmitglied des Los Angeles Music Center, Mitglied des National Business Council for Consumer Affairs (Nationaler Handelsrat für Verbraucherangelegenheiten), Mitglied des Direktoriums der Federal Reserve Bank von San Francisco, Mitglied im Presidential Advisory Committee on the Economic Role of Women (Präsidentenberatungskomitee für die ökonomische Rolle der Frau) und Gastprofessorin an der Universität von Kalifornien in Los Angeles und an der Universität von Südkalifornien. Wie zu erwarten, war es nicht immer leicht für sie, als Frau in diesen Rollen akzeptiert zu werden.

„Ich erinnere mich noch, wie es war", berichtet Ruth Handler, „als eine Maklerfirma einmal in einem privaten Club eine Zusammenkunft mit ihren Kunden abhielt. Kaum waren mein Mann und ich angekommen, da stürzten sich je zwei Männer von der Maklerfirma auf uns und schleppten meinen Mann in die eine Richtung davon und mich in eine andere. Ich wurde durch die Küche, an den Mülltonnen vorbei und durch einen Korridor auf der Rückseite des Hauses geführt. Schließlich landete ich im Konferenzraum, wo mein Mann schon seit fünf Minuten saß. Da merkte ich, daß ich heimlich in den Raum geschmuggelt worden war, unter Verletzung der Clubregeln, denn hier war Frauen der Zutritt nicht gestattet. Und dabei war ich die Hauptreferentin, Präsidentin der Firma und obendrein der Ehrengast!"

Anfang der siebziger Jahre wurde die Vorstellung, daß eine Frau Präsidentin einer Firma sein konnte, schon eher akzeptiert. Ruth Handler war damals Mitvorsitzende des Direktoriums.

Aber sie erlebte bald eine niederschmetternde persönliche Tragödie, die zudem in eine Zeit fiel, da ihre Firma erhebliche finanzielle Einbußen verkraften mußte. Bei Ruth Handler wurde Brustkrebs festgestellt, und die linke Brust wurde ihr abgenommen. Entmutigt, entstellt – „entweiblicht", wie sie sich ausdrückte – zog sich Ruth aus der Firma Mattel zurück.

Aber die Frau, die ein Vermögen gemacht hatte, weil sie Bedürfnisse der Konsumenten erkannte, hatte eine Lebenseinstellung und erprobte Grundsätze, die ihr über die Trauer hinweghalfen. Sie fand keine Brustprothese, die natürlich aussah und bequem war. Deshalb tat sie sich mit dem Prothetik-Designer Peyton Massey und einigen Mattel-Technikern im Ruhestand zusammen und entwickelte gemeinsam mit ihnen eine Serie von Brustprothesen für brustamputierte Frauen, die sie *Nearly Me* („Beinahe wie ich") nannte. Heute stellt die Firma Ruthton, Inc., die Ruth Handler gehört und auch von ihr geführt wird, die von ihr entworfenen Brustprothesen her und vertreibt sie, ebenso auch Badebekleidung in Spezialausführung für Krebspatientinnen im ganzen Land. Ruth Handler hat auf diese Weise zweimal Karriere gemacht – und zwar auch als Erfinderin. Die Freude, die sie darüber empfindet, hat alle ihre Erwartungen übertroffen:

„Die erste Hälfte meines Lebens, die Zeit bei Mattel, war sehr lohnend, sehr aufregend", sagt Ruth Handler. „Die Firma wuchs sehr schnell, und deshalb mußte ich meinen Kunden gegenüber in einer eher unpersönlichen Rolle bleiben. Wir saßen in einem Elfenbeinturm, beobachteten Kinder durch Einwegspiegel und richteten unser Handeln nach Informationen aus, die uns Marktforscher lieferten. Diesmal mache ich die ganze Sache auf meine eigene Weise. Ich treffe meine Entscheidungen selbst, und ich mache meine Fehler selbst. Aber vor allem stehe ich meinen Kundinnen von Angesicht zu Angesicht gegenüber. Ich passe das Produkt an ihren Körper an. Diese Frauen kommen feindselig, zornig, verwirrt und oft mit Tränen in den Augen zu mir. Ihre Selbstachtung hat unter dem Schicksalsschlag sehr gelitten. Zu sehen, wie ihr Stirnrunzeln sich in ein Lächeln verwandelt, ist sehr befriedigend. Ich bin früher Menschen nie so nahe gekommen. Jetzt fühle ich mich, aufgrund meiner täglichen Erfahrung, allen sehr nahe."

Barbara „Barbie" Handler Segal und Kenneth „Ken" Handler haben Ruth und Elliot Handler fünf Enkelkinder geschenkt – aber ihre Großmutter hat wenig Hoffnung, bald in den Ruhestand zu treten. Mit neunundsechzig Jahren leitet sie noch immer die Ruthton Corporation und unternimmt Geschäftsreisen im ganzen Land.

Ruth Wakefield

SCHOKOLADENSPLITTERPLÄTZCHEN

Ruth Wakefield schuf die Schokoladensplitterplätzchen auf eine besonders verbreitete Art und Weise, nämlich mit Hilfe des Zufalls. Man schrieb das Jahr 1933, und die Besitzerin des „Toll House Inn" in Whitman im Staat Massachusetts bereitete gerade einen Schub Schokoladen-Butter-Plätzchen zu. In der Hoffnung, ein wenig Zubereitungszeit zu sparen, beschloß Ruth, ausnahmsweise keine Blockschokolade für den Teig zu schmelzen, sondern statt dessen einen Riegel halbbittere Schokolade in kleine Stücke zu brechen und diese in die Mischung zu werfen. Sie nahm an, die Schokoladenstückchen würden in der Hitze des Backofens rasch schmelzen. Zu ihrer Überraschung blieben die Schokoladensplitter in den fertigen Plätzchen aber fest – und die „mißratenen" „Cookies" schmeckten köstlich. Sie nannte ihre Erfindung nach ihrem Gasthaus, und die Plätzchen wurden *die* Spezialität des Hauses.

Das Gasthaus „Toll House Inn" verkörpert ein Stück Geschichte von Cape Cod. Es war 1709 erbaut worden und hatte ursprünglich als Raststätte für die Pferdekutschen auf der Route von Bedford nach Boston gedient. Ruth Graves Wakefield und ihr Ehemann Kenneth kauften das Gebäude 1930 und richteten darin ein Restaurant ein. Ruth hatte vorher als Diätköchin gearbeitet und Ernährungskunde gelehrt, und bei der Zusammenstellung ihrer Speisekarte legte sie denn auch besonderen Wert auf natürliche und gesunde Gerichte, die abwechslungsreich und ausgewogen serviert wurden. Das „Toll House" florierte, bekam in den örtlichen Führern vier Sterne, und die Wakefields konnten gut von ihrem Gasthaus leben.

Die „Toll House"-Schokoladensplitterplätzchen wurden immer beliebter. Um diese Zeit versah die Schokoladenfirma Nestlé ihre Schokoladenriegel mit Kerben, damit man sie leichter brechen konnte. 1939 begann Nestlé, Schokoladensplitter zu verkaufen, die sich speziell für Ruths Rezept eigneten. Nestlé kaufte schließlich auch die Rechte für den Namen „Toll House" (obwohl ein Rezept an sich öffentliches Eigentum ist) und ließ ihn als Warenzeichen eintragen. Nach Aussagen eines Vertreters der Firma Nestlé „erhielt Mrs. Wakefield dafür außer mehreren Zahlungen auch Schokolade".

Die Wakefields verkauften das „Toll House Inn" 1966 an eine Familie, die ohne Erfolg versuchte, die Gaststätte in ein mondänes Nachtlokal zu verwandeln. 1970 kaufte die Familie Saccone das damals leerstehende Gasthaus und richtete es im ursprünglichen Stil wieder her. Obwohl das jahrhundertealte Gebäude am Silvesterabend 1984 bis auf die Grundmauern abbrannte, stellt die Familie Saccone weiterhin Plätzchen nach dem Originalrezept des „Toll House" her, allerdings in einer Bäckerei, die ein paar Meilen entfernt liegt. Derzeit produziert diese Außenstelle des „Toll House" dreiunddreißigtausend Plätzchen pro Tag, und man rechnet damit, daß sich diese Zahl noch erheblich erhöhen wird, wenn das historische Gasthaus wieder aufgebaut ist.

Die Schokoladensplitter-Industrie ist also, wenn man so will, ein Ergebnis von Ruth Wakefields „mißglücktem" Versuch, Arbeit zu sparen. Heute werden jedes Jahr neunzig Millionen Beutel Schokoladensplitter verkauft, das entspricht hundertfünfzig Millionen Pfund Plätzchen – aneinandergelegt ergäbe das eine Kette von „Cookies", die zehnmal um den Erdball reichte.

Hier das klassische Rezept in der Version von 1936:

RUTH WAKEFIELDS SCHOKOLADENSPLITTERPLÄTZCHEN

1 Tasse Butter	2 Tassen durchgesiebtes Mehl
3/4 Tasse brauner Zucker	1 Teelöffel Salz
3/4 Tasse Kristallzucker	1 Tasse gehackte Nüsse
2 Eier	2 Riegel (200 g) Nestlé
1 Teelöffel Natriumbikarbonat	Halbbitter-Schokolade
1 Teelöffel heißes Wasser	1 Teelöffel Vanille

Rühren Sie die Butter schaumig, fügen Sie den Zucker und die beiden geschlagenen Eier hinzu. Lösen Sie das Natriumbikarbonat in heißem Wasser auf und vermischen Sie es mit dem durchgesiebten Mehl und dem Salz. Geben Sie zuletzt die gehackten Nüsse und die in erbsengroße Stücke geschnittene Schokolade dazu und würzen Sie mit der Vanille. Dann lassen Sie jeweils einen halben Teelöffel der Masse auf ein gefettetes Backblech fallen. Backen Sie die Plätzchen 10 bis 12 Minuten bei 190 Grad. Die Masse reicht für etwa hundert Plätzchen.

Anonym

WAFFELTÜTE FÜR SPEISEEIS

Das Ereignis selbst ist dokumentiert, aber der Name der jungen Frau, die die Waffeltüte für Speiseeis erfunden hat, ist nicht bekannt. Im Jahre 1904 auf der „Louisiana Purchase Exposition" in St. Louis in Missouri machte ein Eisverkäufer namens Charles Menches einer jungen Dame den Hof. Eines Tages brachte der glühende junge Verehrer seiner Auserwählten einen Blumenstrauß und ein Eiscreme-Sandwich mit, und sie hatte Schwierigkeiten, beides zugleich festzuhalten. Kurzentschlossen nahm sie die Waffel, die den Deckel des Eiscreme-Sandwiches bildete, und wickelte sie als provisorische Vase um die Blumen. Dann nahm sie die zweite Waffel als Behälter für das Eis, damit nichts auf ihr Kleid tropfte. So wurde die Waffeltüte für Speiseeis „erfunden".

Wenige Tage später erzählte Abe Doumar aus New Jersey, ein Andenkenverkäufer auf der Ausstellung, einem Eisverkäufer mit einem Straßenstand von der Idee und meinte, er könne doch auf diese Weise mehr Geld für seine Ware verlangen und gleichzeitig Eiscremeschüsseln sparen. Die Nachkommen von Abe Doumar verkaufen noch immer Waffeltüten für Eis auf Coney Island, doch leider ist der Name der Begleiterin von Charles Menches noch immer nicht bekannt.

Elizabeth Flanagan

DER COCKTAIL

Elizabeth „Betsy" Flanagan gehört ebensosehr ins Reich der Sagen und Legenden wie in die Wirklichkeit, aber die Erzählung vom Ursprung des Cocktails ist mit so wenigen Abweichungen überliefert worden, daß man von ihrer Echtheit einigermaßen überzeugt sein darf.

Betsy Flanagan war eine Gastwirtin irgendwo in Neuengland während des Amerikanischen Unabhängigkeitskrieges. Ihr Gasthaus wurde von Offizieren und Soldaten der Rebellen besucht, und viele von ihnen saßen herum und murrten über einen ortsansässigen reichen Anhänger der britischen Torys, der es angeblich bequem hatte, während sie leiden mußten.

Eines Abends mixte Betsy ein besonderes Getränk für ihre „Stammkunden": Sie mischte Rum und Fruchtsaft und dekorierte jedes Glas mit einer Feder, die dem Hahn ihres Feindes ausgerupft worden war. Die Leute freuten sich über den Scherz, und auch das Mixgetränk schmeckte ihnen vortrefflich. Seinen Namen verdankt es einem jungen Offizier, der ausgerufen haben soll: *„ Vive le coq's tail!"*

Nicole-Barbe Clicquot

CHAMPAGNER-LAGERUNG

Zu Beginn des neunzehnten Jahrhunderts revolutionierte Mme. Nicole-Barbe Clicquot die Schaumweinherstellung. Sie ersann eine Methode, mit der man Sekt und Champagner klären konnte. Die junge Französin, die mit zwanzig Jahren Witwe geworden war, erfand ein Verfahren, das noch heute angewandt wird, und sie kam auch als erste auf die Idee, Rosé-Champagner herzustellen. Champagner, der vor 1800 abgefüllt wurde, wäre für einen heutigen Kenner kaum als solcher zu identifizieren. Dom Perignon, der von 1668 bis 1715 Kellermeister der Benediktinerabtei Hautvillers war, wird das Verdienst zuerkannt, zum erstenmal Schaumwein hergestellt zu haben, den wir heute Champagner nennen. Aber selbst der begabte französische Mönch fand keinen Weg, die natürliche Ablagerung zu entfernen, die sich auf dem Boden der Flaschen absetzte, ohne daß der Wein dadurch aufgehört hätte zu moussieren. Deshalb war Champagner hundert Jahre lang – bis Madame Clicquot die *sur point*-Lagerung einführte – trübe und hatte einen Bodensatz.

Nicole wurde 1777 in einer Familie der Oberschicht geboren und wuchs in der alten Stadt Reims am Rande der sanften, welligen Hügel der Champagne auf. Die idyllische Umgebung ihrer Jugend stand in scharfem Kontrast zum turbulenten politischen Klima in Frankreich zwischen der Revolution und dem Aufstieg Napoleons. 1794 wurde Nicole mit Monsieur Clicquot vermählt. Er hatte zwanzig Jahre früher eine Champagner-Weinkellerei und eine Versandfirma gegründet, die leidlich erfolgreich waren. Schon zwei Jahre später, kurz nachdem seine Frau eine Tochter geboren hatte, starb Monsieur Clicquot. Zur Überraschung der alteingesessenen Champagnerhändler gelobte Nicole – La Veuve („die Witwe") Clicquot, wie man sie später nur noch nannte –, das Geschäft selbst weiterzuführen. Fast jedermann prophezeite ihr, sie werde innerhalb von zwei Jahren ohne einen Pfennig Geld dastehen.

Außer mit ihrer Jugend und ihrem Geschlecht hatte Mme. Clicquot noch mit anderen Hindernissen zu kämpfen. Die Champagnerindustrie mußte Umsatzrückgänge hinnehmen. Kenner betrachteten das Getränk als eine Modetorheit: Wie konnte man einen Wein ernst nehmen, der so trübe aussah wie Spülwasser vom Vortag? Obendrein hatte Napoleons wachsender Appetit auf die europäischen Länder dem französischen Export empfindlich geschadet, die Kriege hatten zu enormen Erhöhungen der Gewerbesteuern gezwungen, und die französische Währung litt unter einem rapiden Kursverfall.

Auch Nicole bekam die Folgen der napoleonischen Kriege zu spüren. Immerhin half die Tatsache, daß ihr Vater, Monsieur Ponsardin, Bürgermeister von Reims und ein enger Verbündeter Napoleons war, die Steuerlast des Unternehmens Clicquot zu senken. Als Hilfe für den Vertrieb nahm „la Veuve" einen Partner ins Geschäft, einen naturalisierten Franzosen aus Deutschland. Dieser Monsieur Werle wurde nach einiger Zeit Präsident der lokalen Handelskammer und später Nachfolger von Nicoles Vater als Bürgermeister von Reims.

Nicole konzentrierte ihre Energie auf das unmittelbar vor ihr liegende Problem: die Qualität des Champagners zu verbessern. Champagner schäumt, weil den Flaschen während des Gärprozesses Hefe und Zucker zugesetzt wird. Dies erzeugt Schaum, hinterläßt aber auch Ablagerungen. Doch jedesmal, wenn die Weinhändler versuchten, den Bodensatz zu entfernen, entwich auch die Kohlensäure aus dem Schaumwein und der Champagner perlte nicht mehr.

Bei der *Remuage*-Methode („Rüttel-Methode"), die Mme. Clicquot erfand, werden die verkorkten Champagnerflaschen mit dem Flaschenhals nach unten gelagert, also *sur pointe*. Mehrere Monate lang werden sie einzeln täglich gerüttelt und gedreht. Dadurch setzt sich das Sediment mit der Zeit unter dem Korken ab. Zum richtigen Zeitpunkt werden die Flaschen dann einen Augenblick lang geöffnet: Der Druck preßt den Satz heraus, und die Flasche wird rasch wieder verkorkt.

Rosé-Champagner herzustellen erwies sich als wesentlich einfacher: La Veuve ließ die roten Trauben einfach sofort nach der Lese auspressen, ohne sie zu zermahlen und einige Tage stehen zu lassen wie bei der Herstellung von Rotwein. Ansonsten wandte sie das gleiche Verfahren zur Herstellung von Champagner an.

Diese Neuerungen waren so erfolgreich, daß die Verkaufszahlen der Firma Clicquot die ihrer Konkurrenten bald weit übertrafen. Madame Clicquot und ihrem Partner ist es weitgehend zu verdanken, daß in den europäischen Hauptstädten eine Nachfrage nach Champagner entstand und daß die Einfuhrzölle abgeschafft wurden, die England verhängt hatte.

Die berühmte Witwe:
Nicole Cliquot, 1856 gemalt von Léon Cogniet

Durch ihre eigene Erfindung reich geworden, setzte sich Madame Clicquot 1820 mit dreiundvierzig Jahren im prächtigen Château de Boursault zur Ruhe, wo sie noch fast ein halbes Jahrhundert lang ein angenehmes Leben führte. Ihre Tochter heiratete den Grafen de Cevigne. Heute wird die Sektkellerei Clicquot, die drittgrößte Champagnerfirma in Frankreich, von Nachkommen der Familie Werle betrieben, aber die Etiketten tragen noch immer den Namen von „La Veuve Clicquot-Ponsardin". In exklusiven Restaurants auf der ganzen Welt ist dieser Champagner selbstverständlich auf der Karte.

Rose O'Neill

DIE KEWPIE-PUPPE

Von 1912 bis 1914 war das Publikum nach der Kewpie-Puppe geradezu verrückt. Die Leute kauften Kewpie-Bücher und Kewpie-Rasseln, Kewpie-Seife und Kewpie-Schüsseln, Kewpie-Klaviere und Kewpie-Pfeffer- und -Salzstreuer. Die Frauen zupften ihre Augenbrauen so, daß sie den erstaunt hochgezogenen Brauen der pausbäckigen kleinen Porzellan-Figürchen ähnelten. Und die Dichterin und Künstlerin Rose Cecil O'Neill verdiente eineinhalb Millionen Dollar an den drolligen Wichten, die sie für die Illustration von Zeitschriften entworfen hatte und 1913 patentieren ließ.

Rose O'Neill wurde 1874 in Wilkes-Barre im Staat Pennsylvania geboren. Ihre künstlerischen Neigungen wurden bereits gefördert, als sie noch klein war, und mit vierzehn Jahren gewann sie einen Zeichenwettbewerb, den die Zeitung *World Herald* in Omaha (wo ihre Familie damals wohnte) ausgeschrieben hatte. Und schon bald wurden ihre Cartoons und Illustrationen in Zeitungen und Zeitschriften des Mittleren Westens veröffentlicht.

Da sie sich ein größeres Publikum für ihre künstlerische Arbeit wünschte, zog Rose O'Neill 1893 nach New York. Sie bezeichnete jedoch die Stadtbewohner als „Wölfe" und freute sich stets auf ihren Aufenthalt in „Bonnie Brooks", dem Alterssitz ihrer Eltern in den Ozark Mountains. Dort heiratete sie 1896 Gray Latham und begann, ihre Zeichnungen mit „Latham O'Neill" zu signieren. Viele Leser meinten, ohne lange nachzudenken, Latham O'Neill sei ein Mann.

Schon damals verkaufte Rose ihre Zeichnungen an die Zeitschriften *Puck* und *Life*. Nach ihrer Scheidung von Latham im Jahre 1901 begann sie eine intensive Korrespondenz mit Harry Leon Wilson, ihrem Redakteur bei *Puck*, und heiratete ihn ein Jahr später.

Die Wilsons lebten in einem Strudel rauschhaften literarischen Schaffens. Rose schrieb einen Roman mit dem Titel *The Loves of Edwy* (erschienen bei Harper, 1904), und Harry schrieb den damaligen Bestseller *The Spenders*. Harry arbeitete auch gemeinsam mit Booth Tarkington an *The Man from Home*, einem Theaterstück, das ein Hit am Broadway wurde, und Tarkington ist es auch zu verdanken (wenngleich indirekt), daß die Kewpie-Puppe geschaffen wurde.

Tarkington hatte den Wilsons eine weiße Bulldogge geschenkt, die sich zu einem verwöhnten Haustier entwickelte. Bei ihrem ersten Versuch im Töpfern machte Rose ein Figürchen aus unglasiertem, weißem Biskuit-Porzellan von dem Welpen und nannte das Ergebnis „Kewpie Doodle Dog". Nachdem Rose sich 1907 von Harry Wilson getrennt hatte, begann sie Kewpie in ihren Geschichten und Zeichnungen für die Zeitschrift *The Ladies' Home Journal* zu verwenden. Die kleinen Kewpies aus Kewpieville vollbrachten gute Taten. Sie bebrüteten verlassene Vogelnester und brachten verlorene Babies zu ihren Eltern zurück. Binnen kurzem wurden sie die Lieblinge der sentimentalen Leserschaft dieser Zeitschrift. Edward Bok, der Herausgeber von *The Ladies' Home Journal*, schlug Rose vor, Biskuit-Puppen aus den Kewpies machen zu lassen. Sie wurden zuerst in Deutschland hergestellt. Rose wurde bald dadurch bekannt, daß sie Fabrikarbeiter in Übersee besuchte und ihnen sagte, sie sollten mit den kleinsten Puppen ganz besonders vorsichtig umgehen, „denn die sind für die besonders armen Kinder".

Kewpie-Puppen aus Porzellan und Biskuit-Porzellan wurden nach dem Ausbruch des Krieges auch in Belgien und Frankreich hergestellt, Modelle aus Zelluloid, Holz und Papier auch in den Vereinigten Staaten. Von ihren Tantiemen kaufte Rose ein Haus im New Yorker Künstlerviertel Greenwich Village und eine Villa auf der Insel Capri. Sie investierte auch in den Landsitz Bonnie Brook in den Ozark Mountains, den sie einmal als „einen guten Ort, um es sich gemütlich zu machen" bezeichnete. Sie betrachtete sich als Kunstmäzenin und lud Dichter und Bildhauer zu Zusammenkünften in ihren Salon. Sie trat gern barfuß und in wallenden Gewändern in der Öffentlichkeit auf und begann in einer zweiten Karriere romantische Gedichte und Schauerromane zu schreiben.

Rose O'Neill brachte bis 1936 ihr gesamtes Vermögen durch und kehrte in die Ozark Mountains zurück, um ihre letzten Jahre in Bonnie Brook zu verbringen, zusammen mit ihrer treuen Schwester Callista. 1944 schloß Rose ihre Memoiren ab und starb im selben Jahr mit siebzig Jahren an Herzversagen.

101

VERGNÜGLICHE UNTERHALTUNG

Irgendwo zwischen der Schöpferin des Büstenhalters und der Erfinderin des Gerätes zur Beugung von Elektronenbahnen sind die unzähligen Frauen angesiedelt, deren Erfindungen für alle Zeiten anonym blieben. Im Patentamt der Vereinigten Staaten stapeln sich Anmeldungen für Konstruktionen, die aufgrund einer überlegenen Erfindung veraltet waren, ehe die Tinte auf dem Antragsformular trocken war. Andere waren zu einseitig auf die Bedürfnisse der Erfinderin zugeschnitten oder genügten den Anforderungen für den allgemeinen Gebrauch nicht, was jedoch die Tragtüte aus Packpapier oder der Toidy-Toilettensitz durchaus taten.

Einige Erfindungen sind dazu verurteilt, unbekannt zu bleiben, weil sie zu schwer zu vermarkten sind. Frances Gabes „selbstreinigendes Haus" läßt sich nun einmal nur mit Mühe verkaufen. Und dasselbe gilt für Dr. Elizabeth Frenchs patentierte „Geräte, mit denen man den menschlichen Körper elektrisch behandeln kann", die sie 1893 auf der „World's Columbian Exposition" in Chicago ausstellte. Diese Geräte würden heute von der FDA (amerikanische Aufsichtsbehörde für Lebens- und Arzneimittel) niemals zugelassen werden, ebensowenig wie Dr. Katherine Perlmans synthetisches Haschisch. Und die Aufgabe, Mrs. Gladys Ritters dehnbares Suspensorium (Patent Nr. 4 526 167) mit der „verlängerten weichen Tuchhülle für ein erigiertes männliches Glied" vermarkten zu müssen, ist der Alptraum jeder Werbeagentur.

Schließlich gab es noch die Erfinderinnen, die sogar die Entwürfe der Natur verbessern wollten und deren Höhenflüge oft in Schimpf und Schande endeten. Zwar hatten Sarah Ruth, Deniece Lemiere und Bertha Dlugi zweifellos die allerbesten Absichten, aber wenn Gott gewollt hätte, daß Pferde Sonnendächer, Hunde Brillen und Wellensittiche Windeln tragen, dann hätte er bestimmt selbst welche entworfen.

Und doch verdienen alle diese Frauen und Tausende von anderen, die nirgendwo erwähnt werden, ein Lob dafür, daß sie ihrem Erfindergeist mutig gefolgt sind, verdanken wir ihnen doch viele nützliche und das Leben erleichternde Dinge. Jemand hat einmal geschrieben: „Das kennzeichnende Merkmal des Menschengeschlechtes ist, daß es erfindet." Waren diese Frauen also nicht außerordentlich menschlich?

FÄLSCHERPLATTEN ZUM WEGWERFEN

Mary Butterworth konnte ihre Erfindung aus dem Jahre 1716 nicht gut patentieren lassen, denn sie war kriminell. Aber die Idee war offensichtlich sehr gut und erfüllte ihren Zweck vollkommen. Mrs. Butterworth konnte nicht nur vom Geldfälschen komfortabel leben, sondern sie wurde ihres Verbrechens auch niemals überführt, denn ihre Wegwerf-Platten hinterließen keine Spuren.

Mary Butterworth war die Tochter eines Gastwirtes in Rehoboth in Massachusetts. Sie begann in einer Küchen-Werkstatt, die Währung von Rhode Island zu fälschen. Damals war die Währung in den einzelnen Kolonien unterschiedlich, aber man konnte trotzdem mit den Banknoten der einen Kolonie in einer anderen bezahlen. Mary Butterworth hatte eine Methode erfunden, mit der sie Fünfpfundnoten fälschen konnte. Sie benützte dazu ein Stück Musselin anstatt einer Kupferplatte. Nach den Aussagen eines angeblichen Komplizen legte die Meisterfälscherin ein Stück „feinen, wassergestärkten Musselin" auf eine echte Banknote „und drückte die Buchstaben auf den besagten Musselin", die dann ihrerseits mit einem heißen Bügeleisen auf ein Stück Papier übertragen wurde, das so ähnlich aussah wie das Papier der echten Banknoten. Das Bild wurde dann noch mit Federkiel und Tinte verschönert, und die verräterischen Musselin-„Platten" wurden sofort verbrannt.

Mary Butterworths Falschgeld wurde in Rehoboth von einem regelrechten Fälscherring in Umlauf gebracht, zu dem auch ihre Verwandten und sogar der Stadtschreiber gehörten. Das „Geschäft" florierte in der ganzen Kolonie Plymouth beinahe zehn Jahre lang. Das Falschgeld wurde für die Hälfte des aufgedruckten Wertes verkauft und zirkulierte, ohne Verdacht zu erregen, bis 1722.

In jenem Jahr aber begann man sich in verschiedenen Nachbarstädten für das Vermögen der Familie Peck-Butterworth zu interessieren (Mary Butterworths Ehemann hatte kurz zuvor ein prunkvolles Haus für seine Familie erbaut), und man schickte einen Sheriff aus, der sich umsehen sollte. Natürlich wurden keine Fälscherplatten entdeckt, und nur aufgrund des Geständnisses eines Komplizen wurde überhaupt Anklage erhoben. Mary Peck Butterworth und ihr Bruder

Israel wurden im September 1723 in Bristol in Massachusetts vor ein Geschworenengericht gestellt, aber die Anklage mußte wegen Mangels an Beweisen fallengelassen werden.

Mary Peck Butterworth wurde neunundachtzig Jahre alt, hatte sieben Kinder und starb in ihrem Bett in Rehoboth als angesehene Matrone, obwohl sie doch, gelinde gesagt, eine anrüchige Vergangenheit hatte.

Frances Gabe

DAS SELBSTREINIGENDE HAUS

Es ist schwer zu sagen, was Frances Gabe aus Newton in Oregon mehr haßt: den Hausputz oder den Schmutz. Jedenfalls hat sie mit ihrem Konzept des selbstreinigenden Hauses beide Feinde auf einen Streich geschlagen.

Dieses Haus ähnelt mehr einer Autowaschanlage als einem traditionellen Wohnhaus. Es soll mit einem allgemeinen Reinigungs-, Trocken-, Heiz- und Kühlsystem in jedem Raum ausgerüstet werden. „Das System ist ungefähr 25 Quadratzentimeter groß und paßt bequem an die Decke", sagt Frances. „Die Apparatur sieht aus wie ein hübscher Beleuchtungskörper und eignet sich daher für jede Art von Einrichtung." Wenn ein Zimmer schmutzig wird, schaltet man einfach diese Apparatur ein, und Ströme von Seifenwasser ergießen sich in den Raum, gefolgt von einem Spülgang mit klarem Wasser und einer Heißlufttrocknung. „Sie kann außerdem raumdeckend Desinfektionsmittel oder Insektenspray verteilen", erläutert Frances Gabe. Und wie steht es mit den Büchern, dem Bettzeug und den Nippsachen? Kein Problem, Frances Gabe hat alles bedacht. „Im Schlafzimmer ist eine lange, schmale Abdeckplatte am Kopfende der Betten, die sich auffaltet und die Betten gegen die reinigende Seifenlauge und das Wasser schützt." Kunst- und ähnliche Gegenstände werden in nicht-metallischen Behältern mit wasserabweisenden

Deckeln verstaut. „Auch die Bücher müssen geschützt werden", sagt Frances, macht aber zu der Methode keine genauen Angaben.

Für die schwer erreichbaren Stellen gibt es einen kleinen, mobilen Apparat, der „Einzelstellenhilfsreiniger" genannt wird und ebenfalls in allen Räumen versteckt untergebracht ist. Er liefert, wie die Zentralreinigung, Seifenwasser oder klares Wasser zum Spülen.

Frances hat auch zeitsparendes Zubehör für das Gabe-Haus entworfen: einen kombinierten Wasser- und Badewannenheizer, eine selbstreinigende Toilette, Bücherregale, die sich selbst abstauben und einen Geschirrspül- und Küchenschrank, den man nie ausräumen muß. Das Genialste ist die Gabe-Vielzweck-Kombination aus Kleider-Reinigung, selbstreinigendem Wandschrank und Dusche. „Die schmutzige Kleidung aus waschbarem, bügelfreiem Material wird in den Kleider-Reiniger gehängt, und dann stellt man die Wählscheibe ein. Das ist alles! Wenn die Kleidung so weit ist, daß man sie wieder anziehen kann, ist sie frisch und schon dort, wo sie hingehört", sagt sie.

Idealerweise zwischen dem Schlafzimmer und dem Badezimmer gelegen, dient die Vorrichtung auch als „Luxusdusche". „Es ist nicht nötig, daß man sich einseift. Derselbe Reinigungszyklus, der dazu benutzt wird, die Kleidung zu waschen und zu spülen, wird auch für die Dusche benutzt", erläutert die Erfinderin. Um besonders viel Zeit zu sparen, könnten die Leute vielleicht sogar eine Dusche nehmen und gleichzeitig ihre Kleider waschen.

Vielleicht klingt die Beschreibung des Gabe-Hauses in den Ohren des Lesers wie die Schilderung eines Alptraumes, aber immerhin hat ein professioneller Erfinderverband – Inventors Workshop International – die Erfinderin mit Lob überschüttet: „Einmal alle paar Jahre", schrieb jemand in der Verbandszeitschrift *The Lightbulb*, „taucht ein einzigartiger Erfinder auf, dessen innovativer Geist so fortschrittlich, fruchtbar und anregend ist, daß wir ihm alle Hilfe, Ermutigung und Unterstützung angedeihen lassen müssen, die in unserer Macht stehen."

Frances hat 1955 angefangen, an ihrem selbstreinigenden Haus zu arbeiten, und ist immer noch damit beschäftigt, es zu perfektionieren. Sie hat achtundsechzig Patente für das Projekt angemeldet und mehr als fünfzehntausend Dollar hineingesteckt. Es ist offensichtlich nicht für jedermann geeignet – man muß beispielsweise eine ausgesprochene Vorliebe für Polyester haben –, aber Frances ist doch überzeugt, daß die Erfindung mit Erfolg auf den Markt gebracht werden kann.

„Frauen im ganzen Land", sagt sie, „die von dem selbstreinigenden Haus gehört haben, warten ungeduldig darauf, daß dieser Traum Wirklichkeit wird."

Penny Cooper

DER LEBENSMITTELPROBEBEUTEL

Präsident Samuel Coleridge träumte vom „Lustpalast des Kublai Khan". Penny Cooper träumte von einem Plastikbeutel mit getrocknetem Rindfleischeintopf. „Der Eintopf, von dem ich träumte, schmeckte so köstlich, als ich ihn in einen Topf schüttete und heißes Wasser zugab, daß ich wußte, aus meiner Idee kann man etwas machen", sagte sie.

Penny Cooper hofft, für die Lebensmittelindustrie das zu erreichen, was die „Bilder zum Rubbeln und Schnuppern" für die Parfümbranche geleistet haben. Würden Sie nicht gerne eine Geschmacksprobe vom neuen Kuchen oder Chili oder frisch importierten Kaviar vornehmen? Und würde der Hersteller sich nicht darüber freuen, wenn er Ihnen das ermöglichen könnte?

Im Januar 1985 erlangte Penny Cooper das Patent Nr. 4 492 306 für das, was das Patentamt der Vereinigten Staaten als „dehydrierte Lebensmittel in Plastikbeuteln als Zeitschriften-Blatt" bezeichnet. Penny nennt das Ganze lieber „Flacher Lebensmittelprobebeutel". Er ist die erste Erfindung der dreiundvierzig Jahre alten New Yorkerin, die als Verwaltungsangestellte für eine gemeinnützige Einrichtung arbeitet.

Sie umschreibt ihre Erfindung etwas umständlich als einen „Werbe-, Verkaufsförderungs- und Marktschaffungsartikel", bestehend aus einem heraustrennbaren Beutel, der „dehydrierte Lebensmittelproben enthält und auf dem vorne eine Werbung aufgedruckt ist. Er ist in den Rücken einer Zeitschrift eingebunden und bildet eine Seite derselben." Der Plastikbeutel wäre an den Rändern mit einem Druckverschluß versehen (wie ein Minigrip-Beutel) und ließe sich herausnehmen, indem man ihn von einer Klettbandbefestigung löst.

„Natürlich macht es Spaß, mir auszudenken, was ich täte, wenn ich meine Erfindung für eine Menge Geld verkaufen könnte", sagt Penny. „Aber ich habe keine Ahnung, was ich erwarten kann. Ich wüßte nicht einmal, wieviel ich ungefähr verlangen müßte, wenn sich jemand dafür interessieren würde."

Die Skeptiker in der Madison Avenue prophezeien dem Cooper-Lebensmittelprobebeutel ein kurzes Leben. In einem Artikel, der kürzlich in der *New York Times* erschien, meinte ein Zeitschriften-Berater trocken: „Die Sache wäre vielleicht schon interessant, aber die Herstellung wäre horrend teuer, besonders für Massenblätter." Ein anderer nannte den Artikel ebenfalls „unerschwinglich teuer". Ein Dritter meinte, die Post würde nicht zulassen, daß Lebensmittel-proben von den Herstellern zu den Preisen verschickt würden, die für den Zeitschriftenversand gelten. Und außerdem gibt es noch das Problem, daß am Inhalt herumgepfuscht werden könnte.

Aber auch wenn der flache Lebensmittelprobebeutel Utopie bleibt, Penny hat noch andere innovative Ideen. Kürzlich träumte sie von einem diagonalen Aufzug.

Amanda Theodosia Jones

VAKUUM-KONSERVENFABRIKATION

Amanda Theodosia Jones war eine fruchtbare Erfinderin, aber leider keine sehr erfolgreiche. Neun Patente auf dem Gebiet der Vakuum-Konservenherstellung führten immerhin zur Bildung der U. S. Women's Pure Food Vacuum Preserving Company (Gesellschaft amerikanischer Frauen für die Vakuum-Konservierung unverfälschter Lebensmittel) in Chicago. Es war ein feministisches Experiment. Die Leitung mußte Amanda Jones jedoch schon nach drei Jahren abgeben. Ihre Erfindungen auf dem Gebiet der Ölheizung – die ihr, wie sie sagte, durch außersinnliche Botschaften mitgeteilt wurden – waren niemals kommerziell nutzbar. Obwohl ihre Methoden der Vakuum-Konservenfabrikation ein halbes Jahrhundert lang weit verbreitet waren, erhielt sie nie besondere Anerkennung dafür und war höchstens als Dichterin und Spiritistin bekannt.

Trotzdem betrieb sie eine Zeitlang Konservenfabriken in Illinois und Wisconsin, und ihre Konservierungsmaschine mit der „Jones-Absaugevorrichtung" (Patente Nr. 139 547, 139 580 und 140 247) bedeutete einen großen Fortschritt in der Konservierung von Lebensmitteln. Sie war die erste, die ohne Gesundheitsrisiko frische Nahrungsmittel in großen Mengen konservierte, ohne zuvor allen Geschmack aus ihnen herauszukochen.

Amanda Jones wurde 1835 in einer Familie mit zwölf Kindern, in einer nördlichen Provinz des Staates New York, geboren. Ihr Vater war Weber und hielt Bücher für „nötiger als das tägliche Brot". Mit fünfzehn Jahren unterrichtete Amanda bereits an der High School in Buffalo, der Stadt, in die ihre Eltern 1845 gezogen waren.

Amanda war ein kränkliches Kind, und eine Tuberkuloseerkrankung im Jahre 1859 machte sie fast zur Invalidin. Jedenfalls mußte sie häufig für längere Zeit liegen. Zu dieser Zeit war sie jedoch bereits eine anerkannte Dichterin und schrieb für die Zeitschrift *Methodist Ladies' Repository* in Cincinnati. 1861 wurde ihr Gedichtband *Utah, and Other Poems* veröffentlicht, dem 1867 ein weiterer folgte.

Nach einem erneuten Ausbruch der Tuberkulose und dem unerwarteten Tod ihres Bruders wandte sich Amanda dem Spiritismus zu. Sie hielt sich für ein zuverlässiges Medium, reiste im Land umher und veranstaltete Séancen in den Häusern reicher Glaubensgenossen. Auch in dieser Lebensphase schrieb sie und arbeitete für Zeitschriften, unter anderem für *Western Rural, Universe* und *Interior*.

1872 erfand Miss Jones ein Verfahren für die Vakuum-Konservierung von Nahrungsmitteln. Dabei wurden frische Lebensmittel in einen Behälter gegeben, die Luft wurde durch eine Reihe von Ventilen herausgesaugt und vierzig bis fünfundvierzig Grad Celsius heiße Flüssigkeit dem Behälter zugegeben, der anschließend sofort versiegelt wurde. Amanda Jones meldete 1872 und im darauffolgenden Jahr fünf Patente an – drei von ihnen co-patentiert mit ihrem Cousin L. C. Cooper (der in manchen Darstellungen als „Schwager" bezeichnet wird).

Die U. S. Women's Pure Food Vacuum Preserving Company

wurde 1890 gegründet und benutzte die Methoden von Amanda Jones, um Reis- und Tapioka-Puddings sowie eine Reihe von Fleischgerichten herzustellen. Alle Vorstandsmitglieder, Aktionäre und Angestellten (außer einem Mann, der den Boiler heizte, und dem Verwandten Amandas, der Mitinhaber des Patents war) waren Frauen. 1893 wurde Amanda aus dem Management der Firma hinausgedrängt, und später verkaufte sie ihre Geschäftsanteile an einen Fleischverarbeitungskonzern. (Das Unternehmen florierte jedoch bis 1923.)

Nachdem sie aus dem Geschäft mit Konserven ausgestiegen war, widmete sich Amanda Jones wieder ihren literarischen Arbeiten. *A Prairy Idyl* wurde 1882 veröffentlicht, und vier weitere Bände erschienen zwischen 1889 und 1910.

Berufswechsel und Umzüge häuften sich in ihrem Leben. Sie unterwarf sich ihnen mit der Begründung, der Geist befehle ihr oft, ihre Zelte abzubrechen und den Staub von ihren Füßen zu schütteln. 1880 zog sie zu den Ölfeldern von Nord-Pennsylvania, und dort ließ sie einen Brenner für flüssigen Brennstoff patentieren. Dem Versuch, diese Ölbrenner für den Handel herzustellen, war jedoch kein Erfolg beschieden, obwohl ihre Forschungsergebnisse in den Fachzeitschriften *Engineer* und *Steam Engineering* veröffentlicht wurden, und sie noch drei weitere Patente auf diesem Gebiet anmeldete.

Amanda Jones betrachtete sich nicht als „stramme" Feministin, obwohl sie männlich kurzes Haar trug und nachdrücklich für das Frauenwahlrecht eintrat. Sie heiratete nie, sondern lebte viele Jahre lang in der Familie einer ihrer Schwestern. Sie starb 1914 in ihrer Wohnung in Brooklyn an Grippe. Bis weit über siebzig hinaus war sie im Geschäft aktiv gewesen – wenn auch gegen geringen Lohn. Als sie achtundsiebzig Jahre alt war, wurde immerhin ihr Name in *Who's Who in America* aufgeführt.

Mary Nolan

DAS NOLANUM

Es sollte nicht die dreiundvierzigste Verbesserung eines Rocklängen-meßgerätes sein. Und es sollte auch nicht noch ein weiteres Küchen-gerät von der Sorte „drei in einem" sein oder ein Stiefelknecht, der sich zu einem Kaminbock zusammenlegen ließ. Auch hatte die Welt bis 1870 schon ihren Anteil an zusammenklappbaren Betten, Schreib-tischen, Schaukelstühlen und Badewannen, alles Dinge, die zur da-maligen Zeit Schwerpunkte weiblicher Erfindungsgabe waren. Nein, Mary Nolans Erfindung sollte viel handfester sein, unendlich vielsei-tig, schön in ihrer Einfachheit, der Inbegriff des Grundlegenden.

1876 erteilte man Mary Nolan das Patent Nr. 188 660 für ihre Version des – Ziegelsteins. Sie reichte die Patentanmeldung am 7. De-zember ein, ohne Zweifel in der Hoffnung, ein wenig vom Weih-nachtsgeschäft zu profitieren (das ideale Geschenk für einen schwie-rigen Bekannten, der schon alles hat?).

Tatsächlich war es keine schlechte Erfindung, und im Rahmen des bei Ziegeln Möglichen war sie sogar ausgesprochen einfallsreich. „Das Ziel meiner Erfindung ist, Bausteine so zu konstruieren, daß die Steine einer jeden Lage, wenn man eine Wand mauert, seitlich dicht aneinander anschließen und ebenso an die Steine der nächsten Lage", schrieb sie in ihrer Patentanmeldung. „Die Steine sind so eng mitein-ander verbunden, daß die Wand eine geschlossene Oberfläche bekommt, die fertig vearbeitet wirkt. Die Verwendung von Putz für die Innenwände von Gebäuden wird dadurch überflüssig. Außerdem sollen sie an den Kanten verziert werden, damit sie dekorativ ausse-hen."

Sie erklärte weiter, daß die Ziegel – oder „verbesserten Bausteine", wie sie sie nannte – zum Zweck der Belüftung und Isolierung innen hohl gemacht werden könnten. Die Ziegel seien außerdem in höch-stem Maße feuerfest und haltbar: „Als Beispiel dafür möchte ich an-führen, daß kleine Hohlziegel in meiner verbesserten Zusammenset-zung bis zum Glühen erhitzt und dann plötzlich in kaltes Wasser getaucht wurden, ohne daß sie dabei Schaden gelitten hätten."

Und als wäre das alles noch nicht genug, konnte man Nolanum färben, indem man „Glas verschiedener Farben bei der Mischung der Bausteine mitverarbeitet, so daß Bausteine und Ziegel unterschiedlichster und schönster Art zu vergleichsweise geringen Kosten hergestellt werden können."

Selbst heute müßte dieser Artikel Heimwerker begeistern. Warum also wurde der Nolan-Ziegel kein Renner?

Dieselbe Frage muß, in bezug auf ihre eigenen Erfindungen, all jene Frauen schwer bedrückt haben, deren Patentanmeldungen im Patentamt der Vereinigten Staaten verstauben. Im Falle des Nolan-Ziegels kann man nur spekulieren. Mag sein, daß die Schuld bei übersättigten Käufern lag, die inzwischen gegenüber allem skeptisch geworden waren, was sich mit dem Etikett „verbessert" schmückte. Mag sein, daß dahinter eine konzertierte Aktion der großen Bauholzfirmen steckte, die im Nolanum eine gefährliche Konkurrenz erblickten. Höchst wahrscheinlich aber war das Podukt, wie so viele andere, für die Massenherstellung zu teuer oder hatte einfach nicht genug strukturelle Stabilität, um ein Dach zu tragen. Aber für den Fall, daß Sie zufällig 75 Pfund Kaolin herumliegen haben, drucken wir hier die *patentierte* Formel für Mary Nolans „Verbesserung in der Zusammensetzung von künstlichem Stein" ab. Vielleicht betrachten Sie sie als Alternative zum Christstollen für das nächste Weihnachtsfest:

„Ich nehme etwa 25 Pfund fein pulverisiertes Glas und mische sie mit etwa 75 Pfund Kaolin. Die Mischung kann entweder vorgenommen werden, nachdem die Kaolinerde durch Zusatz von Wasser in einen halbflüssigen Zustand gebracht wurde, oder die Zutaten können gemischt werden, während sie in trockenem oder fast trockenem Zustand sind. Sind die beiden Bestandteile miteinander verrührt worden, bis sie gründlich und innig vermischt sind, wird die Mischung in die gewünschten Formen gebracht und die Bausteine oder sonstigen Gegenstände werden daraufhin in einem geeigneten Ofen gebrannt."

SCHNICKSCHNACK UND KRIMSKRAMS

Julia C. Smith bekam 1882 das Patent Nr. 265 164 für ein kombiniertes Küchengerät, das eine Mischung aus Schneebesen, Schüsselreiniger und Tellerhalter war.

Helen G. Gonet aus Lynn in Massachusetts ließ 1984 eine elektronische Bibel patentieren (Patent Nr. 4 445 196), um das „relativ langsame und mühsame Wiederfinden ausgewählter Passagen zu umgehen, an dem die Dünnheit des Papiers und der kleine Druck der meisten Bibeln schuld sind".

May Evans erfand 1899 einen „Schnauzbart-Schutz zum Anbringen an Löffeln oder Tassen, wenn sie zum Essen von Suppe oder anderer flüssiger Nahrungsmittel oder zum Kaffeetrinken verwendet werden".

Anna M. Fillspki aus Chicago in Illinois ist Miterfinderin eines Diebstahlabwehrgeräts, das jeweils überraschend irgendwo herausspringt und dadurch Aufmerksamkeit auf einen Dieb lenkt, wodurch dieser veranlaßt werden soll, sein gestohlenes Gut fallenzulassen. Am 13. Mai 1975 erlangte sie dafür das Patent Nr. 3 882 915.

Am 1. Juli 1975 erlangte Bonny B. Koo aus Pacific Grove in Kalifornien das Patent Nr. 3 892 412 für ein Rasenstück zum Üben des Puttens (Golf), „in dem Wellen auf der Oberfläche des Rasens nach Belieben des Spielers rasch und selektiv angebracht und verändert werden können".

Am selben Tag erhielt Marjoriejean Smith aus Walnut in Kalifornien das Patent Nr. 3 892 423 für einen verbesserten Auto-Anhänger.

Sowohl Bloomingdale's als auch Bergdorf Goodman haben das patentierte aufblasbare Mannequin für Strumpfhosen benutzt, das Judith Ann Shackelford und Nancy Rey Cherry gemeinsam erfunden haben.

Mrs. Robert Shields' Normgerät zum Schneiden von Lutschpastillen wurde Ende des neunzehnten Jahrhunderts von mehreren großen Süßwarenfirmen verwendet.

Elizabeth Stiles erfand und vermarktete ein Kombinationspult, das während des Tages mehreren Benutzern Platz bot, und das man dann zur Verwendung bei Abendgesellschaften auf eine kleine Größe zusammenklappen konnte. Es wurde im Jahre 1893 auf der „World Columbian Exposition" ausgestellt.

Sarah H. Bancroft und Sarah W. Tucker konstruierten einen verbesserten Rollstuhl „für Personen, die sich waschen müssen und die zu schwach sind, um sich ohne Hilfe über ein Becken zu beugen". Sie bekamen am 5. Mai 1874 das Patent Nr. 150 510.

1969 ließ Pansy Ellen Essman, damals achtundvierzig Jahre alt, die Badehilfe Pansy-ette patentieren, ein Schwammkissen, das Babies sicher vor dem Rutschen bewahren soll, während sie gebadet werden. Sie lieh sich dreißigtausend Dollar, um die Pansy-ette herstellen zu lassen und hat bisher über zwei Millionen Dollar damit verdient. „Denken Sie nicht, Sie seien zu alt, um etwas zu tun. Sie sind nie zu alt", ist ihr Rat für angehende Erfinder.

Dorothy Young Kirby aus Clermont in Florida verdiente fünfzigtausend Dollar an ihrem Dot-Young-Nähleitfaden, der dazu beiträgt, daß selbstgenähte Kleider wie von Profis geschneidert wirken.

Lillian Huffaker erfand eine Zeitmessungsvorrichtung namens „Ticonometer", die „in vielfältiger Weise dazu benutzt werden kann, Geschäftspläne, Programme, Reiserouten und alles in Zeit Meßbare nach Stunden, Minuten, Sekunden und Sekundenbruchteilen zu messen". In den dreißiger Jahren war sie Präsidentin, Direktorin und Chefingenieurin der Firma Time Controlled Indicators, Inc., die ihre Erfindung herstellte.

Dicksie Spolar aus Fontana in Kalifornien war es leid, raten zu müssen, welches Quantum Spaghetti sie kochen sollte – sie erwischte stets entweder zu viel oder zu wenig. Also erfand sie den Spaghettigurt, der ähnlich wie ein Meßband aussieht und mit dem man Portionen vor dem Kochen genau berechnen kann.

S. Brooks aus Helena in Arkansas erlangte am 6. Februar 1877 das Patent Nr. 187 695 für ihre „Verbesserung der Methode, gleitfähige Gipsförmchen" herzustellen, die es den Benutzern ermöglichen, Butter zur Verzierung von kalten Platten in dekorative Formen zu bringen.

Maria E. Beasley und die Gebrüder Rehfuss aus Philadelphia verbesserten die Methode zur Herstellung von Fässern und erhielten am 10. April 1888 ein gemeinsames Patent für die dazu erforderliche Maschine.

„Das Ziel dieser Erfindung ist, den Platz in Wandschränken oder Kleiderschränken sparsam oder auf optimale Weise zu nutzen", schrieb Emmeline W. Philbrook über die Kleiderhaken, die sie am 2. Februar 1886 patentieren ließ (Nr. 335 237).

Florella L. Kinsman aus Magog in Quebec reichte 1881 bei den

Vereinigten Staaten ein Patent für einen „Wagen-Heizer" ein – es ging dabei natürlich um Eisenbahnwaggons.

Susan Bidwell schließlich erlangte am 11. Mai 1875 zusammen mit zwei Miterfindern das Patent Nr. 163 043 für „die Verbesserung von Zahnbürsten".

Mehr als hundert Jahre später werden weiterhin Patente erteilt, die wörtlich diesen Satz wiederholen. Die Tatsache, daß etwas schon gemacht worden ist, braucht Sie also nicht davon abzuhalten, es besser zu machen. Sind die Grundlagen der amerikanischen Nation nicht Leben, Freiheit und das Streben nach einer besseren Mausefalle?

Wissenschaftlerinnen

Ärztinnen

Einige der ersten Wissenschaftlerinnen in der Geschichte waren Ärztinnen. Heilkundige Frauen gibt es zwar, seit es aufgeschlagene Knie und blaue Flecken gibt, aber bereits 1500 v. Chr. studierten Frauen Medizin als Wissenschaft an der Schule in Heliopolis in Ägypten. Zwei gelehrte Medizinerinnen im antiken Griechenland – Lais und Sotira – schrieben Bücher über Abtreibung und Unfruchtbarkeit.

Trotz grausamer Verfolgungen im Mittelalter ließen sich die Frauen vom wissenschaftlichen Studium und der Ausübung der Medizin nicht abhalten. Die intellektuell aufgeklärten Stadtstaaten der Frührenaissance in Italien hatten seit langem weibliche Gelehrte in der Medizin. Im vierzehnten Jahrhundert lehrte Constanza Calenda an der Universität Neapel Medizin, und Dorotea Bocchi übernahm rund hundert Jahre später von ihrem Vater den Lehrstuhl für Medizin an der Universität von Bologna. Manche Klöster boten Ärztinnen Schutz und Arbeitsmöglichkeiten: Äbtissin Hildegard von Bingen (1098-1179) förderte in ihrem Kloster medizinische Forschungen und schrieb selbst über verschiedenste Themen, von der Anatomie bis zum Blutkreislauf.

Im achtzehnten Jahrhundert wurden Frauen zwar nicht mehr auf dem Scheiterhaufen verbrannt, wenn sie sich in männlichen Domänen betätigten, aber der Zutritt zu den medizinischen Fakultäten wurde ihnen verweigert. Im frühen neunzehnten Jahrhundert standen Frauen an der Spitze einer Bewegung zur Hebung der Volksgesundheit. Sie wollten die Geburtshilfe fördern, die Öffentlichkeit mit den Grundlagen der häuslichen Gesundheitspflege vertraut machen und zweifelhafte Behandlungsmethoden wie den Aderlaß und die Verabreichung von Kalomel (dem giftigen Quecksilber-I-Chlorid) abschaffen. Sie erreichten im Laufe der Jahre vieles, was ihre Begründerinnen gefordert hatten, aber sie konnten die männliche Alleinherrschaft des medizinischen Establishments nicht brechen.

Was Frauen alles auf sich nahmen, um Anfang des neunzehnten Jahrhunderts praktizieren zu können, illustriert anschaulich der außergewöhnliche Fall von Miranda Stuart, alias Dr. James Barry. Sie immatrikulierte sich 1812 mit fünfzehn Jahren an der Hochschule für Medizin in Edinburgh – als „zart aussehender Mann" –, trat später in den Militärdienst ein und gab sich während ihrer gesamten Berufslaufbahn als Mann aus. Eine Zeitlang war sie sogar Generalstabsarzt von Kanada. Als eine Autopsie enthüllte, daß der verstorbene Dr. Barry in Wahrheit die verstorbene Miss Stuart war, wurde das zuvor angeordnete Begräbnis mit militärischen Ehren abgesagt. Dr. Barry war bekannt für hohe Anforderungen, was die Hygiene und die Ernährung der Kranken betraf. Sie diente einige Zeit in Südafrika und entdeckte dort eine Pflanze, die vielfach zur Behandlung von Syphilis und Gonorrhöe verwendet wurde. Die Sulfonamide wurden erst fünfzig Jahre später zur Behandlung dieser Geschlechtskrankheiten benutzt.

Elizabeth Blackwell erlangte als erste Frau in den USA einen akademischen Grad in Medizin. Sie legte ihr Examen am Geneva Medical College (heute Hobart und William Smith College) in Geneva im Staat New York ab. Als man ihren Aufnahmeantrag der Studentenschaft vorlegte, stimmten ihre männlichen Kollegen aus Jux für ihre Zulassung. 1868 eröffnete sie die erste medizinische Hochschule für Frauen, und diese Einrichtung hatte Bestand, bis die Cornell-Universität im Jahre 1899 Frauen zum Medizinstudium zuließ. Die erste große medizinische Institution in Amerika, die Frauen aufnahm, war die Johns-Hopkins-Universität. Im Jahre 1897 hatte eine reiche Erbin der Universität eine riesige Summe gestiftet unter der Bedingung, daß ab sofort Frauen zum Studium zugelassen werden. Die erste Frau, die von dieser Reform profitierte, war Florence Sabin. Sie machte bahnbrechende Forschungen auf dem Gebiet der Hämatologie und fand unter anderem heraus, wie die roten Blutkörperchen gebildet werden.

Zu Beginn des zwanzigsten Jahrhunderts hatten Wissenschaftlerinnen einen kleinen, aber bedeutsamen Anteil an der medizinischen Forschung und an der Bekämpfung von Krankheiten. Alice Hamilton machte 1893 den Abschluß an der Medizinischen Fakultät der Universität Michigan. Sie begründete den Forschungsbereich der Arbeitsmedizin und rettete Tausenden von Arbeitern das Leben, weil sie die Herkunft und Entstehung giftiger Stoffe in Fabriken und Bergwerken analysierte. Edith Quimby leistete wertvolle Forschungsarbeit auf dem Gebiet der Nuklearmedizin.

Außer den Frauen, die in diesem Kapitel erwähnt werden, haben natürlich noch viele andere wichtige Erkenntnisse zum heutigen medizinischen Wissen beigesteuert. Dorothy Mendenhall, die zusammen mit Florence Sabin die Johns-Hopkins-Universität besuchte, identifizierte die Zelle, die die Hodgkinsche Krankheit verursacht. Eine französische Ärztin namens Suzanne Noël gehörte in den zwanziger Jahren zu den ersten Chirurgen, die Schönheitsoperationen durchführten. Sie war die erste Schönheitschirurgin, die ihre Operationsmethoden schriftlich niederlegte.

Cora Downs wies als erste den Erreger der Hasenpest (Tularämie) nach, einer Tierseuche, die auf den Menschen übertragbar ist. Sie gehörte auch zu dem Team von Wissenschaftlern, die ein wichtiges diagnostisches Instrument zur Färbung von fluoreszierenden Antikörpern entwickelte. Geraldine Thiele erfand das erste injizierbare Medikament zur Behandlung von Überbeinen an den Läufen von Pferden und rettete damit zahlreiche wertvolle Rennpferde. Bei ihren Forschungen zu Medikamenten für Pferde entdeckte sie übrigens auch ein Mundwasser – es ist patentiert –, das menschliche Zähne gegen Karies schützt. Außerdem erfand sie ein Futter für Pferde, das verhindert, daß Pferdemist schlecht riecht.

Lady Mary Bruce arbeitete in den zwanziger Jahren unseres Jahrhunderts mit ihrem Mann zusammen an der Züchtung des Erregers von Maltafieber. Sie wurde als Anerkennung für ihre Leistungen bei der Erforschung dieser oft tödlich verlaufenden Krankheit zum ersten weiblichen Ehrenmitglied der Royal Microscopical Society ernannt. Gerty Cori war die erste Frau, die (1947) den Nobelpreis für Physiologie und Medizin erhielt. Sie teilte sich den Preis mit ihrem Mann für gemeinsame Forschungen zum Kohlehydratstoffwechsel.

Dorothy Horstmans identifizierte den Poliovirus im Frühstadium. Ihre Entdeckung war ein wichtiger Beitrag zur Entwicklung des Impfstoffes gegen Kinderlähmung. Gertrude Elion, eine der ersten Forscherinnen auf dem Gebiet der Medizin, die in eine leitende Position einer großen pharmazeutischen Firma aufstieg, synthetisierte Medikamente zur Behandlung von Gicht und Leukämie sowie gegen die Abstoßung von fremdem Gewebe bei Organverpflanzungen. Gladys Anderson Emerson isolierte als erste Vitamin E aus Weizenkeimöl und führte bahnbrechende Forschungsarbeiten über den Zusammenhang zwischen Krebs und Ernährung durch.

Die Anatomin Bertha Vogel Scharrer war an der Entwicklung der Theorie der hormonalen Neurosekretion beteiligt, die inzwischen ein zentraler Lehrsatz der Physiologie ist. Die italienische Neurobiologin Rita Levi-Montalcini, die 1987 den Nobelpreis bekam, wurde vor allem durch ihre Beteiligung an der Entdeckung des Nerve Growth Factors (Nervenwachstumsfaktor) im Jahre 1954 bekannt, eines bis dahin unbekannten biologischen Mechanismus.

Rebecca Lancefield wird das Verdienst zugeschrieben, als erste den Erreger für ein rheumatisches Fieber bestimmt zu haben. Martha May Eliot, die erste Präsidentin der American Public Health Association (Amerikanischer Verband für das öffentliche Gesundheitswesen; A. d. Ü.), wird als Schöpferin einer Heilmethode für Rachitis gewürdigt: Sie verordnete viel frische Luft, Sonne und Lebertran. Dorothy Hansine Anderson hat als erste die zystische Fibrose erforscht. Sie entwickelte eine einfache Methode, mit der man die Krankheit bereits im Frühstadium erkennen kann. Die Molekularbiologin Karen Elizabeth Willard-Gallo erfand eine Methode zur Früherkennung von infektiöser Mononukleose und ließ sie patentieren.

Gladys Hobby, Elizabeth McCoy, Dorothy Fennel, Dorothy Hodgkin und Margaret Hutchinson

PENICILLIN

Der Zweite Weltkrieg förderte zwei monumentale, vollkommen gegensätzliche wissenschaftliche Projekte. Das eine war der Wettlauf um den Bau einer Waffe von bis dahin unvorstellbarer Wirkung: der Atombombe. Das andere war der Wettlauf um die Entwicklung des bis dahin wirksamsten Medikaments gegen Krankheiten verschiedenster Art: des Penicillins. Einige herausragende – und meist stillschweigend übergangene – Frauen leisteten wichtige Beiträge zu beiden Erfindungen.

Ohne Zweifel war das Penicillin eine revolutionäre Erfindung der Medizin. Es war das erste verträgliche Antibiotikum, der erste Bakterienkiller, der nicht auch den Patienten umbrachte. Im Laufe der Jahre erwies es sich als gegen beinahe alle Bakterien wirksam, die dem Menschen schaden können, und es ist noch heute das Standardbehandlungsmittel bei so unterschiedlichen Krankheiten wie Milzbrand, Diphterie, Wundstarrkrampf, Lungenentzündung, Cholera, Typhus, Syphilis, Gonorrhöe, Scharlach und anderen durch Streptokokken verursachten Infektionen sowie Blutvergiftung.

„Das Penicillin", so schrieb David Wilson, Autor des Buches *In Search of Penicillin,* „machte den Weg frei für unsere moderne Gesellschaft. Wir erwarten heute von einem auf dem Gebiet der Medizin tätigen Wissenschaftler, daß er ein Heilmittel für praktisch jede Krankheit findet, indem er einen chemischen Stoff, ein Medikament oder eine sonstige Behandlungsmethode entwickelt."

Wie die Atombombe ist auch das Penicillin nicht von einem einzelnen Menschen erfunden worden. Sir Alexander Fleming, ein englischer Arzt, entdeckte 1928 die einzigartigen antibakteriellen Eigenschaften des Schimmelpilzes Penicillium notatum, aber er erfaßte ihre Bedeutung nicht und arbeitete deshalb nicht weiter an dieser Entdeckung und ihrer Entwicklung. Zehn Jahre später stießen Howard Florey, ein australischer Physiologe, und Ernst Chain, ein deutscher Biochemiker, die gemeinsam in England arbeiteten, auf Flemings nahezu in Vergessenheit geratene Entdeckung und entwickelten das erste, noch unausgefeilte Medikament auf Penicillinbasis.

Gladys Hobby, Mikrobiologin an der Columbia-Universität, las 1940 mit Interesse einen Bericht über die Ergebnisse von Florey und Chain. In Zusammenarbeit mit Martin Henry und dem Biochemiker Karl Meyer begann sie, das erste Präparat von Florey und Chain zu reinigen. Fünf Wochen später konnten die drei Wissenschaftler als erste einen Patienten mit einer Penicillinspritze behandeln, und innerhalb von sechs Monaten hatten sie einen Patienten mit dem Medikament geheilt. Anschließend machte sich das Team daran, einen ersten Vorrat an Penicillin für die Vereinigten Staaten herzustellen.

Gladys Hobby arbeitete später in der Forschungsabteilung der Firma Pfizer, Inc., wo sie das Terramycin entwickelte, ein Antibiotikum, das bei einigen Krankheiten noch wirksamer ist als Penicillin.

An den kriegsbedingten Forschungen zur Wirkung des Penicillins waren auch Dorothy I. Fennel und Elizabeth McCoy beteiligt.

Dorothy Fennel arbeitete 1942 im Northern Research Laboratory und gehörte zum Team, das 1947 mit dem vom amerikanischen Landwirtschaftsministerium verliehenen Distinguished Service Team Award (Preis für ausgezeichnete Teamarbeit, A. d. Ü.) ausgezeichnet wurde. Der Preis war die Anerkennung für eine neue, hochwirksame Art von Penicillin: Das *Penicillium fenneliae* ist nach seiner Erfinderin benannt. Elizabeth McCoy leistete vergleichbare Arbeit an der Universität von Wisconsin, wo sie besonders ergiebige Pilzkulturen zur Herstellung von Penicillin anlegte, die eine Herstellung des Medikamentes in großen Mengen erlaubten – besonders während des Krieges eine wichtige Errungenschaft.

Die frühe Penicillinherstellung beruhte auf einem reichlich primitiven Verfahren, bei dem Butterfässer und Aquariumpumpen benutzt und Scharen von einsatzfreudigen Freiwilligen benötigt wurden, die in kleinen Kämmerchen standen und bei einer Temperatur von Null Grad Flaschen mit Liquorkulturen schüttelten. Die Chemotechnikerin Margaret H. Hutchinson entwarf dann Apparaturen und entwickelte Verfahren zur Reinigung und Wiedergewinnung. Ihre Ideen waren grundlegend für den Bau der ersten Penicillinfabrik. 1955 erhielt sie den Society of Women Engineers Achievement Award (Leistungspreis der Gesellschaft der Ingenieurinnen, A. d. Ü.).

Dorothy Crowfoot Hodgkin schuf die Voraussetzungen für die synthetische Herstellung von Penicillin. Ihr gelang es, die Molekularstruktur von Penicillin zu bestimmen. Die britische Forscherin benutzte dazu die komplizierte Röntgenkristallographie und schloß ihr anspruchsvolles Siebenjahresprojekt 1949 ab. 1964 erhielt sie als dritte Frau einen Nobelpreis für Chemie (ihre beiden Vorläuferinnen waren Marie Curie und Irène Joliot-Curie), und zwar für die Strukturanalyse des Penicillins und später des Vitamins B 12.

Louise Pearce

SERUM GEGEN DIE SCHLAFKRANKHEIT

Louise Pearce, Miterfinderin des Serums gegen die Schlafkrankheit, ging 1920 allein in die Kolonie Belgisch-Kongo, um von dieser Krankheit befallene Menschen zu behandeln. Die Krankheit war zu der Zeit in fast ganz Afrika sehr stark verbreitet. Louise Pearce' Arbeit im Labor und am Krankenbett rettete Zehntausenden das Leben. Großenteils ist es ihr zu verdanken, daß die Behandlung der Schlafkrankheit heute kein Problem mehr ist.

Louise Pearce wurde 1885 geboren, zeigte schon als Studentin außergewöhnliche Begabung und legte die Magisterprüfung in Physiologie 1907 an der Universität Stanford ab. Zum Doktor der Medizin promovierte sie 1909 an der Johns-Hopkins-Universität. Sie war eine der ersten, die keine Praxis eröffneten, sondern in die Forschung gingen. Sie schloß sich einem Team am Rockefeller-Institut an, das den Auftrag hatte, ein Heilmittel für die gefürchtete afrikanische Krankheit zu finden. Die Schlafkrankheit führt zur Entzündung des Gehirns und bewirkt bei den Opfern einen Zustand ständiger Schläfrigkeit.

Andere Forscher hatten bereits die Ursache der Krankheit herausgefunden: Einen mikroskopisch kleinen Parasiten, der durch den Stich der blutsaugenden Tsetse-Fliege auf den Menschen übertragen wird. Ein Heilmittel hatten die Mediziner jedoch noch nicht gefunden. Louise Pearce und ihr Partner Wade Hampton Brown experimentierten einige Zeit mit Salvarsan – einer organischen Arsenverbindung, die bereits erfolgreich zur Behandlung von Syphilis eingesetzt worden war. Sie hofften, Salvarsan als Grundlage eines Mittels gegen die Schlafkrankheit verwenden zu können.

1919 hatten sie erste Ergebnisse vorzuweisen. Sie isolierten eine Verbindung, die später als Tryparsamid bekannt wurde und die bei Versuchstieren die Krankheitserreger abtötete. Begierig, das Medikament in der Praxis einzusetzen, reiste Louise Pearce nach Leopoldville in der Kolonie Belgisch-Kongo. Dort führte sie ein wissenschaftlich angelegtes Programm durch, mit dessen Hilfe sie die Wirksamkeit von Tryparsamid bestimmen wollte. Innerhalb weniger Wochen waren selbst die Kranken mit den schwersten Symptomen der Schlafkrankheit geheilt und alle Symptome der Krankheit verschwunden.

Die belgische Regierung war Louise Pearce so dankbar, daß sie ihr 1920 den Orden der Belgischen Krone verlieh und ihr 1953 den „Preis König Leopolds II." zuerkannte, der mit einem Scheck über zehntausend Dollar dotiert ist.

Hattie Elizabeth Alexander

MENINGITIS-SERUM

In den dreißiger Jahren begann Hattie Alexander, die Meningitis epidemica zu erforschen. Damals verlief die Krankheit bei Kleinkindern ausnahmslos tödlich, und die Behandlung bei Erwachsenen war so gut wie erfolglos. Zwei Jahre, nachdem Hattie Alexander Antikörper isoliert hatte, sank die Sterblichkeitsrate bei Meningitis um achtzig Prozent, und bald darauf starben nur noch ein Zehntel der Patienten.

Die durch Meningokokken verursachte Krankheit, die meist Kinder und Jugendliche zwischen drei Monaten und dem zwanzigsten Lebensjahr befällt, führt zu einer Entzündung der Hirnhäute und des Rückenmarks. Jedes Jahr erkranken in den Vereinigten Staaten etwa zweitausendfünfhundert Menschen an Meningitis. Trotz der Alexander-Antikörper wird bei zehn bis zwanzig Prozent der schweren Fälle eine falsche Diagnose gestellt. Sie werden nicht behandelt, und die Krankheit verläuft weiterhin tödlich. Manchmal vergehen nicht einmal zehn Stunden zwischen dem Ausbruch der Krankheit und dem Eintritt des Todes.

Die Frau, die ein Heilmittel für diese weitverbreitete Todesursache bei Kindern fand, wuchs in Baltimore in einer Familie mit acht Kindern auf. Sie war eine gute Schülerin und bekam ein Stipendium für das Goucher College, wo sie einen passablen, wenn auch nicht gerade überragenden Abschluß machte. Erst aufgrund ihrer dreijährigen Arbeit im öffentlichen Gesundheitsdienst Marylands und der

Vereinigten Staaten, im Anschluß an ihre College-Zeit, nahm die Verwaltung der Johns-Hopkins-Universtät sie in die medizinische Fakultät auf. Die Erfahrungen bei dieser Arbeit hatten bei ihr auch erstes Interesse an der Bakteriologie geweckt.

An der medizinischen Fakultät schnitt sie hervorragend ab. Das Praktikum für innere Medizin absolvierte sie am Columbia-Presbyterian Medical Center Babies' Hospital, wo sie fast täglich mit Todesfällen infolge Meningitis epidemica konfrontiert wurde. Zusammen mit dem Immunchemiker Michael Heidelberger arbeitete sie mehrere Jahre lang ohne Erfolg an der Suche nach einem Heilmittel gegen die Krankheit. Schließlich gelang es ihr, da sie nicht nur Ärztin, sondern auch Bakteriologin war, einen Antikörper zu isolieren und ein Antiserum zu entwickeln.

Weltweit berühmt für ihre Erfindung, leistete Hattie Alexander später auch bedeutende Beiträge zur Forschung auf dem Gebiet der bakteriellen Genetik. Sie gehört zu den ersten, die die Gültigkeit einer neuen Theorie nachwiesen, nach der die DNS Trägerin der genetischen Information ist.

Hattie Alexander war Direktorin der mikrobiologischen Labors am Columbia-Presbyterian Medical Center und außerdem bekannt als innovatorische Lehrerin. Sie hatte eine Abneigung gegen Vorlesungen und eine außerordentliche Begabung dafür, die Fähigkeiten ihrer Studenten und Studentinnen optimal zur Entfaltung zu bringen. Sie war eine der ersten Frauen, die Vorsitzende einer nationalen medizinischen Gesellschaft wurde: die Präsidentin der Amerikanischen Gesellschaft für Kinderheilkunde. Hattie Alexander starb 1968 an Krebs.

Anna Wessel Williams

DIPHTERIE-IMMUNISIERUNG UND TOLL-WUT-IMPFUNG

Als Pionierin auf dem Gebiet der Pathologie – der Lehre von der Natur der Krankheiten – rettete Anna Wessel Williams Tausenden von Menschen das Leben. Sie besiegte innerhalb der westlichen Welt die Diphterie und brachte die Tollwut unter Kontrolle.

Anna wurde während des Sezessionskrieges geboren und zu Hause von ihren Eltern unterrichtet. Zwei Jahre lang arbeitete sie als Lehrerin. Als ihre jüngere Schwester bei der Entbindung von einer Totgeburt beinahe starb, faßte Anna, ungeachtet der Einwände ihrer Mutter, den Entschluß, ihr Leben der Medizin zu widmen. 1891 machte sie am Women's Medical College von New York den Doktor der Medizin und nahm eine Stelle im neu eingerichteten Diagnostiklabor des städtischen Gesundheitsamtes an – dem ersten seiner Art im ganzen Land.

Vorrangige Aufgabe des Labors war es, die Diphterie-Epidemie einzudämmen, die damals in New York wütete. Der Name der hochgradig ansteckenden Krankheit ist vom griechischen Wort für Leder, *diphtera*, abgeleitet, weil sich bei den Befallenen eine dicke, grau-weißliche Schicht im Rachen bildet. Das Gift der Diphteriebakterien verursacht eine Entzündung des Herzens und des Nervensystems. Die Krankheit war eine der häufigsten Todesursachen bei Kindern.

Ein Diphterie-Antitoxin war bereits entwickelt worden, aber es war so schwach, daß es kaum wirkte, und außerdem war es unmöglich, es in ausreichend großen Mengen herzustellen. Anna Williams isolierte einen ungewöhnlich starken und ergiebigen Stamm, der nach ihr benannt ist und noch heute gezüchtet wird. Ihre Entdeckung bedeutete den Sieg über die Epidemie und hatte zur Folge, daß die Diphterie in den meisten Teilen der Welt nahezu verschwunden ist.

Nachdem Anna Williams die Diphterie besiegt hatte, wandte sie ihre Aufmerksamkeit der Tollwut zu. 1896 hatte das Pasteur-Institut in Paris das erste wirksame Serum gegen Tollwut isoliert, und Anna Williams reiste als erste amerikanische Ärztin nach Europa, um eine Kultur des Virus zu erhalten. Durch ihre Bemühungen wurde soviel

126

Impfstoff produziert, daß bereits um 1898 in den Vereinigten Staaten das Serum in ausreichenden Mengen auf den Markt kam.

Aber obwohl ein Impfstoff gegen Tollwut erhältlich war, starben noch weiterhin viele Menschen an Bißwunden, weil es zu lange dauerte, bis man feststellen konnte, ob das betreffende Tier Tollwut hatte. Gleichzeitig mit einem italienischen Arzt namens Adelchi Negri identifizierte Anna Williams den entscheidenden Hirnteil, in dem die Erreger der Tollwut bei einem befallenen Tier nachgewiesen werden können. Sie entwickelte eine Methode, mit der man die „Negri-Körperchen" schnell finden kann, und diese Methode wird noch heute angewendet. Anna Williams war die erste Frau, die Vorsitzende der Laborabteilung der American Public Health Association (Amerikanische Gesellschaft für das öffentliche Gesundheitswesen, A.d.Ü.) wurde. 1954 starb sie im Alter von einundneunzig Jahren.

Elizabeth Hazen und Rachel Brown

NYSTATIN

Seit im Jahre 1948 Elizabeth Hazen und Rachel Brown das Antibiotikum Nystatin entdeckt haben – das erste zuverlässige Mittel zur Abtötung von Pilzen –, ist es erfolgreich für alle möglichen Zwecke eingesetzt worden, von der Heilung von Fußpilzerkrankungen bis zur Restauration von Gemälden und Büchern.

Nystatin war die bedeutendste Entdeckung im Bereich der Biomedizin seit der Entdeckung des Penicillins im Jahre 1928. Penicillin ist das erste Antibiotikum, das nachweislich als verträgliches und wirksames Medikament gegen krankheitserregende Bakterien im menschlichen Organismus eingesetzt wurde. Nystatin ist das Gegenstück dazu. Es wirkt gegen krankheitserregende Pilze. Die Entwicklung von Nystatin stand am Anfang einer Reihe von Heilmitteln gegen ganz verschiedene Erkrankungen, von der Scherpilzflechte bis zu lebensbedrohenden Krankheiten. Selbst heute verursachen unbehandelte Pilzkrankheiten in den entwickelten Ländern noch den Tod von ungefähr siebenhundert Menschen im Jahr – mehr als an Meningitis, Syphilis und rheumatischem Fieber zusammen sterben.

Abgesehen von der therapeutischen Nutzung für den Menschen hat Nystatin noch viele andere Anwendungen gefunden. Gartenbauexperten setzen es als wirksames Mittel gegen die Ulmenkrankheit ein. Die Lebensmittelindustrie und die Viehzüchter benutzen es, um Schimmelpilze zu bekämpfen. Selbst der künstlerische Bereich fehlt nicht im Kreis der Benutzer. Als im Jahre 1966 der Arno in Florenz über die Ufer trat, wurde Nystatin eingesetzt, um das Wachstum von Pilzen zu verhindern, die vom Hochwasser beschädigte Kunstwerke von unschätzbarem Wert zu zerstören drohten.

Die Entdeckerinnen des Nystatin kamen aus sehr unterschiedlichen, jedoch gleichermaßen belastenden Verhältnissen. Elizabeth Hazen wurde 1885 im ländlichen Staat Mississippi geboren und verlor mit zwei Jahren ihren Vater. Ihre Mutter starb ein Jahr später. Sie wuchs bei einem Onkel und einer Tante auf und finanzierte ihr Studium der Mikrobiologie an der Columbia-Universität, indem sie sechs Jahre lang als Lehrerin an einer staatlichen Schule unterrichtete.

Rachel Brown wurde 1898 in Springfield in Massachusetts geboren. Ihr Vater verließ die Familie, als sie zwölf Jahre alt war. Ihre Mutter mußte den Lebensunterhalt nicht nur für sich und ihre Tochter Rachel, sondern auch noch für deren Großeltern allein verdienen. Rachel hatte wenig Aussicht, aufs College gehen zu können, bis eine reiche Dame, die mit der Familie befreundet war, eingriff und für ihre Schulbildung aufkam.

Als Rachel Brown ihre zukünftige Kollegin Elizabeth Hazen im Jahre 1948 kennenlernte, zählte diese bereits zu den führenden Fachleuten für die Identifizierung von Pilzen. Rachel Browns Aufgabe als Chemikerin war es, den antitoxischen Wirkstoff zu isolieren. Innerhalb eines Jahres hatten sie die gegen Pilze wirksame Substanz in einer Bodenprobe, die Rachel von einem Bauernhof in Virginia mitgebracht hatte, gefunden und isoliert.

Als Elizabeth Hazen und Rachel Brown ihre Entdeckung 1950 bekanntmachten, wurden sie von allen großen pharmazeutischen Firmen im ganzen Land mit lukrativen Angeboten für die Herstellung des Fungizids umworben. Statt dessen ließen die beiden Frauen das Mittel über eine gemeinnützige Forschungseinrichtung patentieren. Der Fonds erbrachte dreizehn Millionen Dollar für Forschungsstipendien und spielte dreißig Jahre lang eine Schlüsselrolle in der Pilz-kunde. Die beiden Wissenschaftlerinnen lehnten jede Beteiligung an den Einkünften aus dem Patent für ihre Erfindung ab und lebten bis zu ihrem Tod nur von ihren Gehältern. Gefragt, warum sie sich weigere, einen Teil des Reichtums zu genießen, den sie und Elizabeth Hazen geschaffen hatten, sagte Rachel Brown: „Warum sollte man mehr wollen, wenn man genug hat?"

Florence Seibert

DESTILLIERAPPARAT FÜR WASSER; GEREINIGTES TUBERKULIN

Als Chemikerin und Pionierin bei der Diagnose und Behandlung von Tuberkulose gehörte Florence Seibert zu den seltenen Menschen, die gleichermaßen eine Neigung zur reinen Wissenschaft und einen Sinn für praktische Erfindungen haben.

Florence wurde 1897 in Easton in Pennsylvania geboren und er-krankte mit drei Jahren an Kinderlähmung. Sie blieb durch Lähmun-gen erheblich behindert. Als ein Professor ihr zu verstehen gab, sie sei höchstwahrscheinlich physisch nicht in der Lage, Ärztin zu werden, verzichtete sie schweren Herzens auf die Medizin und studierte Chemie. In diesem Fach promovierte sie 1923 an der Universität Yale. Trotzdem fühlte sich Florence kaum jemals als „Behinderte" und sagte einmal, sie erschrecke oft beim Anblick ihres Spiegelbildes. „Das ist offenbar die einzige Gelegenheit, bei der ich mir (meiner Lähmung) bewußt werde. Und selbst heute noch, da ich doch über vierzig bin, versetzt es mir jedesmal einen Schock, wenn ich auf einen Spiegel zugehe und mich heranhinken sehe."

Nach ihrem Hochschulabschluß trat sie in ein Forschungsteam in Chicago ein. Die Wissenschaftler bemühten sich darum, Tuberkulin zu reinigen, jene Substanz, die zur Diagnose von Tuberkulose ver-wendet wird. Gleichzeitig begann Florence sich für ein Phänomen zu interessieren, das auch andere Ärzte verblüffte. Bei bestimmten chirurgischen Eingriffen wird den Patienten destilliertes Wasser injiziert. Aber selbst wenn man das Wasser dreimal sterilisiert hatte, rief es bei den Patienten manchmal ein lebensbedrohendes Fieber hervor, und kein Mensch wußte, warum.

Florence Seibert besann sich auf ihr biochemisches Wissen und kam zu dem Schluß, daß bakterielle Stoffe, die selbst nach der Destillation noch im Wasser verbleiben, die Ursache für das Fieber sein mußten. Sie hatte Recht. Die Sterilisierung tötete zwar die Bakterien, aber Spuren toxischer Stoffe, die zurückblieben, gelangten über Dampftröpfchen, die beim Destillieren entstanden, dennoch ins Wasser. Florence Seibert löste das Problem, indem sie eine Auffangvorrichtung für die Dampftröpfchen in den Destillierapparat einbaute, wodurch mehrfaches Destillieren überflüssig wurde.

Diese Aufgabe löste Florence Seibert noch im ersten Jahr ihrer Mitgliedschaft in dem Forschungsteam. Dann wandte sie ihre Aufmerksamkeit wieder dem Problem zu, eine reine Form von Tuberkulin zu finden. Robert Koch hatte bereits 1882 den Tuberkulose verursachenden Mikroorganismus entdeckt. Er hatte Tuberkelbakterien in Rindfleisch-Bouillon gezüchtet und auf diese Weise das erste Tuberkulin gewonnen, ein nicht-tödliches Derivat der Bakterien, das, unter die Haut gespritzt, bei einer Erkrankung an Tuberkulose eine positive Testreaktion auslöste. Das Problem an Kochs Tuberkulin war allerdings, daß es höchst unrein und daher als Testmittel ziemlich unzuverlässig war.

Nach acht Jahren Forschung isolierte Florence Seibert das aktive Tuberkulinprotein mit Hilfe eines Spezialfilters. Ihre Substanz, ein gereinigtes Eiweißderivat, ist der international anerkannte Standard für die Herstellung von Tuberkulin und dient als Maßstab für dessen Reinheit.

Tuberkulose sucht zwar die Industrieländer heute nicht mehr in epidemischem Ausmaß heim, doch „die große weiße Pest" stand noch 1911 in den Vereinigten Staaten an der Spitze der Todesursachen. Die Zahl der Toten durch Tuberkulose ist inzwischen in Nordamerika zwar auf weniger als dreitausend im Jahr gesunken, doch wütet die Krankheit auch heute noch fast ungezügelt in der Dritten Welt. Die Sterblichkeitsraten sind dort sechs- bis neunmal so hoch wie in Nordamerika.

Alice Evans

BRUCELLOSE

Im Jahre 1917 gab die im Dienst des amerikanischen Gesundheitswesens stehende Forscherin Alice Evans bekannt, sie habe die Ursache einer tödlichen Krankheit entdeckt. Niemand glaubte ihr. Nach der Darstellung eines führenden Wissenschaftlers war Brucellose damals „in der ganzen Welt weitverbreitet, zu Beginn schleichend, schwer diagnostizierbar und durch wiederkehrende Schübe von Fieber und Unwohlsein gekennzeichnet. Sie hat das Leben vieler Menschen zerstört und ist eine der schlimmsten Plagen der Menschheit". Die Seuche wurde auch für mehrere verschiedene Krankheiten gehalten, von denen einige Abarten nicht nur den Menschen, sondern auch Tiere befallen. Bei Rindern wurde sie Bangsche Krankheit, bei Ziegen Maltafieber genannt. Bei Menschen fiel sie unter die deskriptive, aber ungenaue Benennung „Febris undulans", weil das Krankheitsbild von sich wiederholenden Fieberanfällen gekennzeichnet ist.

Als Alice Evans entdeckte, daß alle diese Krankheiten von ein und denselben Bakterien verursacht werden, hatte sie bereits sieben Jahre Erfahrung als Wissenschaftlerin auf dem Gebiet der Milchwirtschaft in verschiedenen Diensten der Regierung der Vereinigten Staaten gesammelt. Trotzdem wurde ihre Entdeckung von etablierten Wissenschaftlern allgemein mit großer Skepsis aufgenommen: Wenn alle diese Krankheiten tatsächlich eine gemeinsame Ursache hätten, wäre doch wohl gewiß schon früher jemand darauf gekommen, wurde ihr entgegengehalten.

Als sie in ihrer Veröffentlichung zur Ursache des „undulierenden Fiebers" auch noch gleich das Gegenmittel nannte – die Pasteurisierung der Milch –, hatte sie, der Kosten für die Pasteurisierung wegen, auch noch die gesamte Milchindustrie gegen sich. Fast ein Jahrzehnt lang wurden Alice Evans' Erkenntnisse weitgehend ignoriert, obwohl sie den Kampf nie aufgab. Schon um die Jahrhundertwende hatten forschende Mediziner erkannt, daß die Milch „Auslöser" des „undulierenden Fiebers" sein konnte, aber die Ursache der Erkrankung war rätselhaft geblieben. Die Kühe, von denen die verseuchte Milch stammte, wirkten gesund; deshalb wurde allgemein angenommen, die Milch sei nach dem Melken auf dem Transport verunreinigt worden. Die Verwirrung wurde noch gesteigert durch die Tatsache, daß die Milch, die man als Ursache des Fiebers identifiziert hatte, nicht verdorben war. Sie roch und schmeckte frisch. Daher wurde die Pasteurisierung – das Erhitzungsverfahren, das Louis Pasteur um 1860 erfunden und vorwiegend dazu benutzt hatte, Wein und Bier haltbar zu machen – als Lösung verworfen.

Unbekannt war zu jener Zeit, daß die Bakterien, die Brucellose hervorrufen, besonders gut in den Eutern von Milchkühen gedeihen, und daß gesund aussehende Kühe Monate und sogar Jahre vor dem Ausbruch der Krankheit verseuchte Milch geben können. Die Erhitzung beim Vorgang des Pasteurisierens wäre eine relativ einfache Lösung für die Abtötung der Brucelloseerreger gewesen, aber die Molkereibetriebe waren nicht darauf eingerichtet und scheuten die enormen Ausgaben, die für die Bereitstellung der technischen Anlagen erforderlich gewesen wären.

Als Alice Evans darauf hinwies, daß die Kuh und nicht Verunreinigungen der Milch die Quelle der Verseuchung sein könnte, wurde diese Ansicht von ihren bürokratischen Vorgesetzten vehement abgelehnt. Sie ordneten sogar an, daß Labortests auf die Milch zu beschränken seien, von der man bereits wußte, daß sie verseucht war. Alice führte deshalb heimlich Tests an frisch gemolkener Milch durch, und diese Versuche führten zur Entdeckung der Bakterien, die Brucellose hervorrufen.

Durch den Vergleich mit verschiedenen Kulturen anderer durch Rinder übertragener Krankheitserreger, die beim Menschen ähnliche Symptome hervorriefen, stellte sie fest, daß die verschiedenen Mikroorganismen miteinander verwandt waren und sogar eine ganz eigene, bisher unbekannte Gattung darstellten. Im Laufe ihrer Forschungsarbeit infizierte sie sich 1922 versehentlich mit einer seltenen Form von Brucellose und litt zwanzig Jahre lang immer wieder an Schüben dieser Krankheit.

Ende der zwanziger Jahre bestätigten andere Wissenschaftler ihre Theorie. 1928 wählte die Gesellschaft der amerikanischen Bakteriologen sie zu ihrer ersten Präsidentin. In den dreißiger Jahren gab selbst die Milchwirtschaft nach und führte die Pasteurisierung als Standardverfahren ein. Danach gingen Fälle von Brucellose drastisch zurück.

Einmal befragt, warum der führende Mikrobiologe jener Zeit ihre Erkenntnisse in bezug auf die Brucellose abgelehnt habe, antwortete sie: „Als die Kontroverse begann, war der neunzehnte Zusatz noch nicht Teil der Verfassung der Vereinigten Staaten, und jener Herr war es nicht gewohnt, einem wissenschaftlichen Gedanken Beachtung zu schenken, den eine Frau geäußert hatte."

Rosalyn Yalow

DIE RADIOIMMUNANALYSE

1977 erhielt Rosalyn Yalow den Nobelpreis für die Erfindung des diagnostischen Verfahrens der „Radioimmunanalyse". Sie war die zweite Frau, die jemals den begehrten Preis für Medizin erhielt, und die sechste Frau, die ihn in der bis dahin siebenundsiebzigjährigen Geschichte des Nobelpreises auf einem Gebiet der Naturwissenschaften überhaupt verliehen bekam.

Bei der Laudatio begründete das Auswahlkomitee seine Entscheidung mit den Worten, Rosalyn Yalows Technik bedeute „eine Revolution in der biologischen und medizinischen Forschung". Die Radioimmunanalyse – oder Radioimmunassay, RIA, wie sie nach der englischen Bezeichnung auch im Deutschen oft genannt wird – ist ein Verfahren, mit dessen Hilfe man winzige Mengen von Substanzen im Körper nachweisen kann. Dazu werden radioaktive Partikel als Indikatoren verwendet. Das Verfahren hat die medizinischen Diagnosemöglichkeiten mehr verbessert als jede andere Neuerung seit der Entdeckung der Röntgenstrahlen.

Ein besonderer Vorzug dieser Methode ist, daß sie nicht auf ein spezielles Fachgebiet in der Medizin beschränkt ist, ja nicht einmal nur auf das Gebiet der Medizin. RIA wird heute verwendet, um Hormone, Vitamine, Enzyme, Toxine und andere Substanzen zu messen, die vor dieser Erfindung aufgrund ihrer geringen Konzentration nicht nachgewiesen werden konnten. Ärzte wenden RIA aber auch an, um Diabetes, Schilddrüsenerkrankungen, erhöhten Blutdruck, Unfruchtbarkeit und sogar einige Arten von Krebs zu diagnostizieren. Blutbanken setzen RIA ein, um ihre Bestände hepatitisfrei zu halten. Sogar Kriminologen haben die Methode benutzt, um Spuren tödlicher Gifte in Leichen nachzuweisen.

Als Rosalyn Yalow 1977 den Nobelpreis entgegennahm, sagte sie unter anderem, die Welt brauche mehr Wissenschaftlerinnen: „Wir müssen selbst an uns glauben, denn sonst wird niemand an uns glauben", meinte sie. Dies war ihr Credo seit ihrer Kindheit gewesen. Sie wuchs während der großen Wirtschaftskrise als zweites Kind einer jüdischen Immigrantenfamilie erster Generation in den USA auf. Ihr Vater hatte einen Laden für Papier und Zwirn, und ihre Mutter nahm Näharbeiten an, um zum Unterhalt der Familie beizutragen. Beide Eltern hatten keine höhere Schulbildung.

Als Rosalyn eine Zahnspange brauchte, mußte sie das Geld dafür selbst verdienen. Sie half ihrer Mutter beim Nähen. Aber obwohl ihre Eltern nicht in der Lage waren, für viel mehr als die Erfüllung der Grundbedürfnisse zu sorgen, gaben sie ihrer Tochter doch die Überzeugung mit, daß sie alles erreichen könne, was sie sich vornahm. „Mir wurde niemals die törichte Lehre eingetrichtert, Mädchen seien weniger wertvoll als Jungen. Ich war mit meinem Vater eng verbunden. Er nahm mich zu Baseballspielen mit. Ich kann Ihnen alles über das Yankee Team von 1934 sagen", meinte sie lachend.

Rosalyn faßte schon mit acht Jahren den Entschluß, Naturwissenschaftlerin zu werden. 1941 legte sie mit neunzehn Jahren ihre Abschlußprüfung am Hunter College ab und erhielt einen akademischen Grad in Chemie und Physik. Da sie für ihre höheren Fachsemester keine Assistentenstelle bekommen konnte (eine Hochschule im Mittleren Westen erklärte ihr rundheraus, die Chancen für eine jüdische Frau, nach einem Studium der Physik einen Arbeitsplatz zu finden, seien gleich null), nahm sie schließlich eine Sekretärinnenstelle bei einem Biochemiker der Columbia-Universität an. „Ich hoffte, ich würde vielleicht dort mal einen Kurs mitmachen dürfen, wenn ich nur brav meine Arbeit tue", erinnert sie sich.

Doch kurz nach dem Eintritt der USA in den Zweiten Weltkrieg benachrichtigte die Fakultät für Physik der Universität von Illinois Rosalyn Yalow, daß ihr Aufnahmeantrag nun doch genehmigt worden sei. Der Krieg hatte allem Anschein nach die Reihen der männlichen Studenten in den höheren Semestern stark gelichtet. Rosalyn war die erste Frau, die seit 1917 an der Fakultät für Physik der Universität von Illinois graduierte Assistentin wurde.

Sie promovierte 1945 und begann zwei Jahre später mit ihrer Arbeit auf dem Gebiet der Nuklearmedizin. Sie wurde Mitarbeiterin an einem Veterans Administration Hospital im New Yorker Stadtteil Bronx, wo sie teilzeitlich als Fachkraft für Radioisotopen tätig war, einem modernen medizinisch-technologischen Hilfsmittel, das erst seit kurzer Zeit in größeren Stückzahlen eingesetzt wurde. Rosalyn Yalow war sehr ehrgeizig und wollte etwas zum wissenschaftlichen Fortschritt beitragen. Sie erkannte, welche Möglichkeiten im Einsatz von Radioisotopen steckten, und richtete in einer Kammer ein behelfsmäßiges Labor ein. Das Institut stellte ihr keine technischen Hilfsmittel zu Verfügung. Sie mußte selbst einen Apparat entwerfen und konstruieren, mit dem sie Messungen mit radioaktiven Substanzen vornehmen konnte. In den folgenden fünf Jahren führte sie mit verschiedenen Ärzten acht Forschungsprojekte durch.

1950 tat sie sich mit Solomon A. Berson zusammen, einem jungen Internisten, der die RIA-Technik gemeinsam mit ihr entwickelte. Ihre Begabungen ergänzten sich hervorragend, und sie arbeiteten zwanzig Jahre lang als Partner zusammen. Dann starb Berson unerwartet an einem Herzinfarkt. Er hätte den Nobelpreis zusammen mit Rosalyn Yalow bekommen, aber der Preis wird nie posthum vergeben.

Rosalyn Yalow war nach dem Tod ihres engsten Mitarbeiters sehr niedergeschlagen. Sie nannte ihr Labor nach Solomon A. Berson. Doch sie fand neue Mitarbeiter, die ihr bei ihren Forschungen halfen. 1976 erhielt sie als erste Frau den angesehenen Albert Lasker Basic Medical Research Award (Albert-Lasker-Preis für grundlegende medizinische Forschung). Sie erhielt noch ein halbes Dutzend weiterer bedeutender Auszeichnungen, ehe sie als Krönung ihres Lebenswerkes den Nobelpreis bekam.

Rosalyn und ihr Mann Aaron Yalow – ein bekannter Physiker – haben zwei Kinder, die beide eine wissenschaftliche Laufbahn einschlugen. Für Rosalyn Yalow war es nie zur Diskussion gestanden, die Mutterschaft der Wissenschaft zu opfern oder umgekehrt. Sie soll einmal gesagt haben: „Wir leben noch immer in einer Welt, in der ein beachtlicher Prozentsatz der Menschen, unter ihnen auch Frauen, glaubt, eine Frau gehöre ausschließlich ins Haus und wolle auch dorthin gehören... Die Welt kann es sich jedoch nicht leisten, die Talente der Hälfte ihrer Bevölkerung zu verschwenden, wenn die vielen Probleme, die uns bedrängen, gelöst werden sollen."

Virginia Apgar

DER APGAR-INDEX

„Jedes Kind, das in einem modernen Krankenhaus irgendwo auf der Welt geboren wird, wird zuerst mit den Augen von Virginia Apgar betrachtet", bemerkte ein bekannter Arzt einmal. Virginia Apgar erfand das klassische Punktsystem für Neugeborene, den sogenannten Apgar-Index. Er hat seit 1952 unzähligen Neugeborenen das Leben gerettet. Vor der Einführung des Apgar-Indexes hatten die Ärzte keinen Maßstab, mit dem sie den Gesundheitszustand eines Neugeborenen in den entscheidenden ersten Minuten nach seiner Geburt beurteilen konnten.

Virginia Apgar wurde 1909 geboren und absolvierte ihr Medizinstudium an der Columbia-Universität. Sie gehörte 1933 zu den ersten Frauen, die an der dortigen medizinischen Fakultät Examen machten. Sie war eine der ersten Frauen, die Fachärztin für Chirurgie werden wollten. Ihre Assistenzzeit für Innere Medizin verbrachte sie am angesehenen Columbia-Presbyterian Medical Center.

Obwohl sie einige Hundert erfolgreiche Operationen durchgeführt hatte, gelangte sie nach zwei Jahren zu der Überzeugung, daß sie als Chirurgin niemals ihr volles Potential würde entfalten können, und zwar weil sie eine Frau war. Und sie legte diese Tatsache ebensosehr den Frauen wie den Männern zur Last: „Frauen wollen nicht von einer Chirurgin operiert werden. Nur Gott weiß, warum", seufzte sie.

Sie wandte sich statt dessen der Anästhesie zu, die sie, praktisch im Alleingang, als eigenständiges medizinisches Fachgebiet etablierte. Auf diesem Gebiet, das seit langem in den Händen von Frauen – nämlich von Krankenschwestern – lag, wurden besser ausgebildete Spezialistinnen und Spezialisten auch dringend gebraucht. Ab 1938 war Virginia Apgar elf Jahre lang als Leiterin der Anästhesieabteilung des Columbia-Presbyterian Medical Center tätig, wo sie die Grundlagen für ein neues akademisches Fachgebiet legte. 1949 ernannte die Universität sie zur ersten ordentlichen Professorin für Anästhesiologie, und damit wurde dieses Gebiet zum ersten Mal als eigenständiger Zweig der Medizin genannt.

Auf dem Höhepunkt ihrer akademischen Karriere (in der Verwaltung) kehrte sie zur Forschung zurück, um sich ganz der Anästhesie

136

und der Geburtshilfe zu widmen. 1952 führte sie den Apgar-Index ein, der fünf entscheidende Aspekte der Gesundheit eines Neugeborenen prüft: Herzschlagfrequenz, Atmung, Muskeltonus, Hautfarbe und Reflexauslösbarkeit.

Virginia Apgar schrieb in ihrem Buch *Is my Baby All Right?*: „Die Geburt ist der gefährlichste Zeitabschnitt des Lebens... Es ist dringend notwendig, den Gesundheitszustand von Neugeborenen rasch zu beurteilen und auftretende Krankheitssymptome sofort zu diagnostizieren, um geeignete Maßnahmen ergreifen zu können."

Viele Säuglinge sterben infolge von nicht diagnostizierten pränatalen Schäden, die sich nach der Geburt verschlimmern, aber auch infolge von Mängeln oder Verletzungen während des Geburtsvorganges, wie etwa Hirnblutungen, Sauerstoffmangel oder einer Kombination solcher Schädigungen.

Vor der weltweiten Anwendung des Apgar-Index hüllte man Neugeborene einfach in eine Decke und untersuchte sie später auf der Säuglingsstation. Atmungs- und Kreislaufprobleme, die leicht hätten behandelt werden können, wenn sie sofort nach der Geburt erkannt worden wären, führten dann oft zum Tod des Kindes.

Virginia Apgar war bei rund siebzehntausend Geburten dabei gewesen, als sie sich 1959 noch einmal einer neuen Aufgabe zuwandte. Sie übernahm den Posten einer Direktorin an der National Foundation-March of Dimes, wo sie wichtige Beiträge zur Verhinderung von Geburtsschäden leistete. Neben ihrer Arbeit als Wissenschaftlerin bemühte sie sich unermüdlich darum, Mittel für diese Stiftung zu beschaffen. Es gelang ihr, die Jahreseinnahmen von neunzehn Millionen bei ihrem Amtsantritt auf sechsundvierzig Millionen zum Zeitpunkt ihres Todes im Jahre 1974 zu bringen. Auf die Frage, warum sie nie geheiratet habe, erklärte Virginia Apgar schlagfertig: „Ich habe eben keinen Mann gefunden, der kochen kann."

Sara Josephine Baker

AUGENTROPFER UND BABY-KLEIDUNG

Sara Josephine Baker wirkte in den vier turbulenten Jahrzehnten zwischen der Jahrhundertwende und dem Zweiten Weltkrieg. Ihre berufliche Laufbahn ist typisch für die in dieser Zeit entstehende Haltung der „neuen" amerikanischen Frau, die nach dem Motto handelt: „Ich kann alles". In ihren verschiedenen Rollen als Angehörige der Stadtverwaltung, Politikerin, Frauenrechtlerin, Ärztin und Journalistin kam sie mit den unterschiedlichsten Charakteren von Lillian Russell bis zu „Typhoid Mary" in Kontakt. Aber Bleibendes leistete sie vor allem durch ihre Erfindungen und ihre Pionierarbeit in der Gesundheitsfürsorge für Kinder.

Die Programme, die sie als Mitarbeiterin des Gesundheitsamtes von New York einführte, wurden in vielen Teilen der Welt übernommen. Das gilt auch für ihre Entwürfe der ersten modernen Baby-Kleidung und für einen Augentropfer, mit dem durch Geburtsschäden bedingte Blindheit effektiv geheilt werden konnte.

Josephine wurde 1873 in einer vornehmen Familie in Poughkeepsie im Staat New York geboren. Sie erinnert sich noch gerne an den steten Strom von Wochenendgästen aus „jener neumodischen Schule für Frauen" ganz in der Nähe, dem Vassar College. Einige dieser jungen Frauen studierten Naturwissenschaften, aber Josephine war zu sehr mit ihrer eigenen Schularbeit beschäftigt, um ihnen viel Beachtung zu schenken.

„Ich wurde gründlich eingeführt und wußte, was ich als Frau zu tun haben würde, und dazu gehörte auch eine solide Ausbildung im Kochen und Nähen", schrieb sie in ihrer Autobiographie *Fighting for Life*. „Ich wurde ganz im Geiste konventioneller Normen erzogen und war zufrieden damit. Es war für mich beinahe selbstverständlich, daß ich nach Abschluß der Schule aufs Vassar College gehen und später wohl heiraten und Kinder bekommen würde – und das wäre es dann gewesen."

Ihr Leben änderte sich dramatisch, als ihr Bruder und kurz darauf ihr Vater – letzterer an Typhus – starben. Sie war damals gerade sechzehn Jahre alt. Die Mutter konnte es sich nicht mehr leisten, ihre Tochter auf das Vassar College zu schicken. Josephine mußte sich nach einem Beruf umsehen, mit dem sie ihren Lebensunterhalt verdienen konnte. Obwohl sie das Thema in ihrem Buch an keiner Stelle berührt, hat der Tod ihres Vaters vermutlich doch eine entscheidende Rolle in ihrem Leben gespielt. Sie beschloß, ihr Leben der Medizin zu widmen – trotz energischen Einspruchs von seiten ihrer Mutter, ihrer Freunde und sogar des Hausarztes.

Josephine ging nicht als romantische Idealistin an die Medizin heran. „Ich war noch keine achtzehn Jahre alt, aber ich war erwachsen genug, um mir darüber Gedanken zu machen, wieviel Zeit und Geld ich verschwenden würde, wenn ich es nicht schaffte... Nur der vielstimmige Chor von ‚Ich hab's dir ja gleich gesagt‘, der mich empfangen hätte, hielt mich davon ab, nach Hause zurückzukehren und mein Studium abzubrechen", berichtet sie.

1898 erhielt sie ihr Abschlußzeugnis (als zweitbeste von achtzehn Studentinnen) vom Women's Medical College in New York und ließ sich als praktische Ärztin nieder. Zunächst hatte sie nur wenige Patienten. Im ersten Jahr verdiente sie mit ihrer Praxis ganze 185 Dollar – obwohl eine offenbar vorurteilslose Patientin von dem Gedanken an einen weiblichen Hausarzt recht angetan war. „Eines Tages wurde ich in die West End Avenue geschickt, um eine Patientin zu untersuchen, und zu meiner großen Überraschung fand ich dort Lillian Russell vor. Sie war das reizendste, natürlichste, charmanteste Geschöpf, das ich je gesehen hatte. Das war einer meiner ersten Glückstage."

1901 erhielt Sara Josephine Baker die Stelle einer Amtsärztin bei der Stadt New York, einen Posten, auf dem sie doppelt so viel verdiente wie in ihrer Praxis. Die demokratischen Politiker, denen das Gesundheitsamt der Stadt unterstellt war, hatten der Einstellung einer Ärztin gegenüber dieselben Vorurteile wie ihre übrigen Zeitgenossen, aber die Stelle war auch nicht gerade besonders attraktiv. Sara Bakers Revier war „The Hell's Kitchen" (die Höllenküche), eines der übelsten Ghettos im ganzen Land.

Ihre Aufgabe bestand darin, allein von Mietshaus zu Mietshaus zu gehen, und ansteckende Krankheiten wie Ruhr, Pocken, Grippe und Typhus festzustellen, die unter den Einwanderern grassierten. „Eine wahrhaft mörderische Tortur erwartete mich. In meinem Bezirk, im Herzen des alten Hell's Kitchen auf der Westseite, machten Hitze, Gestank und Verwahrlosung die Arbeit zu einer unvorstellbaren Qual. Ich stieg Treppe um Treppe hinauf, klopfte an eine Tür nach der anderen und traf auf jede Menge Betrunkene, verdreckte Mütter und sterbende Babys", erinnert sie sich.

Diese Erfahrung stumpfte sie vorübergehend ab („Ich war aufrichtig davon überzeugt, daß sie es allesamt besser hätten, wenn sie tot wären, anstatt ein so erbärmliches Leben zu führen."), stärkte dann aber doch ihre Entschlossenheit, gegen das Elend zu kämpfen. Sie wurde ihrer vorbildlichen Arbeit wegen vor Ort zur Assistentin des Amtsleiters ernannt. Unter anderem gelang es ihr, die berüchtigte Typhusüberträgerin „Typhoid Mary" Mallon ausfindig zu machen. (Mary Mallon war eine irische Immigrantin ohne Familie. Sie verdiente ihren Lebensunterhalt als Köchin und war für mindestens zehn Fälle der gefürchteten Krankheit verantwortlich, weil sie die Erreger bei ihren häufigen Wechseln von einem Haushalt in den nächsten mitschleppte und alle infizierte, für die sie kochte. Da die Krankheit bei Mary Mallon nie zum Ausbruch kam, wollte sie gar nicht glauben, daß sie die Erreger in sich trug. Sara Baker ließ sie zweimal festnehmen. Nachdem man sie das erste Mal wieder freigelassen hatte, weil sie den Gesundheitsbehörden versichert hatte, sie werde nicht mehr als Köchin arbeiten, ertappte man sie ein zweites Mal. Sie arbeitete in einer Krankenhausküche! „Typhoid Mary" starb 1938 in Haft.)

Trotz der Probleme, denen sich Sara Baker stellen mußte, weil sie eine Frau war – ihre künftigen Untergebenen waren alle Männer und kündigten bei ihrer Ernennung geschlossen –, wurde die attraktive Ärztin bald eine geschickte und tüchtige Organisatorin. Es gelang ihr nicht nur, die früheren Mitarbeiter zur Rückkehr zu bewegen, sondern sie brachte auch die Stadtväter dazu, die erste mit Steuergeldern finanzierte Abteilung für Kinderhygiene einzurichten.

Ihr Hauptanliegen war, die erschreckend hohe Säuglingssterblichkeit in den schmutzstarrenden Slums von New York zu senken. Damals starben pro Woche fast fünfzehnhundert Kinder. Von ihren eigenen Beobachtungen ausgehend, kam sie zu dem Schluß, daß an vielen dieser Todesfälle allein schiere Unkenntnis schuld war. „Um zu verhindern, daß die Leute an Krankheiten sterben, muß man verhindern, daß sie überhaupt krank werden. Das war mir plötzlich vollkommen klar. Gesunde Menschen sterben nicht einfach ohne einen Grund. Das klingt sehr banal, aber damals war es ein verblüffend neuer Gedanke. Die Präventivmedizin steckte noch in den Kinderschuhen und wurde von den öffentlichen Gesundheitsbehörden kaum unterstützt."

Mit einem Team von dreißig Krankenschwestern ging Sara Baker von Tür zu Tür und unterwies junge Mütter in den Grundlagen von Ernährung, Sauberkeit und richtiger Lüftung der Wohnungen. Sie richtete „Milchstationen" ein, in denen kostenlos pasteurisierte Milch verteilt wurde, und sie stellte aus Kalklösung und Milchzucker ein einfaches Rezept für Babys zusammen, das jede Mutter zu Hause anwenden konnte. Sie schuf die „Little Mother's League", um Kindern, die auf ihre kleineren Geschwister aufpassen mußten, beizubringen, wie man Babys versorgt. Sie führte Lizenzen für Hebammen ein und regelmäßige Untersuchungen für Schulkinder zur Feststellung von ansteckenden Krankheiten.

Als sie erfuhr, daß die beengende Babykleidung jener Zeit zum Erstickungstod einiger Säuglinge geführt hatte, „betätigte sie sich als Modeschöpferin und entwarf eine ganz neue Art von Babybekleidung". Sie erfand „das vollkommen überzeugende, aber vorher nie bedachte System, Babybekleidung vorn ganz offen zu machen". Ihre Entwürfe wurden von der McCall's Pattern Company kopiert, und die Lebensversicherung „Metropolitan" verteilte zweihunderttausend Schnittmuster dieser Babybekleidung an ihre Kunden.

Ähnlich energisch bekämpfte sie die Erblindung von Säuglingen durch eine Infizierung mit Gonorrhöe bei der Geburt, hervorgerufen durch die falsche Anwendung von Augentropfen, mit denen man damals alle Babys behandelte. Die einprozentige Silbernitratlösung wurde gewöhnlich in nicht staubdichten Flaschen aufbewahrt, und oft verdunstete so viel Flüssigkeit, daß der Rest eine gefährlich hohe Konzentration an Silbernitrat aufwies. Sara Baker entwickelte ein absolut sicheres Medikament in einer hygienisch einwandfreien Verpackung. Sie füllte die Lösung in zwei Kapseln aus Bienenwachs. Jede enthielt die richtige Dosierung der Flüssigkeit für ein Auge. Diese Methode wurde auf der ganzen Welt übernommen.

Sara Bakers Programme senkten die Säuglingssterblichkeit in den Slums, in denen sie getestet wurden, von fünfzehnhundert auf dreihundert pro Woche, und nach fünfzehn Jahren hatte New York die niedrigste Säuglingssterblichkeit aller amerikanischen und europäischen Städte. Sara Baker wollte der Kinderhygiene landesweit Priorität verschaffen; deshalb ging sie erst 1923 in Pension, nachdem alle achtundvierzig Staaten der USA ähnliche Programme eingeführt hatten. Sie beaufsichtigte auch die Einrichtung des Federal Children's Bureau und des Public Health Service (der Vorläufer des heutigen Department of Health and Human Services; Ministerium für Gesundheits- und Sozialwesen).

Sie blieb auch im Ruhestand unermüdlich tätig. Von 1922 bis 1924 vertrat sie die Vereinigten Staaten beim Gesundheitskomitee des Völkerbunds, und von 1935 bis 1936 war sie Präsidentin der American Medical Women's Association (Vereinigung amerikanischer Ärztinnen).

Außer für ihre Arbeit in der Gesundheitsfürsorge war Sara Baker auch als politische Aktivistin bekannt. Sie hatte sich zunächst nur zögernd der Frauenrechtsbewegung angeschlossen, aber dann wurde sie „in den großen Kampf um die politische Anerkennung der Tatsache hineingezogen, daß Frauen ebenso menschliche Wesen sind wie Männer". Ein Vorfall trug ganz besonders dazu bei, sie von der Notwendigkeit von Reformen zu überzeugen. 1916 wurde sie eingeladen, an der medizinischen Fakultät der Universität von New York Vorlesungen zu halten. Dort war gerade der Doktorgrad für öffentliche Gesundheit neu eingeführt worden. Die Verwaltung ließ sie nicht zur Promotion zu – weil sie eine Frau war. Sie überwand diese Barriere geschlechtsbedingter Benachteiligung und wurde eine leidenschaftliche Vertreterin der Frauenbewegung. Sie trat sogar am New Yorker „Speakers Corner" auf und hielt in den Mittagspausen, auf einer Seifenkiste stehend Reden vor einem weitgehend männlichen Publikum. Sie war auch Mitglied der Suffragetten-Delegation, die Woodrow Wilson im Weißen Haus aufsuchte und seine offizielle Bestätigung des neunzehnten Zusatzartikels zur Verfassung der USA entgegennahm, durch den Frauen das Wahlrecht verliehen wurde.

Als Autorin von drei Büchern und rund zweihundertfünfzig Artikeln arbeitete Sara Baker in ihrem Haus im ländlichen New Jersey weiter bis kurz vor ihrem Tod im Jahre 1945. Sie heiratete nie und schrieb einmal über ihren Berufsweg: „Ich glaube, daß es sich gelohnt hat, diesen Menschen das Leben zu retten. Ich sehe noch das Leuchten in den Augen der Mütter vor mir, wenn man ihnen versicherte, ihr Baby sei gesund."

Helen Brooke Taussig

„BLUE BABY OPERATION"

Helen Taussig dürfte hauptsächlich als Mitentwicklerin der Operation zur Rettung von „blauen Babys" bekannt sein. Diese Krankheit war vor 1940 eine der häufigsten Todesursachen. Aber Helen Taussig führte auch bedeutende Forschungsarbeiten über das rheumatische Fieber durch und warnte als erstes Mitglied der amerikanischen Ärzteschaft vor den drohenden Gefahren des Thalidomid (Contergan).

Sie wurde 1898 geboren und wandte sich der Medizin erst zu, als sie 1921 bereits einen ersten akademischen Grad in Berkeley erworben hatte. Auf Anraten ihres Vaters bewarb sie sich bei der Harvard School of Public Health und erhielt daraufhin den Bescheid, daß sie zwar dort studieren, jedoch keinen akademischen Grad erwerben könne, weil sie eine Frau sei.

Aber diese erste Begegnung mit der Diskriminierung von Frauen bestärkte sie in ihrem Entschluß, Ärztin zu werden. Sie nahm das Angebot von Harvard an, entschlossen, die Hindernisse zu überwinden, die Frauen in den Weg gelegt wurden. Sie durfte Vorlesungen nur unter der Bedingung besuchen, daß sie allein in einer Ecke saß, und konnte Plättchen mit Gewebekulturen nur in einem separaten Raum untersuchen. Diese Behandlung ließ sie eine Zeitlang über sich ergehen, doch als man ihr die Erlaubnis, Anatomie zu studieren, gänzlich verweigerte, wechselte sie an die Universität von Boston.

Dort erbrachte sie glänzende Leistungen. Der Dekan der medizinischen Fakultät erkannte, wie ernst sie ihr Studium nahm. Deshalb schlug er ihr vor, sie solle an die Johns-Hopkins Universität wechseln, die schon seit knapp zwanzig Jahren Studentinnen „duldete". An dieser liberalen Hochschule glaubte Helen Taussig, endlich einen Hafen gefunden zu haben, in dem sie vor Vorurteilen sicher war. Nachdem sie ihre Prüfung bestanden hatte, wurde sie jedoch davon in Kenntnis gesetzt, daß sie in ihrem Wahlfach Innere Medizin nicht als Assistentin am Johns-Hopkins Krankenhaus anfangen könne, weil der Fachbereich bereits eine Frau als Internistin hatte.

Daraufhin entschied sie sich für Kinderheilkunde und bekam ein Forschungsstipendium an der Herzklinik der Universität. Sie untersuchte angeborene Mißbildungen des Herzens. Elf Jahre lang leitete sie die Kinderabteilung der Herzklinik, wo sie Dutzende von Fällen sogenannter „blauer Säuglinge" mit Pulmonalstenose sah, die häufig Hirnschäden oder den Tod zur Folge hatte. In der medizinischen Forschung wußte man bereits, daß die Babys aufgrund von Sauerstoffmangel mit einer Blaufärbung der Haut geboren wurden, aber niemand hatte bis dahin entdeckt, worauf dieses Symptom zurückzuführen war oder wie man die Krankheit behandeln konnte.

Helen Taussigs Forschungsergebnisse deuteten darauf hin, daß die blauen Babys an einer Mißbildung der Lungenarterie litten, also des Gefäßes, das das Blut vom Herzen zur Lunge bringt, wo es mit Sauerstoff angereichert wird. Sie erwog, ob man einen Bypass vom Herzen zur Lunge legen könnte. „Da ich keine Chirurgin war", sagte sie, „fragte ich ganz naiv, warum man, wenn man ein Gefäß abbinden kann, nicht auch ein neues anlegen könne."

1941 nahm ein Herzchirurg mit Pioniergeist namens Alfred Blalock eine Stelle am Johns-Hopkins Krankenhaus an. In ihm fand sie einen Kollegen, der gewillt war, einen so kühnen Eingriff zu wagen. Er war von der Richtigkeit ihrer Theorie überzeugt und machte zunächst Tierversuche mit der von ihr vorgeschlagenen Methode. Nach zwei Jahren der Erprobung führte er 1944 die erste erfolgreiche Operation an einem „Blue Baby" durch. Das Legen dieses Bypass wurde später als Blalock-Taussig-Methode bekannt.

Abgesehen von den unmittelbaren Erfolgen bewies die Blalock-Taussig-Methode, daß sogar Säuglinge mit angeborenen Schäden eine Herzoperation überleben können. Damit war der Weg zur Entwicklung anderer Eingriffe am Herzen geebnet. Obwohl ihr Mitarbeiter den größeren Teil der Anerkennung erntete, wurde bald auch Helen Taussig mit Ehrungen überschüttet. Sie erhielt unter anderem die Friedensmedaille der Vereinigten Staaten, wurde Ritter der Ehrenlegion in Frankreich und erhielt – was sie vielleicht am meisten freute – einen Ehrendoktor von der Universität Boston.

Sie ruhte sich jedoch keineswegs auf ihren Lorbeeren aus, sondern forschte weiter nach therapeutischen Methoden für angeborene Herzkrankheiten. Sie wurde außerdem die erste Präsidentin der American Heart Association. Doch mehr als diese Ehrungen rückte sie ihre Arbeit als Professorin der Kinderheilkunde am Johns-Hopkins Krankenhaus unvermutet noch einmal ins Rampenlicht der Öffentlichkeit.

1962 erwähnte eine ihrer Studentinnen, eine deutsche Ärztin, daß in Europa ungewöhnlich viele Babys mit erheblichen Mißbildungen geboren würden. Helen Taussig flog daraufhin im Alter von vierundsechzig Jahren nach Europa und besuchte Kinderkliniken in Deutschland und England. Bald gelangte sie zu der Überzeugung, daß der gemeinsame Faktor bei den Müttern der mißgebildeten Babys die Einnahme einer vor kurzem neu zugelassenen Schlaftablette namens Thalidomid (Contergan) war. Nach ihrer Rückkehr in die Vereinigten Staaten war sie die erste Vertreterin ihres Berufsstandes, die ihre Kollegen vor den Gefahren dieses Medikaments warnte.

Helen Taussigs Warnung bestätigte den langgehegten Verdacht von Frances Kelsey, einer Amtsärztin bei der U. S. Food and Drug Administration (Aufsichtbehörde für Lebensmittel und Medikamente). Das Mittel wurde deshalb auf dem amerikanischen Markt nie zugelassen, aber als es 1962 vom Weltmarkt genommen wurde, waren bereits etwa zehntausend „Contergankinder" geboren worden.

Helen Brooke Taussig starb 1986 mit achtundachtzig Jahren an den Folgen von Verletzungen, die sie bei einem Verkehrsunfall in Pennsylvania erlitten hatte.

145

Kernphysikerinnen

Die ganze Disziplin der Kernphysik wurde von Marie Curie begründet. Es verwundert also nicht, daß sich viele Frauen zur Erforschung der Atomenergie hingezogen fühlten. Umso verwunderlicher ist es, wie wenig Anerkennung sie für ihre Leistungen gefunden haben.

Die Geschichte schreibt Enrico Fermi die erste erfolgreiche Kernspaltung zu. In Wahrheit war Fermi der erste, der Urankerne *fusionierte*, und Lise Meitner gelang die erste Kernspaltung. Es gibt außerdem Hinweise darauf, daß Irène Joliot-Curie die Kernspaltung sogar schon vor Lise Meitner entdeckt hatte, ihr Wissen jedoch vor der Welt verbarg, da sie befürchtete, die Kernenergie würde zum Bau von Kriegswaffen genutzt – womit sie nur allzu recht hatte. Mehrere Frauen wirkten aktiv an dem höchst unrühmlichen Manhattan-Projekt zur Entwicklung der Atombombe mit und leisten bis heute Hervorragendes auf dem Gebiet der Kernphysik.

Mehr Frauen, als wir hier aufführen können, haben bedeutende Erfindungen auf dem Gebiet der Atomphysik gemacht. Im Bereich der Kernenergie arbeitet die Mathematikerin Margaret Butler, Fellow der American Nuclear Society, die die Informatik und Kernforschung miteinander verbindet. Erwähnt werden müssen auch Hatice Sadan Cullingford, Miterfinderin des Apparates, der Wasserstoffisotope speichert, und Dorothy Martin Simon, die als erste ein Kalziumisotop isolierte. Ann Savolainen war das erste weibliche Mitglied der American Nuclear Society. Louisa Fernandez Hansen ist ranghöchste Physikerin am Lawrence Livermore Laboratory. Nina Byers arbeitet für die Europäische Organisation für Kernforschung, und Kristen Johnson hat Pionierarbeit beim Einsatz des Zyklotrons für die Krebsbehandlung beim Menschen geleistet.

RADIOAKTIVITÄT

Marie Curie gilt im allgemeinen mehr als „Wissenschaftlerin" denn als „Erfinderin", weil ihre herausragenden Leistungen in der Forschung ihre Erfindungen in den Schatten stellen. Dennoch war sie es, die 1898 einen chemischen Prozeß erfand, mit dem man radioaktives Material aus Erz gewinnen konnte, eine Technik, die sie hätte patentieren lassen können, die sie aber lediglich als Instrument zur Entschlüsselung der Geheimnisse der Radioaktivität betrachtete. Sie erfand auch den Prototyp des Strahlenmessungsgerätes, das heute den Namen des deutschen Physikers Hans Geiger trägt. Weniger bekannt ist, daß Maries Tochter Irène 1935 den Nobelpreis erhielt, weil sie (mit ihrem Mann zusammen) eine Methode erfunden hatte, mit der man künstliche radioaktive Elemente herstellen kann.

Für viele Menschen ist Marie Curie die größte Wissenschaftlerin aller Zeiten. Sie ist der einzige Mensch, der jemals zwei Nobelpreise erhalten hat, eine Leistung, die dadurch noch übertroffen wird, daß sie die Auszeichnungen für Arbeiten in zwei verschiedenen Disziplinen bekam. Die Entdeckung des Radiums – des ersten Materials, das ohne sichtbare Veränderung Licht und Wärme abgibt – und die nachfolgende Entwicklung des Konzeptes der Radioaktivität leiteten das Atomzeitalter ein.

„Man darf getrost sagen, daß keine einzelne Entdeckung, nicht einmal Pasteurs weitreichende Entdeckung des mikrobischen Lebens, langgehegte Überzeugungen in bestimmten Bereichen der Naturwissenschaft derart auf den Kopf gestellt hat oder verwirrendere Probleme in bezug auf Dinge aufgeworfen hat, von denen man vorher der Meinung war, daß man sie vollständig begriffen habe", schrieb H. J. Mozans im Jahre 1913 in einem ersten umfassenden Buch über Frauen in der Wissenschaft. Seine Einschätzung von Marie Curies Bedeutung für die Wissenschaft wird nur dadurch eingeschränkt, daß er nicht vorhersehen konnte, wie nachhaltig ihre Forschung unser Leben verändern sollte.

Sie hatte einen brillanten Intellekt und übte auf Menschen, die ihr nahe standen, einen starken Einfluß aus. Ihre Tochter und ihr Schwiegersohn Frédéric Joliot (Maries Assistent im Labor, wo Irène ihn kennenlernte) bekamen gemeinsam den Nobelpreis. Eine weitere Mitarbeiterin von Marie, ihre Laborassistentin Marguérite Perey, entdeckte das siebenundachtzigste Element (Francium) und wurde eine berühmte Kernphysikerin.

Marie Curie war allgemein für ihre Opferbereitschaft bekannt. Sie ermöglichte ihrer Schwester das Medizinstudium, ehe sie selbst zu forschen begann. Drei Jahre lebte sie nur von Milch und Brot, um ihr Universitätsstudium abschließen zu können. Sie mußte den frühen Tod ihres geliebten Mannes verkraften und führte allein die gemeinsame Arbeit höchst erfolgreich fort. Im Ersten Weltkrieg pflegte sie Verwundete an der Front und setzte dabei ihr Leben aufs Spiel. Und schließlich starb sie für die Wissenschaft, weil sie sich zu großer Strahlenbelastung ausgesetzt hatte. Die meisten Jahre ihrer beruflichen Laufbahn war sie arm, obwohl sie einen ansehnlichen Gewinn aus ihrem Verfahren zur Isolierung von Radium hätte ziehen können. Diese Entdeckung trug ihr den historisch einmaligen zweiten Nobelpreis ein. (1920 schätzte man den Wert eines Gramms Radium auf hunderttausend Dollar.) „Das widerspräche dem Geiste der Wissenschaft", sagte sie, wenn sie auf eine kommerzielle Nutzung ihrer Entdeckungen angesprochen wurde.

Marie Curies Leistungen waren so überragend, daß sie vielleicht ungewollt die Entwicklung anderer Frauen im Bereich der Naturwissenschaften behindert haben könnte: „Es dauerte nicht lange, bis die meisten Professoren und Fachbereichsleiter der diversen Fakultäten erwarteten, daß jede Frau, die sich um eine Stelle in ihrem Fachbereich bewarb, eine Marie Curie sei", schreibt Margaret Rossiter, Autorin des Buches *Women Scientists in America*. „Sie verglichen amerikanische Wissenschaftlerinnen jeder Altersklasse mit Marie Curie, und wenn sie dem Vergleich nicht standhielten, rechtfertigten sie ihre Ablehnung mit der unvernünftigen Begründung, sie seien eben nicht so gut wie die Curie, die zwei Nobelpreise bekommen hatte!"

Marie Curie wurde als Marie Sklodowska 1867 in Polen geboren. Sie war ein frühreifes Kind und brachte sich bereits mit vier Jahren selbst das Lesen bei. Ihr Vater war Chemieprofessor und führte sie schon in jungen Jahren in die Welt des Labors ein – er konnte sich keine Assistentin leisten, und so mußte seine Tochter aushelfen. Für den Entschluß, ihr eigenes Universitätsstudium zurückzustellen, gab es vermutlich zwei Gründe: Erstens wollte sie das Studium ihrer älteren Schwester finanzieren, und zweitens mußte sie das Scheitern einer Liebesbeziehung seelisch verarbeiten. Jedenfalls arbeitete sie sechs Jahre lang als Erzieherin.

1891 kam sie mit fünfzig Francs in der Tasche nach Paris. Drei Jahre lang lebte sie auf dem Existenzminimum. Dann legte sie – als erste Frau, die an der Sorbonne zugelassen wurde – ihr Examen in Physik ab, und zwar als beste ihres Kurses. Ein Jahr später erwarb sie einen zusätzlichen Abschluß in Mathematik (als zweitbeste ihres Kurses). Sie arbeitete dann als schlecht bezahlte Assistentin bei einem französischen Physiker namens Gabriel Lippmann. Er erkannte ihr Genie sofort und gab ihr schon in der ersten Woche eine volle Forschungsstelle. Über ihren neuen Kollegenkreis lernte sie Pierre Curie kennen. Er war auf dem Gebiet der physikalischen Chemie bereits ein bekannter Mann. „Was wäre es doch für eine großartige Sache", schrieb er einmal an Marie, „wenn wir unser beider Leben vereinigten und gemeinsam zum Wohle der Wissenschaft und der Menschheit arbeiteten." Und genau das taten sie elf Jahre lang, von ihrer Heirat im Jahre 1895 bis zu Pierres Tod im Jahre 1906. Er kam bei einem Unfall mit einem Pferdefuhrwerk ums Leben.

Maries Forschungsarbeit zur Radioaktivität begann 1897, ein Jahr, nachdem der französische Physiker Antoine Henri Becquerel festgestellt hatte, daß Pechblende (das Erz, aus dem Uran gewonnen wird) ohne erkennbare Ursache Strahlen aussendet, die durch das Vorhandensein von Uran allein nicht zu erklären waren. Sie leitete daraus völlig richtig ab, daß andere Elemente, die viel radioaktiver sein mußten als das Uran, in der Pechblende enthalten sein mußten, und machte sich daran, diese Elemente zu isolieren. Pierre gab seine anerkannten Studien über Magnetismus auf, um seine Frau bei ihren Forschungsarbeiten zu unterstützen.

Marie Curie entwickelte eine neue chemische Methode, mit der sie ein bislang unbekanntes Element aus der Pechblende herauslöste. Sie nannte das Element zu Ehren ihres Heimatlandes Polen „Polonium". Noch im selben Jahr entdeckte sie das Radium (1898). Die Wissenschaftler der Jahrhundertwende weigerten sich nahezu geschlossen, die Forschungsergebnisse der Curies zur Kenntnis zu nehmen, und ohne die erforderlichen Forschungsmittel konnten die Curies jahrelang gerade soviel Radium isolieren wie nötig war, um ihre Experimente fortzusetzen. Kurz vor der Veröffentlichung ihres wissenschaftlichen Aufsatzes über das Phänomen, das sie Radioaktivität nannte, erhielt Marie Curie ihren ersten Nobelpreis (in Physik), den sie mit Pierre und mit Becquerel teilte. Pierre sollte zudem in die Fran-

Marie Curie   *Irène Joliot-Curie*

zösische Ehrenlegion aufgenommen werden, lehnte die Auszeichnung jedoch ab, weil sie nicht gleichzeitig seiner Frau zuerkannt werden sollte.

Während dieser Jahre brachte Marie zwei Töchter zur Welt: Irène, 1897 und Eve, 1904. Eve schrieb später die Lebensgeschichte ihrer Mutter. Pierres Tod war ein furchtbarer Schlag für Marie Curie – elf Jahre lang waren sie keinen Tag getrennt gewesen. Nach dem Unfall konzentrierte sie sich noch stärker auf ihre Arbeit: „Ich weiß nicht, ob ich selbst, wenn ich wissenschaftliche Bücher schreiben würde, ohne das Labor leben könnte." Marie übernahm 1906 Pierres Professur an der Sorbonne. Sie war die erste Frau, die dort lehrte. 1911 erhielt sie den Nobelpreis in Chemie für die Isolierung von reinem Radium.

Während des Ersten Weltkrieges machte sich Marie mit ihrer Tochter Irène daran, mit Hilfe von Röntgenstrahlen ein neues diagnostisches Verfahren zu vervollkommnen. Sie lernte Autofahren, erwarb sich Kenntnisse in Kraftfahrzeugmechanik und fuhr oft in der Nähe der Front über unwegsames Gelände. Sie installierte persönlich ein mobiles Röntgengerät, mit dem schätzungsweise eine Million Soldaten untersucht wurden.

Während der folgenden zwei Jahrzehnte verwirklichten sich viele ihrer Träume. In Paris wurde die Curie-Stiftung zur Erforschung der Radioaktivität eingerichtet und außerdem das Radium-Institut für angewandte medizinische Forschung in Warschau – letzteres stand unter der Leitung der älteren Schwester von Marie, deren Medizinstudium sie finanziert hatte.

Als Marie Curie 1934 starb, hatte sie vernarbte Hände, und die Haare fielen ihr in Büscheln aus, weil sie so viele Jahre der radioaktiven Strahlung ausgesetzt gewesen war. Ein Jahr später erhielten ihre Tochter Irène und ihr Schwiegersohn gemeinsam den Nobelpreis für Chemie.

Irène wurde in dem Jahr geboren, in dem ihre Mutter angefangen hatte, die Radioaktivität zu erforschen. Sie schien geradezu prädestiniert, das Werk ihrer Mutter fortzusetzen oder Vergleichbares für die Wissenschaft zu leisten. Irène war gleichfalls eine brillante Wissenschaftlerin und interessierte sich aktiv für Politik, Kunst und Sport. Sie wurde überwiegend von ihrem Großvater, einem Arzt, aufgezogen und übernahm dessen sozialistische Anschauungen, die in ihrem späteren Leben eine große Rolle spielen sollten.

Ab 1918 arbeitete sie mit ihrer Mutter zusammen am Radium-Institut. 1925 promovierte sie und lernte im selben Jahr ihren zukünftigen Ehemann, Frédéric Joliot, kennen. Er war ein begabter junger Student der Ingenieurwissenschaften, der ebenfalls Assistent in Maries Labor geworden war. Ein Jahr später heirateten die beiden.

Die Arbeit, für die sie den Nobelpreis bekamen, behandelte das Beschießen von verschiedenen Elementen mit Alphateilchen. Mit dieser Methode wurden künstlich radioaktive Elemente erzeugt. Einige Jahre später benutzte Enrico Fermi die Grundgedanken dieser Methode. Er beschoß Uran mit Neutronen und bereitete damit den Weg für Lise Meitners Entdeckung der Kernspaltung. Irène verdankt den größten Teil ihres Ruhms ihrer Arbeit mit Frédéric. Doch sie erntete auch Anerkennung für ihre unabhängige Forschungsarbeit über die Radioelemente und für ihre Doktorarbeit über Alphastrahlen.

Irène machte sich die Einstellung ihrer Mutter der wissenschaftlichen Forschungsarbeit gegenüber zu eigen und veröffentlichte alle ihre Erkenntnisse. Doch im Jahre 1939, als die Bedrohung durch die Nazis immer größer wurde, hörte das Ehepaar Joliot-Curie auf zu publizieren. Die Pläne zum Bau eines Kernreaktors, die sie gezeichnet hatten, wurden in einen versiegelten Umschlag gesteckt und bei der Französischen Akademie der Wissenschaften hinterlegt. Die Dokumente blieben zehn Jahre lang unter Verschluß, spielten aber später eine entscheidende Rolle beim Bau des ersten französischen Kernreaktors im Jahre 1948, der dem amerikanisch-britischen Monopol ein Ende setzte.

1934 traten die Joliot-Curies (das Paar hatte bei der Eheschließung einen Doppelnamen gewählt) in die Sozialistische Partei Frankreichs ein und unterstützten im Spanischen Bürgerkrieg die republikanische Seite mit ihrem Einfluß und ihrem Ansehen. Irène war sogar an der Volksfront-Regierung im Jahre 1936 beteiligt. Während der Besatzung durch die Nazis arbeitete das Ehepaar bei den Bemühungen mit, französische Wissenschaftler zu schützen, denen Haft oder gar die Hinrichtung drohte. 1944 mußte Irène mit ihren Kindern in die Schweiz fliehen.

1946 wurde sie zur Direktorin des Radium-Instituts ernannt und Mitglied der Französischen Atomkraftkommission. Sie wurde jedoch 1950 aus dieser Kommission ausgeschlossen, weil sie sich weigerte, sich von der Kommunistischen Partei zu distanzieren. Von da an widmeten sie und ihr Mann sich der Arbeit im Labor. 1955 entwarf sie ein neues Zentrum für Kernphysik mit einem Teilchenbeschleuniger, das schließlich 1958 an der Universität von Orsay eingerichtet wurde. Sie erlitt ein ähnliches Schicksal wie ihre Mutter. 1956 starb sie im Curie-Hospital an Leukämie, verursacht durch die Strahlenbelastung beim Umgang mit radioaktiven Materialien. Wie Marie Pierres Platz an der Sorbonne übernommen hatte, übernahm Frédéric Irènes Professur an der Universität von Paris. Er starb bereits zwei Jahre später, ebenfalls an Leukämie.

Marguérite Perey, eine begabte Physikstudentin, arbeitete ab 1929, im Alter von erst zwanzig Jahren, in Maries Labor. Zehn Jahre später entdeckte sie ein ganz neues, radioaktives Element, das Francium, das sie (Maries Tradition aufgreifend) nach ihrem Vaterland benannte. Francium, das siebenundachtzigste Element im Periodensystem, ist das schwerste chemische Element in der Gruppe der Alkalimetalle.

Marguérite Perey wurde als Professorin für Kernphysik an die Universität von Straßburg berufen und war, von 1958 bis zu ihrem

Tod im Jahre 1975, Direktorin des dortigen Kernforschungszentrums. Auch sie starb an Krebs, und man muß wohl annehmen, daß die Krankheit ebenfalls durch zu hohe Strahlenbelastung ausgelöst wurde. Marguérite Perey war die erste Frau, die die Hürde der geschlechtsbedingten Benachteiligung bei der Französischen Akademie überwand. Sie wurde 1962 als Mitglied aufgenommen – eine Ehre, die man ihrer Mentorin Marie Curie noch verweigert hatte.

Lise Meitner

DIE KERNSPALTUNG

Der Bau der Atombombe wurde möglich durch eine pazifistische Jüdin, die in den dreißiger Jahren in Berlin arbeitete. Hätte sie allerdings gewußt, wofür ihre Entdeckung der Kernspaltung (sie hat auch diesen Begriff geprägt) genutzt werden würde, hätte Lise Meitner vielleicht gar nicht erst mit ihrer Forschungsarbeit begonnen. Sie zog sich nach der Zerstörung Hiroshimas sofort von der Arbeit auf dem Gebiet der Atomphysik zurück. „Es war ein unglücklicher Zufall, daß diese Entdeckung gerade in eine Kriegszeit fiel", sagte Lise Meitner. „Ich selbst habe an der Zertrümmerung des Atoms nicht mit dem Gedanken gearbeitet, todbringende Waffen herzustellen. Frauen haben eine große Verantwortung, und sie haben die Verpflichtung, so weit sie irgend können, dazu beizutragen, einen weiteren Krieg zu verhindern."

Lise Meitner wurde 1878 in Wien in eine große jüdische Familie hineingeboren – sie und ihre Geschwister wurden jedoch getauft und im protestantischen Glauben erzogen, wahrscheinlich, um sie vor dem umsichgreifenden Antisemitismus zu schützen. Als junges Mädchen war Lise von der Arbeit Marie Curies fasziniert und schrieb sich 1901 mit dem festen Entschluß an der Universität Wien ein, die neue Wissenschaft Physik zu studieren, obwohl man Frauen regelrecht verhöhnte, die sich dieser Disziplin zuwenden wollten, und sie

153

Die deutsch-jüdische Physikerin Lise Meitner (hier ein Bild aus dem Jahre 1943) floh vor den Nazis, als ihre Theorie von der Kernspaltung für die Waffenforschung herangezogen wurde. Die wahre Mutter der Atombombe beanspruchte – und wollte – diesen Titel nie.

mit allen Mitteln daran zu hindern suchte. Als Lise Meitner 1906 in Wien ihren Doktorgrad erhielt, war sie eine der ersten Frauen, die dort promoviert haben.

Lise Meitner blieb nach Abschluß ihres Studiums noch einige Zeit in Wien und arbeitete sich in das neue Gebiet der Radioaktivität ein. Aber die Stadt, in der die größten Fortschritte in der Erforschung des Atoms gemacht wurden, war Berlin. Deshalb übersiedelte sie 1908 in die Hauptstadt des Deutschen Reiches. Sie studierte unter Max Planck, der später für die Entwicklung der Quantentheorie den Nobelpreis bekam. Lise Meitner war während drei seiner produktivsten Jahre seine Assistentin.

Während sie bei Max Planck arbeitete, lernte sie Otto Hahn kennen, mit dem sie ihr ganzes Leben zusammenarbeitete. Da Emil Fischer keine Frauen in seinem Chemischen Institut dulden wollte, richteten Lise Meitner und Otto Hahn in einer Zimmermannswerkstatt ein Forschungslabor ein, dessen technische Ausstattung ihnen erlaubte, Strahlung zu messen und Experimente zur „Bildung" neuer Elemente durchzuführen.

Der Erste Weltkrieg führte zu einer Unterbrechung von Lise Meitners Arbeit: Sie meldete sich als Krankenschwester und Röntgenfachkraft zur österreichischen Armee. Wenn sie Urlaub hatte, arbeitete sie weiterhin mit Otto Hahn an der Messung radioaktiver Substanzen. In den letzten Monaten des Krieges führten ihre Studien zur Isolierung eines neuen Elementes, das sie Protactinium nannten.

Die Lage der Frauen veränderte sich während des Ersten Weltkrieges sehr rasch. Man brauchte freiwillige Helferinnen auf verantwortungsvollen Posten, und die Frauen bewiesen sogleich, daß sie den Männern gegenüber konkurrenzfähig waren. 1918 wurde Lise Meitner zur Leiterin der Abteilung Physik im angesehenen Kaiser Wilhelm Institut ernannt und gebeten, eine Abteilung aufzubauen, in der über Radioaktivität geforscht werden sollte. 1926 wurde sie ordentliche Professorin der Physik an der Universität von Berlin, wo sie weiterhin die Korrelation zwischen Gamma- und Betastrahlen untersuchte.

Lise Meitner machte ihre bahnbrechende Entdeckung erst, nachdem sie 1934 wieder mit Otto Hahn zusammenarbeitete. Fasziniert von der Arbeit Enrico Fermis, der schwere Elemente (wie Uran) mit Neutronen beschossen und damit neue Elemente geschaffen hatte, die noch schwerer waren, als die Ausgangselemente, machten sich Lise und Otto daran, diese Experimente zu wiederholen. Und Lise Meitner entdeckte die ungeheure Energie, die bei der Kernspaltung freigesetzt wird.

Als die beiden Wissenschaftler Uran mit langsamen Neutronen beschossen, stellten sie mit Erstaunen fest, daß im Endprodukt Barium enthalten war, ein Element, das leichter als Uran ist und für dessen Vorhandensein es keinen einleuchtenden Grund gab. Lise Meitner und Otto Hahn hatten bei diesen Versuchen Atome gespalten – auch wenn sie beide das damals nicht erkannten.

Ausgerechnet als Lises Versuche in das entscheidende Stadium eintraten, begannen die Nationalsozialisten mit den Judenverfolgungen. Obwohl Lise Meitner keine praktizierende Jüdin war, hatte sie aus ihrer jüdischen Herkunft nie ein Geheimnis gemacht. Sie wurde ihres Postens an der Universität Berlin enthoben, und da die Nazis inzwischen Österreich besetzt hatten, bot ihr auch der Ausländerstatus keinen Schutz mehr. Sie mußte fliehen, um das nackte Leben zu retten.

Nur Otto Hahn wußte, daß Lise aus ihrem „Urlaub" in Holland nicht zurückkehren würde. Die Übersiedlung nach Schweden war bereits seit einiger Zeit geplant und vorbereitet. Lise gelangte mit Hilfe von Freunden nach Holland und dann über die Nordsee nach Dänemark, wobei sie nur knapp den Patrouillenbooten der Nazis entkam. In Kopenhagen wurde sie von Niels Bohr und seiner Frau aufgenommen.

Sie reiste weiter nach Stockholm und arbeitete dort am neuen Nobel-Institut für Physik. Nach kurzer Zeit veröffentlichte sie einen Artikel, der die Welt erschütterte. Sie und ihr Neffe Otto Frisch hatten einige der Versuche, die Otto Hahn angestellt hatte, wiederholt. Bei diesen Experimenten hatte Lise Meitner erkannt, was die Spaltung des Kerns eines Uranatoms wirklich bedeutete. Sie berechnete die potentielle Energiemenge, die bei einer Kernspaltung freigesetzt würde mit Hilfe von Einsteins Formel $E = mc^2$. Sie teilte der Weltöffentlichkeit mit, daß der Kern eines Uranatoms zwanzigmillionenmal mehr Energie freisetzen könne als die Explosion einer entsprechenden Menge des Sprengstoffes TNT.

Das Atomzeitalter begann – im Guten wie im Bösen –, nachdem Lise Meitner ihre Erkenntnisse am 16. Januar 1939 in der britischen Zeitschrift *Nature* veröffentlicht hatte.

Sogleich begann der Wettlauf der Weltmächte um die Entwicklung einer Superwaffe auf der Basis der Kernenergie. Lise Meitner hatte jedoch keineswegs die Absicht, statt für ihr „Gelobtes Land der Atomenergie" für den Bau einer Bombe zu arbeiten. Als sie eingeladen wurde, am Manhattan-Projekt mitzuarbeiten, lehnte sie ab und sagte, sie hoffe, der Versuch der Entwicklung einer Superwaffe werde scheitern. Zwei Tage nachdem die Bombe auf Hiroshima abgeworfen worden war, hatte Lise Meitner ein Gespräch mit der damaligen amerikanischen First Lady, Eleanor Roosevelt. „Ich hoffe", sagte Lise Meitner, „daß es möglich sein wird ... in Zukunft so schreckliche Dinge zu verhindern, wie wir sie erleben mußten." Sie sei erschüttert, daß ihre theoretische Arbeit so schnell in eine so zerstörerische Kraft verwandelt worden sei.

1945 wurde Lise Meitner in die Schwedische Akademie der Wissenschaften aufgenommen. Sie war die dritte Frau in der Geschichte, der diese Ehre zuteil wurde. Ein Jahr später reiste sie in die Vereinigten Staaten und war ein Jahr lang Gastprofessorin an der Katholischen Universität in Washington. 1947 zog sie sich mit neunundsechzig Jahren aus dem Nobel-Institut zurück und arbeitete in einem kleinen Labor an der Königlichen Akademie für Ingenieur-wissenschaften, wo sie einen Kernreaktor für die Schwedische Atomenergiekommission entwarf.

1958 zog Lise Meitner nach England, wo ihre Angehörigen nun lebten. Ihr Neffe Otto Frisch hatte inzwischen promoviert und war Leiter der Abteilung für Physik an der Universität Cambridge, und in dieser Stadt ließ sich Lise Meitner ebenfalls nieder. Sie hielt weiterhin Vorträge und machte Reisen, aber 1966 war sie schon zu gebrechlich, um noch nach Wien fahren zu können und den mit fünfzigtausend Dollar dotierten Enrico-Fermi-Preis für ihre Leistungen entgegen-zunehmen. Der Vorsitzende der Atomenergiekommission der USA, Glenn Seaborg, reiste deshalb nach Cambridge, um ihr den Preis persönlich zu überreichen. Lise Meitner war die erste Frau, der diese Ehrung zuteil wurde. Sie teilte den Preis mit Otto Hahn und Fritz Straßmann, einem weiteren Kollegen.

Lise Meitner war eine Frau mit einer sanften Stimme und einem starken österreichischen Akzent. Sie liebte Musik und soll „oft gelächelt" haben. Sie starb am 27. Oktober 1968 in einem Pflegeheim in England, nur wenige Tage vor ihrem neunzigsten Geburtstag.

Otto Hahn war dreißig Jahre lang ihr Mitarbeiter gewesen. Er war drei Monate früher gestorben. Lise hat die militärische Nutzung ihrer Entdeckung niemals gebilligt. Im übrigen hat nicht sie den Nobelpreis für ihre bahnbrechende Entdeckung bekommen, sondern diese Ehre wurde Otto Hahn 1944 zuteil.

Chien-Shiung Wu

ATOMARE PARITÄT

Eine der anerkanntesten Wissenschaftlerinnen unserer Zeit ist Chien-Shiung Wu, eine Chinesin, die in die Vereinigten Staaten einwanderte und dort die Universität besuchte. Ihr wurde die Ehrendoktorwürde der Universitäten Princeton, Smith, Rutgers und Yale verliehen. Sie ist die erste Frau, die den Comstock Prize for the National Academy of Sciences und den Research Corporation Award erhielt und die siebte Frau in der Geschichte, die als Mitglied in die National Academy of Sciences aufgenommen wurde. 1976 überreichte ihr Präsident Gerald Ford die U. S. National Medal of Science. Die meisten der mit Geld dotierten Preise stiftete sie für Stipendien an chinesische Jugendliche.

Chien-Shiung Wus wohl bekannteste Leistung ist die Falsifikation der in der Physik lange akzeptierten Theorie der „Erhaltung der Parität". Im Jahre 1956 konnte sie experimentell nachweisen, daß es so etwas wie eine „Paritätsverletzung" gibt, eine Entdeckung, die die Physik in ihren Grundfesten erschütterte. Wie Einsteins Relativitätstheorie veränderte der Begriff der Paritätsverletzung die Art und Weise, wie Wissenschaftler das Universum betrachten.

Chien-Shiung Wus Mitarbeiter Tsung-Dao Lee und Chen-Ning Yang erhielten 1957 den Nobelpreis für ihre theoretischen Beiträge zu dieser Entdeckung. Sie jedoch, die den tatsächlichen experimentellen Beweis erbracht hatte, wurde bei der Preisvergabe übergangen.

Das Paritätsgesetz besagt, daß gleiche atomare Teilchen sich stets gleich verhalten, daß die Natur vollkommen symmetrisch ist und daß ein atomares System seiner Natur nach mit seinem eigenen Spiegelbild identisch ist. Chien-Shiung Wus Experiment mit der Emission von Elektronen bei ultratiefen Temperaturen bewies jedoch, daß atomare Teilchen sich nicht gleich verhalten, sondern daß es eine „Rechtshändigkeit" und eine „Linkshändigkeit" gibt und daß unterschiedliche Systeme verschiedenen Mustern gehorchen. Die Hypothese von der atomaren Parität war damit widerlegt, und der Weg für unzählige Neuansätze in der theoretischen Physik war frei.

„Ich frage mich manchmal, ob die winzigen Atome und Kerne, die mathematischen Symbole oder die DNS-Molkeküle, wenn sie wählen könnten, sich eher für die männliche oder die weibliche Art, mit ihnen umzugehen, entscheiden würden", sagte Chien-Shiung Wu 1965. Sie wollte mit dieser Bemerkung auf die Irrationalität einer anderen Hypothese, die ihre Kollegen nach wie vor vertraten, hinweisen: daß Männer für wissenschaftliche Arbeit auf dem Gebiet der Physik besser geeignet seien als Frauen.

Chien-Shiung Wu wurde 1912 in der Nähe von Schanghai geboren und von ihrem Vater (er war Schulleiter) und ihren beiden Brüdern dazu ermutigt, Naturwissenschaften zu studieren. Sie legte 1934 die Prüfung an der National Central University in Nanking ab und setzte ihr Studium 1936 an der Universität von Kalifornien in Berkeley fort. Dort lernte sie den Physikstudenten Chi-Liu („Luke") Yuan kennen. Die beiden heirateten 1942 und hatten 1945 einen Sohn. Im Berufsleben führte sie auch weiterhin ihren Mädchennamen. Nach ihrer Promotion in Physik wurde Chien-Shiung eingeladen, für das Manhattan-Projekt an der Columbia-Universität in New York zu arbeiten, wo sie ein Verfahren entwickelte, mit dem man große Mengen spaltbares Uran produzieren konnte. Außerdem verbesserte sie den Geigerzähler. Ihren Mitarbeitern fiel auf, wie sanft ihre Stimme war und wie weiblich sie wirkte, und sie neckten sie ein wenig wegen ihrer Vorliebe für die traditionelle chinesische Kleidung.

Nach dem Krieg traten die Wissenschaftler Lee und Yang an sie heran und baten sie, ihnen bei der theoretischen Analyse der atomaren Parität zu helfen. Chien-Shiung war zu der Zeit Lehrbeauftragte für Physik. Bei dem Projekt handelte es sich um ein langes und kompliziertes Experiment, das aber letztlich eine Theorie der Atomphysik falsifizierte, die drei Jahrzehnte unangefochten überdauert hatte.

Heute ist Chien-Shiung Wu ordentliche Professorin an der Columbia-Universität. Sie ist auch mit über siebzig Jahren noch aktiv und vital. Derzeit beschäftigt sie sich mit moderner Biophysik, um ein Heilmittel gegen Sichelzellenanämie zu finden.

Maria Goeppert-Mayer, Marguerite Chang,
M. Hildred Blewett und Leona Libby

DIE ATOMBOMBE

Überraschend viele in der Wissenschaft tätige Frauen sind und waren an der Entwicklung jener Waffen beteiligt, die durch Lise Meitners Entdeckung der Kernspaltung möglich wurden. Maria Goeppert-Mayer war Mitglied eines Teams, das erstmals spaltbares Uran-235 isolierte. Sie war auch beim Bau des ersten Atommeilers dabei. Leona Libby wirkte im Zweiten Weltkrieg beim Manhattan-Projekt mit und

Maria Goeppert-Mayer am Vorabend der Nobelpreisverleihung in Stockholm

gehörte zu der Gruppe von Wissenschaftlern, die die Atombombe baute. M. Hildred Blewett entwarf den Teilchenbeschleuniger, der es den Wissenschaftlern ermöglichte, noch mehr Energie aus dem Atomkern freizusetzen. Marguerite Chang entwarf den Zündmechanismus für unterirdische Atomversuche.

Alle diese Frauen leisteten Beiträge zur angewandten und theoretischen Kernphysik und zur modernen Waffentechnik, also auf Forschungsgebieten, die traditionell als rein männliche Domänen gelten.

Maria Goeppert-Mayer erhielt 1963 den Nobelpreis für ihre theoretische Analyse der Atomstruktur – für die sogenannte „Schalentheorie". Sie emigrierte aus ihrem Heimatland Polen nach Deutschland, wo sie in Mathematik promovierte. 1930 flüchtete sie zusammen mit ihrem Mann, dem Wissenschaftler Joseph Mayer, vor den Nazis in die Vereinigten Staaten. Dort trat sie in die Abteilung für Isotopen-

160

forschung an der Columbia-Universität ein, während ihr Mann „bombennah" auf dem Versuchsgelände von Aberdeen in Maryland arbeitete. Die Arbeit, die sie einzeln und gemeinsam leisteten, trug wesentlich zur Vervollkommnung der Atombombe bei, obwohl Marie mehr durch ihre Arbeiten in der Mathematik als durch ihre Erfindungen bekannt wurde. Die Eheleute Goeppert-Mayer wurden beide am Ende ihrer Karriere Professoren an der Universität von Kalifornien in San Diego. Obwohl Maria nach einem Schlaganfall im Jahre 1960 halbseitig gelähmt war, lehrte und forschte sie noch über ein Jahrzehnt lang weiter. 1972 starb sie im Alter von fünfundsechzig Jahren.

Leona Marshall Libby wurde von einem Mitarbeiter aufgefordert, „an ihren Kochtopf zurückzukehren". Sie war die einzige Frau, die offiziell zur Mitarbeit am Manhattan-Projekt berufen wurde. „Sie arbeitete einfach besser und brillanter als die besten Männer", erinnerte sich ihr Sohn, John Marshall III, bei ihrem Tod im Jahre 1986. Als Erfinderin war Leona Libby nicht nur am Entwurf und am Bau des ersten Kernreaktors beteiligt, sondern sie leitete auch persönlich die Konstruktion der ersten thermischen Säule und erfand ein hochmodernes analytisches Gerät, das „rotierende Neutronenspektrometer". In einem angrenzenden Fachgebiet entdeckte sie die Methode, mit der man die Klimate vergangener Geschichtsepochen anhand von Isotopenrückständen in den Jahresringen von Bäumen berechnen kann. Leona Libby hat nie bedauert, einen wesentlichen Beitrag zur Entwicklung der Atombombe geleistet zu haben, und meint, daß deren Einsatz am Ende des Zweiten Weltkrieges mehr Menschenleben gerettet als gekostet habe. Sie war später Professorin an der Universität von Kalifornien in Los Angeles und starb mit siebenundsechzig Jahren an einer Krankheit, von der man annimmt, daß sie durch Strahlung verursacht wurde.

M. Hildred Blewett ist eine Physikerin mit ausgeprägter praktischer Begabung, eine jener seltenen „Mechanikerinnen", die Apparaturen bauen, mit denen man die ausgefallensten wissenschaftlichen Theorien beweisen kann. Zu ihren Erfindungen zählen Beiträge zum Protonen-Synchroton und anderen geheimnisvollen technischen Apparaten, mit deren Hilfe Elementarteilchen magnetisiert und beschleunigt werden. Die Kanadierin Hildred Blewett reist heute durch

161

die ganze Welt und berät Forschungsinstitute bei der Entwicklung und dem Bau modernster Teilchenbeschleuniger wie dem Kernforschungszentrum CERN in der Schweiz und Saturne in Frankreich.

Marguerite Shue-Weng Chang hat ihren akademischen Grad an der Tulane-Universität in Louisiana nach einem vorbereitenden Studium in Nanking gemacht. Sie erfand die Vorrichtung, mit der bei unterirdischen Atomtests Sprengstoff gezündet wird. Marguerite Chang arbeitet in der chemischen Forschung für das amerikanische Marineministerium. Die Ergebnisse ihrer wissenschaftlichen Arbeit fallen weitgehend unter die militärische Geheimhaltungspflicht, aber immerhin weiß man, daß sie die Forschung über Raketentreibstoffe und die Kenntnisse über Sprengstoffe wesentlich vorangetrieben hat. Ihre Arbeit hat ihr zwei besondere Auszeichnungen von der Marine sowie den Federal Women's Award (1973) für überragende Leistungen im Regierungsdienst eingebracht. Sie arbeitet weiterhin eng mit der Atomenergiekommission zusammen und beschäftigt sich mit der Sicherheit des Personals und mit Qualitätskontrollen im Bereich der Waffenherstellung.

Schrauben und Muttern

In den Ingenieurwissenschaften dominieren die Männer am stärksten. In einem 1981 erschienenen enzyklopädischen Werk mit dem Titel *Great Engineers and Pioneers of Technology* wird keine einzige Frau erwähnt. Noch heute stellen Frauen nur drei Prozent der Ingenieure, aber ihre Verdienste sind im Verhältnis zu ihrem zahlenmäßigen Anteil außerordentlich bedeutsam.

Seit 1952 hat die Gesellschaft der Ingenieurinnen herausragende Leistungen auf allen möglichen Gebieten honoriert, von der Abfallverwertung bis zur Festkörperelektronik. Frauen haben sich in der Waffenherstellung, in der Metallurgie, in der Computertechnik und in der Architektur hervorgetan.

Unter den Ingenieurinnen gibt es Frauen wie Sirvart A. Mellian, eine Forschungs- und Entwicklungsdesignerin bei der amerikanischen Armee, deren Spezialgebiet die Ballistik ist. Das Patent Nr. 4 183 097 schützt die Erfindung einer sich dem Körper anlegenden, kugelsicheren Schutzkleidung, die Polizeibeamte in den meisten Großstädten tragen. Eine weitere Frau, die im militärischen Bereich forscht und Erfindungen gemacht hat, ist Jenny Bramley. Sie hat neunzehn Patente auf dem Gebiet der Nachtoptik angemeldet. Marguerite M. Rogers entwirft hochtechnisierte, luftgestützte taktische Waffen für die Marine.

Kaum jemand käme auf die Idee, daß Frauen etwas mit Strömungsmechanik zu tun haben könnten, und doch entwarf Sheila Widnall die hochmoderne Windkanalanlage des MIT, und Christine Darden leistete ähnliches für die NASA. Barbara Crawford Johnson arbeitet ebenfalls für die NASA. Sie entschied über das System für den Wiedereintritt in die Erdatmosphäre und die Rückkehr auf die Erde bei dem Raumfahrtprojekt *Apollo-Sojus*.

Hertha Ayrton wurde 1898 als erste Frau in die britische Institution of Electrical Engineers aufgenommen. Sie erfand einen Sphygmographen (ein Gerät zur Aufzeichnung des menschlichen Pulsschlags), aber ihr Spezialgebiet war die Erforschung des Lichtbogens. Während des Ersten Weltkrieges standardisierte sie die verschiedenen Arten von Suchscheinwerfern für die britische Armee, und sie erfand das Ayrton-Gebläse zur Verteilung von Senfgas über feindlichen Stellungen.

Laurence Delise Pellier leistete in den fünfziger Jahren bahnbrechende Arbeit für die Herstellung von rostfreiem Stahl und Titanlegierungen. Esther Conwell lieferte entscheidende Beiträge zur Entwicklung von Halbleitern. Die Raumfahrtingenieurin Marjorie Rhodes Townsend patentierte ein digitales Telemetriesystem, und die Chemieingenieurin Elizabeth Drake erfand einen Fraktionierungsapparat.

Die junge Französin Laurence Cantenot hat ein neues Zugriffssystem für Silos erfunden, obwohl ihr Spezialgebiet die Luftfahrttechnik ist. Ihr ,,Meisterwerk der Einfachheit" ist zehnmal billiger als all seine Vorgänger und arbeitet zehnmal so schnell.

So viel zum Thema *Große Ingenieurinnen.*

Eleanor Raymond, Maria Telkes und Stella Andrassy

DIE SONNENANBETERINNEN

Die Sonne ist fraglos die ideale Energiequelle: Sonnenenergie ist sauber, kostenlos und, wenn man in ,,menschlichen" Zeiträumen denkt, unerschöpflich. Aber es bedurfte dreier zukunftsorientierter Frauen – einer Architektin, einer Ingenieurin und einer ungarischen Gräfin –, um zu beweisen, daß die Sonne zu etwas Produktiverem genutzt werden kann, als die menschliche Haut attraktiv zu bräunen.

Die Architektin Eleanor Raymond entwarf und entwickelte in Zusammenarbeit mit der Chemikerin und Ingenieurin Maria Telkes das erste sonnenbeheizte Haus. Es steht in Dover im Staat Massachusetts,

164

wurde 1948 gebaut und ist noch immer bewohnt. „Ich war der Katalysator“, erinnert sich Eleanor Raymond. „Miss Amelia Peabody (die Grundstücksbesitzerin) hatte das Geld und die Freude am Experimentieren, und Maria Telkes hatte die nötigen theoretischen Kenntnisse.“

Das mit Sonnenenergie beheizte Haus in Dover war das erste, bei dem ein passives Solarenergiekonzept eingesetzt wurde. Für die Wärmeerzeugung wird bei dieser Methode nur die Sonne benötigt und nicht „aktive“ photovoltaische Bauelemente, die bei Lichteinwirkung Elektrizität erzeugen. Es gab bereits theoretische Ansätze darüber, wie die Sonne mit der Umgebung des Hauses zusammenwirkte. Doch erst die Pläne dieser Architektin führten zu einer funktionsfähigen Lösung. Ein Haus den ganzen Winter im Klima von Massachusetts mit Sonnenenergie zu heizen, ist keine Kleinigkeit.

„Am Weihnachtsabend 1948 öffnete ich die Tür und mich umfing eine Welle von Wärme, von der ich wußte, daß sie nur von der Sonne stammen konnte – das war toll!“ sagt Eleanor Raymond rückblickend mit einem Lächeln.

Eleanor Raymond wurde mit der höchsten Ehrung des Institute of Architects ausgezeichnet. Sie plante auch das erste „moderne“ Haus in Massachusetts, nachdem sie eine Reise nach Europa gemacht hatte und dort die Bauhausbewegung kennengelernt hatte. Sie wurde für die innovative Verwendung nicht-traditioneller Baumaterialien bekannt. So baute sie um 1940 ein Haus ganz aus Sperrholz und 1944 eines ganz aus Spanplatten.

Sie ist auch bekannt dafür, daß sie stets die Umgebung in ihre Planung einbezieht. Sie hat nach diesem Konzept viele Wohnhäuser in ganz Neuengland gebaut. „Ich entwerfe Häuser von innen nach außen, denn ich möchte gern eine Verbindung zwischen dem Inneren und der Außenwelt herstellen“, sagt sie. „Ich mag Balkone und Terrassen, auf die man hinaustreten kann und an denen man Freude hat. Dann fühlt man sich auch nicht so eingesperrt, wenn die Innenräume klein sind – es gibt eine Fülle von Beziehungen zwischen Innen und Außen.“

Maria Telkes, ihre Partnerin beim Bau des sonnenbeheizten Hauses in Dover, wurde in Ungarn geboren und wanderte 1927 in die Vereinigten Staaten aus. Sie hat zahlreiche von Sonnenenergie betriebene Geräte erfunden und patentieren lassen, darunter einen Destillierapparat für Rettungsflöße, einen Solarbackofen und Heizungsanlagen für ganze Häuser. Im Laufe ihrer Karriere hatte sie Forschungsstellen bei Westinghouse, am M I T und am College of Engineering an der Universität von New York, und sie war früher Forschungsdirektorin für Sonnenenergietechnik an der Princeton Division der Curtiss-Wright Corporation sowie am Institute for Direct Energy Conversion an der Universität von Pennsylvania.

Eleanor Raymond arbeitete mit Maria Telkes und einer weiteren Frau zusammen, die sich ebenfalls früh für die Verwendung von Sonnenenergie einsetzte – mit Gräfin Stella Andrassy. Sie stammt aus einer Adelsfamilie und wurde in Schweden geboren. Sie trat in die Fußstapfen ihrer Mutter und wollte Konzertpianistin werden, belegte aber an der Hochschule auch mehrere naturwissenschaftliche Kurse. 1919 heiratete sie den Elektroingenieur und Diplomaten Graf Imre Andrassy aus Ungarn. Sie führten bis zum Ausbruch des Zweiten Weltkrieges das angenehme Leben vermögender Adliger.

Als 1945 die Russen in Deutschland einmarschierten, flohen die Andrassys unter abenteuerlichen Umständen mit ihren drei Kindern, einem Enkelkind, ihren Lieblingshunden und mehreren Pferden quer durch die Alpen. Damals ist die Gräfin ihren eigenen Worten zufolge zum ersten Mal „erfinderisch" geworden. „Wir verbrachten acht Wochen zwischen der russischen und der deutschen Front, und von allen Seiten wurde auf uns geschossen. Man mußte unter diesen Umständen einfach erfinderisch sein, wenn man überleben wollte", sagte sie kürzlich in einem Interview.

Als die Andrassys in New York ankamen, lernten sie die ungarische Emigrantin Maria Telkes kennen. Die Gräfin arbeitete bei ihr als Assistentin, denn die Familie war völlig verarmt. Sie ließ insgesamt neun Erfindungen mit der Sonne als Energiequelle patentieren, darunter ein Nahrungsmitteltrocknungsgerät, einen Backofen, einen Wasserkessel und einen Destillierapparat, mit dem man aus Salzwasser Süßwasser gewinnen kann. Ihr letztes Patent reichte sie vor fünf Jahren in Kanada ein: ein Verfahren, mit dem Öl aus den riesigen Ölsandfeldern Kanadas gewonnen werden könnte. „Das Verfahren beruht auf der Verwendung von heißem Wasser, aber es fehlte noch etwas", erklärte sie. „Da erinnerte ich mich daran, daß beim Mischen von Mayonnaise mit Öl das Ei ausgefällt wird. Also mischte ich versuchsweise ein wenig Öl mit heißem Wasser und Ölsand, und es funktionierte. Sauberes Öl stieg an die Oberfläche der Behälter auf, wo man es absaugen konnte."

Amerika hat die Nutzung der Sonnenenergie nicht gerade mit Be-

166

geisterung aufgenommen, aber Gräfin Andrassy läßt sich dadurch nicht beirren. „In einem Land wie diesem, in dem alles auf Knopfdruck funktioniert, war damit zu rechnen, daß die Leute die Sonnenenergie nur langsam akzeptieren würden. Aber die Dritte Welt kann es sich nicht leisten, zu warten, und deshalb haben diese Länder das größte Interesse an meinen Solarerfindungen gezeigt." Sie fügt hinzu, das Nahrungsmitteltrockengerät, das auf der Basis von Sonnenenergie funktioniert, habe bei den Menschen in den Entwicklungsländern besonderen Anklang gefunden, weil ein Großteil ihrer täglichen Nahrung aus getrockneten Früchten und Gemüsen bestehe. „Der Solartrockner beschleunigt den Prozeß des Trocknens und hält die Lebensmittel hygienisch und von Ungeziefer frei. Dieses Jahr habe ich Trauben in Rosinen verwandelt, obwohl vorher behauptet wurde, das sei unmöglich."

Gräfin Stella Andrassy ist heute vierundachtzig Jahre alt, doch sie arbeitet unermüdlich weiter an ihren Erfindungen. Sie lebt in der Nähe der Princeton-Universität in New Jersey und benützt noch immer deren Forschungseinrichtungen. Ihre jüngste Erfindung, die sie noch patentieren lassen will, ist eine Methode, Klärschlamm in keimfreien Dünger umzuwandeln – wobei man als Nebenprodukt destilliertes Wasser erhält. Ein dreißig Quadratmeter großer Prototyp der Anlage wurde bereits zu Versuchszwecken in Princeton gebaut.

Kate Gleason

DAS FERTIGHAUS

Ob wir es nun als Glück oder als Unglück betrachten, das in Massen produzierte, billige Fertighaus war die Erfindung einer Frau. Sie heißt Kate Gleason und konzipierte am Ende des Ersten Weltkrieges die erste „Siedlung" in East Rochester im Staat New York. 1921 begann sie, Betonkästen (sie erfand zugleich ein Verfahren, um den Beton zu gießen) für viertausend Dollar an junge Familien zu verkaufen, und zwar für eine Anzahlung plus vierzig Dollar im Monat. Sie schuf mit dieser Siedlung das Vorbild für alle Vororte in den USA.

Kate Gleason wurde 1865 geboren, war als Kind ein ausgesprochener Wildfang und liebte Wettkämpfe. „Wenn wir vom Schuppendach heruntersprangen, habe ich mir die höchste Stelle ausgesucht", erinnert sie sich. „Wenn wir über Zäune sprangen, mußte es für mich der höchste sein." Sie verdiente sich als junges Mädchen in der Maschinenwerkstatt ihres Vaters ein Taschengeld. Später mußte sie die Cornell-Universität verlassen und ihrem Vater helfen, das Unternehmen zu führen.

Kate wurde Vertreterin im Außendienst für die Gleason Works und soll große Erfolge in einer von Männern beherrschten Welt gehabt haben. 1893 half sie ihrem Vater, eine Maschine zu perfektionieren, die Kegelradgetriebe schneller und billiger produzierte als die früheren Apparate. Die Familie machte gute Geschäfte mit dem Verkauf der Getriebe an die aufstrebende Automobilindustrie. Merkwürdigerweise schrieb man diese Erfindung häufiger Kate als ihrem Vater zu, einer der seltenen Fälle, in denen eine Frau fälschlicherweise für die Idee eines Mannes Anerkennung fand und nicht umgekehrt. Sogar Henry Ford sagte einmal über diese Maschine von Gleason, sie sei „die bedeutendste Arbeit im Bereich des Maschinenbaus, die eine Frau je geleistet hat".

1913 sah Kate Gleason, daß in ihrer Gemeinde ein dringender Bedarf an erschwinglichem Wohnraum bestand. Sie nahm sich vor, Methoden der Massenproduktion, wie man sie im Automobilbau einsetzte, auch für den Hausbau zu entwickeln. Zu einer Zeit, in der noch alle Häuser nach den persönlichen Wünschen der Kunden entworfen und gebaut wurden – wie ja auch Kleidung vor dem Siegeszug der Konfektionskleidung maßgeschneidert wurde –, baute sie eine Siedlung von hundert Häusern namens Concrest mit jeweils sechs Zimmern. Jedes Haus war mit einem Gasherd, eingebauten Regalen, Spiegeln und einem Bügelbrett ausgestattet, blieb aber trotzdem auch für eine Arbeiterfamilie erschwinglich. „Die Idee, die mich speziell auf die Anwendung der Methoden der Massenherstellung brachte, kam mir, als ich einmal die Cadillac-Werke besuchte", schrieb sie. „Damals zeigte mir Mr. Leland, wie der Achtzylindermotor montiert wird."

Damit die gleichförmigen Häuser von Concrest ein wenig individueller wirkten, stellte Miss Gleason sie in unterschiedlichen Ausrichtungen auf den Grund, ein Verfahren, das noch heute angewendet wird. Nach einer ähnlichen Methode ging sie vor, als sie in Beaufort in South Carolina eine preiswerte Ferienkolonie für Künstler und Schriftsteller baute. 1927 konzipierte sie nach den Grundlagen der indianischen Adobe-Bauweise eine Betonsiedlung in Sausalito in Kalifornien.

Kate Gleason starb 1933 mit achtundsechzig Jahren als reiche und angesehene Bauunternehmerin.

Harriet Irwin

DAS HEXAGONALE HAUS

1888 hielt die Western New York Association of Architects ihre Jahresversammlung ab. Sidney Smith, der Präsident der Organisation, begann seine Begrüßungsansprache mit folgenden Worten: „Sehr geehrte Herren, ich wollte, ich könnte hinzufügen ‚und Damen‘, aber ich hoffe, der Tag, an dem ich das tun kann, ist nicht mehr sehr fern." Mr. Smith war leider nicht auf dem neuesten Stand, denn schon 1888 hatte eine Hausfrau aus Nord-Carolina fast zwanzig Jahre lang als Architektin gearbeitet.

Harriet Morrison Irwin war die erste Frau in den Vereinigten Staaten, die eine architektonische Neuerung patentieren ließ. Am 24. August 1869 reichte sie beim Patentamt der Vereinigten Staaten einen Plan für ein „hexagonales Gebäude" ein, obwohl sie keine entsprechende Ausbildung hatte. Nach diesen Plänen baute sie ihr eigenes Haus, das noch heute steht.

In vielfacher Hinsicht war Harriet Irwin der Inbegriff der gebildeten Südstaatentochter aus gutem Haus aus der Zeit vor dem Sezessionskrieg. Ihr Vater war der erste Präsident des Davidson College, ihr Schwager, Stonewall Jackson, ein gefeierter Held der Konföderierten. Aufgewachsen in Charlotte in Nord-Carolina in den goldenen Jahren des Dixie, verfolgte Mrs. Irwin einen Großteil der Neu-

169

ordnung der politischen Verhältnisse nach dem Sezessionskrieg vom Wochenbett aus. Sie brachte in der Zeit neun Kinder zur Welt, von denen fünf das Kindesalter überlebten. Kinder und Haushalt nahmen sie damals ganz in Anspruch.

Weil sie ihr Leben vorwiegend zu Hause verbringen mußte, beschloß sie, wenigstens ihr Heim so zu gestalten, daß sie sich die Arbeit erleichtern konnte. Sie wollte nicht zur griechisch-römischen Architektur der Antike zurückkehren, aber sie konnte sich auch nicht mit den viktorianischen Häusern anfreunden, die in ihrer Zeit üblich waren. Irwin Harriet meinte, Häuser würden offenbar von Männern für Männer entworfen. Ihrer Ansicht nach wurde zu wenig berücksichtigt, daß Frauen in diesen Häusern mannigfaltige Arbeiten verrichten mußten.

Ein Architekt und Kritiker hatte gerade erst den Frauen den Fehdehandschuh hingeworfen: „Frauen beklagen sich unaufhörlich über mangelnden Stauraum, über ungünstig angeordnete Zimmer und Kammern, über schwer zugängliche Speicher und Keller sowie über eine Reihe von weiteren Mängeln. Diese unnötigen Erschwernisse für die Hausarbeit seien in den komfortabelsten Häusern ebenso anzutreffen wie in den einfachsten, und doch kommt keine Frau auf die Idee, selbst bessere Pläne zu entwerfen, das Problem zu lösen und für ihr Konzept Werbung zu machen."

Harriet nahm den Fehdehandschuh auf – aber was wußte eine Südstaatenschönheit in mittleren Jahren schon über die Planung eines Hauses? In der Regel so gut wie gar nichts. Harriet Irwin lernte jedoch bald, was sie wissen mußte. Sie vertiefte sich eifrig in Bücher über die Theorie der Belastbarkeit von Tragbalken und in Mrs. Tuthills Werk *History of Architecture* (die erste Geschichte der Architektur, die von einer Frau geschrieben wurde). Sie lernte Tausende von Fachbegriffen und konnte bald einen Strebebogen von einer Setzstufe unterscheiden.

Sie hatte das hoch gesteckte Ziel, ein „billigeres, schöneres" Wohnhaus zu bauen, das „architektonisch schöner ist als ein viereckiges". Sie propagierte kurz gesagt „eine richtige Revolution im Hausbau". Und Harriet Irwins Entwürfe waren für jene Zeit des Zuckerbäckerstils tatsächlich sehr fortschrittlich.

„Aufgabe meiner Erfindung", sagte sie, „ist ein sparsamer Umgang mit Raum und Baumaterialien, die Entwicklung wirtschaftlicher Heizmethoden mit Hilfe von Licht und Belüftung sowie eine preiswerte Innenausstattung."

Sie entwarf einen sechseckigen Grundriß mit vergrößerter Wohn-
fläche und nutzte „jede Möglichkeit der Verbindung zwischen den
einzelnen Räumen". Die Frauen sollten nicht länger den Großteil
ihres Arbeitstages in einer dunklen Küche auf der Nordseite des
Hauses am Ende eines langen Korridors verbringen müssen. Alle
Räume sollten nun nach einem Ringmuster miteinander verbunden
sein. Diese Synthese von Form und Funktion, von Biologie und
Technik, wurde später unter der Bezeichnung Ergonomie bekannt.

Außer ihrem hexagonalen Haus – einem eleganten Gebäude mit
zwei Stockwerken, einem Mansardendach und einem Turm in der
Mitte, das noch immer an der West Fifth Street in Charlotte steht –
baute Harriet Irwin zwei weitere Häuser in etwas konventionellerem
Stil.

Danach begann ihre zweite Karriere. Sie verfaßte den mystisch-
philosophischen Roman *The Hermit of Petrarea* (Der Einsiedler von
Petrarea), in dem der Held unter anderem ein arabisches, hexagonales Haus erbaut. Sie schrieb auch zahlreiche Zeitungs- und Zeitschrif-
tenartikel sowie den Anfang eines Buches über die Geschichte von
Charlotte in der Kolonialzeit. Sie starb im Jahre 1897. Nach Aussagen von Zeitgenossen war sie eine „sanfte, freundliche, liebenswerte
alte Dame". Sie war kreativ bis ins hohe Alter und entwarf sogar ihren
eigenen, hexagonalen Grabstein selbst.

Martine Kempf

DER STIMMGELENKTE ROLLSTUHL

Martine studierte Astronomie. 1982 entwarf sie mit nur dreiundzwanzig Jahren ein Computerprogramm, das auf gesprochene An-
weisungen reagieren sollte. Als sie siebenundzwanzig war, wurde das
Katalavox genannte Gerät (der Name ist zusammengesetzt aus dem
griechischen Stamm *katal,* für „verstehen", und dem lateinischen
Wort *vox,* für „Stimme") bereits benutzt, um mit der menschlichen

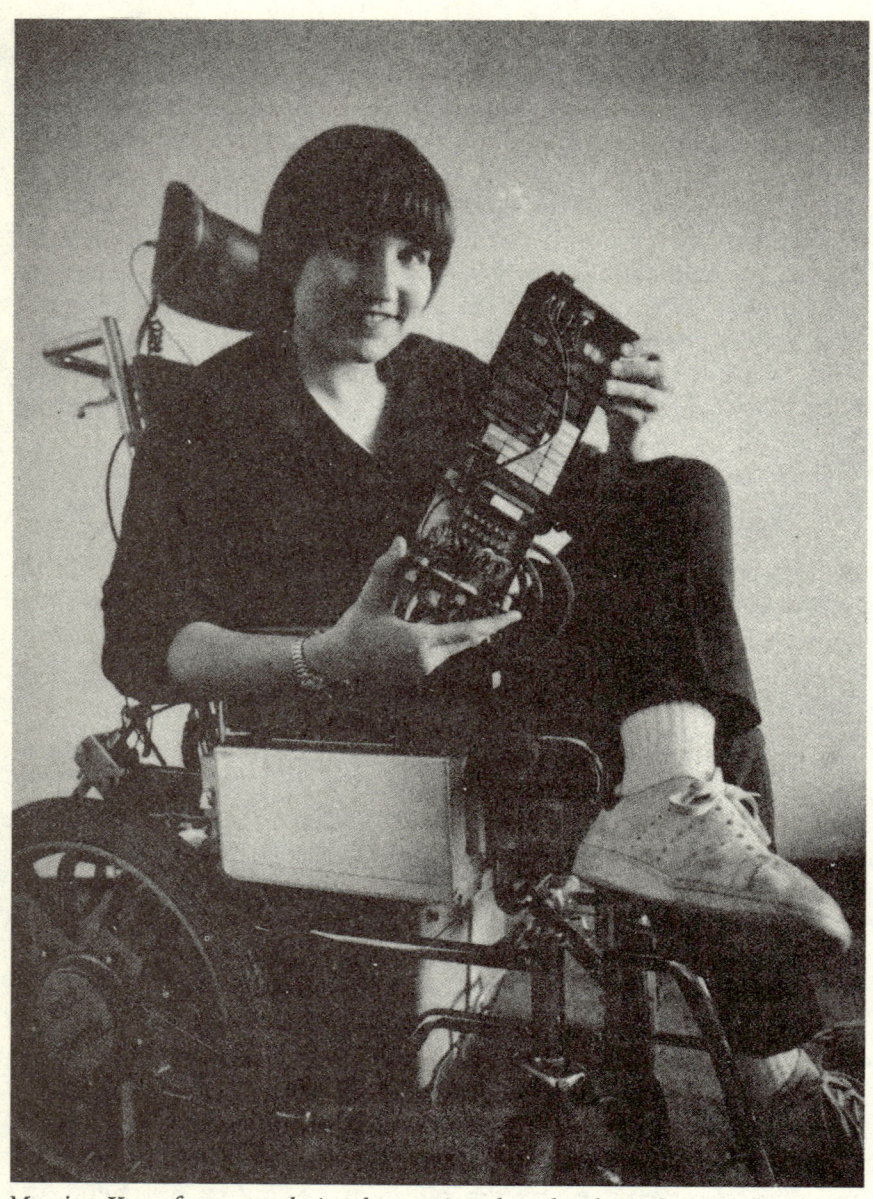

Martine Kempf war erst dreiundzwanzig Jahre alt, als sie den Katalavox perfektionierte, ein Wunder der Computertechnik, das Behinderten ermöglicht, Rollstühle mit der Stimme zu lenken, und Ärzten erlaubt, hochsensible Apparaturen mit Hilfe der Sprache zu bedienen. KATY RADDATZ/People Weekly/©1986 Time Inc.

172

Stimme Mikroskope zu justieren und elektrische Rollstühle zu lenken. Martine hatte sich zu diesem Zeitpunkt im Silicon Valley in Kalifornien niedergelassen, um ihre raffinierte Erfindung zu vermarkten.

Martine Kempf wuchs in Elsaß-Lothringen auf und studierte in Bonn. Ihre Erfindung wurde von ihrem Vater inspiriert. Er war durch Kinderlähmung behindert und hatte für sich ein Auto so umgebaut, daß er alle Funktionen mit den Händen bedienen konnte. Als die Konstruktion serienreif war, begann er, in Autos Spezialausstattungen für Behinderte einzubauen. Martine kam auf die Idee, an einem Stimmaktivator zu arbeiten, als sie deutsche Teenager ohne Arme – Conterganopfer – kennenlernte. Diese Behinderten konnten einen herkömmlichen Rollstuhl nicht bewegen. Ein Rollstuhl, der auf Befehle der menschlichen Stimme reagierte, erschien ihr die nahliegendste Lösung.

Martine Kempfs Katalavox ist zwanzigmal leistungsfähiger als vergleichbare Modelle, die etablierte Computerfirmen seit Jahren in Entwicklung hatten – und dabei hatte sie das Programm zu Hause auf einem Apple-PC geschrieben. Obwohl der Katalavox wie geplant in Rollstühle eingebaut wird, ist heute das Hauptanwendungsgebiet die Mikrochirurgie. Das Gerät ermöglicht Ärzten, Mikroskope zu justieren, ohne die Hände zu gebrauchen. Der kleine schwarze Kasten – kleiner als ein Radiowecker und nicht einmal fünf Pfund schwer – wird auch für den Einsatz im Space Shuttle und in Autos getestet.

Martine Kempf erhielt den Prix Grand Siècle Laurent Perrier für ihren Beitrag zur Mikrochirurgie. Sie meint, sie könne mit ihrem Gerät zehn Prozent des amerikanischen Marktes für Instrumente der Mikrochirurgie erobern. Martine spricht drei Sprachen fließend, ist Pilotin eines eigenen Privatflugzeuges, spielt klassische Musik auf dem Klavier, der Geige und dem Fagott. Sie hofft, bald mit dem Jet Propulsion Laboratory oder einer anderen amerikanischen Forschungseinrichtung für Raumfahrt zusammenzuarbeiten, und sie träumt davon, als erste Frau auf dem Mars zu landen.

Mildred Mitchell

BIONIK

Wissenschaftler waren schon lange vom Konzept der Bionik fasziniert, ehe die beliebte Fernsehserie *Der 6 Millionen Dollar-Mann* gesendet wurde. Obwohl der Begriff meist auf eine Verschmelzung der Wörter Biologie und Elektronik zurückgeführt wird, übersetzen ihn manche Wissenschaftler einfach mit „nach dem Leben" (abgeleitet von einem griechischen Wort). Selbst eine so einfache „Erfindung" wie das Tragen von Pelzen (als Nachahmung von Tieren), um sich zu wärmen, kann in diesem Sinn als bionische Errungenschaft betrachtet werden. Aber dies ist nicht der Aspekt der Bionik, der Mildred Mitchell fasziniert. Sie hat akademische Grade in den Fächern Mathematik, Philosophie und Psychologie.

Mildred Mitchell war von 1958 an Mitarbeiterin am Medizinischen Raumfahrtforschungszentrum und ist seit kurzem Leiterin der Bionikabteilung im Air Force Avionics Laboratory. Sie kam erstmals durch ihre Kenntnisse in der Psychologie mit der Bionik in Berührung. 1960 hatte sie die Testreihe zur Auswahl der Astronauten des Mercury-Programms geleitet und war Mitglied des Ausschusses, der die Kandidaten beurteilte.

Mildred hat sich inzwischen darauf spezialisiert, elektronische Geräte so zu steuern, daß sie menschliche Funktionen übernehmen können, vor allem im Weltraum. Ihr künstlicher „Muskel", der aus hundertdreißigtausend einzelnen Fasern besteht, kann schwere Geräte präzise und zuverlässig heben, wo die menschliche Muskelkraft nicht ausreicht, beispielsweise überwindet er die enormen Gravitationskräfte beim Start oder der Landung von Raumfähren. Eine kleine Vorrichtung, die sie ganz treffend „Nagelbieger" nennt, kann einen Eisennagel mit einem Luftstoß krümmen.

Sie hat auch künstliche „biologische Uhren" entworfen, in denen der natürliche Mechanismus nachgeahmt wird, der Tieren sagt, ob es Tag oder Nacht ist, selbst wenn der Mensch im Labor den Wechsel von Licht und Dunkelheit kontrolliert und verändert.

Ein Langzeitprojekt für Mildred Mitchells Team hat zum Ziel, Kommunikation durch Berührung zu vermitteln, wobei das taktile Wahrnehmungssystem durch den Einsatz winziger Luftströme simuliert werden soll. Viele dieser Neuerungen werden als Hilfe für Behinderte ebensogroße Bedeutung haben wie für die Raumfahrt – vielleicht sogar noch mehr.

Harriet W. R. Strong

SACHVERSTÄNDIGE FÜR BEWÄSSERUNGSANLAGEN

1883 war Harriet W. R. Strong auf dem Tiefpunkt ihres Lebens angelangt. Ihr Mann Charles beging nach zwanzig Jahren Ehe Selbstmord, weil er das Vermögen der Familie bei einem unseriösen Geschäft mit einer Silbermine verspekuliert hatte. Die Klärung der tatsächlichen Vermögensverhältnisse war erst nach acht Jahren endloser Prozesse möglich; dann erst gelangten Schuldner und Gläubiger zu einer Einigung. Harriet war seit ihrer Kindheit halb invalid. Sie stand vor der fast unlösbaren Aufgabe, ihre vier Kinder zu ernähren. Geblieben waren ihr lediglich neunzig Hektar eines wüstenähnlichen Stückes Land in Südkalifornien, in der Nähe der heutigen Stadt Whittier.

Harriet Strong verstand so gut wie nichts von Landwirtschaft und noch viel weniger davon, wie man seinen Lebensunterhalt verdient.

Zehn Jahre später war sie ihrer landwirtschaftlichen Kenntnisse und Erfolge wegen als „Walnußkönigin" bekannt, wurde als erste Frau in die Handelskammer von Los Angeles gewählt, war die erste Präsidentin der neuen feministischen Business League of America und erregte auf der World's Columbia Exhibition durch ihr patentiertes Bewässerungssystem landesweit Aufsehen.

Harriet wurde 1884 in Buffalo im Staat New York geboren, führte als Kind ein Nomadenleben und litt an einer Krankheit, die als „Wirbelsäulenleiden" diagnostiziert wurde. Sie war zeitlebens schwach und kränklich. Sie heiratete einen Mann, der ein rührend besorgter Gatte und ihren vier Töchtern ein liebevoller Vater war. Er neigte jedoch zu Depressionen, die während der zwanzig Jahre ihrer Ehe immer wieder auftraten.

Nach seinem Tod im Jahre 1883 überdachte Harriet ihre verzweifelte Lage und kam zu dem Schluß, daß sie zuallererst gesund werden müßte, wenn sie ihre Kinder durchbringen wollte. Nach einem Besuch bei einem Neurologen in Philadelphia erklärte sie sich kurzerhand für geheilt, und nach Aussagen von Menschen, die sie gut kannten, soll sich danach bei ihr nicht nur der Gesundheitszustand entscheidend verändert haben. Früher war sie eine sanfte und gehorsame Gattin gewesen; jetzt entwickelte sie sich zu einer unabhängigen Frau voller Entschlossenheit und Vitalität.

Harriet Strong erkundete, welche Feldfrüchte im trockenen Klima von Südkalifornien besonders gut gedeihen, und wählte eine relativ neue Pflanze, eben die Walnuß, für die erste Anpflanzung. Ihre Plantage wuchs und war nach einiger Zeit die größte der Welt – sie war etwa vierzig Kilometer lang. Dann führte Harriet als erste die winterliche Bewässerung ein und pflanzte daraufhin auch Zitrusfrüchte, Granatäpfel und Pampasgras (das als Schmuckpflanze verwendet wird).

Als Wassermangel ihre erste Ernte zu vernichten drohte, entwarf sie ein Hochwasserschutz- und Staudammsystem und ließ es patentieren. (Sie ließ übrigens auch mehrere Haushaltsgeräte patentieren.) Dieses Bewässerungssystem war in der Tat einzigartig. Es bot durch eine Reihe von Dämmen im Falle eines Dammbruches erhöhte Sicherheit gegen Überschwemmung. Dazu wird der Druck des Wassers für die strukturelle Stabilisierung des jeweils vorhergehenden Dammes genutzt, und die Wasserabgabe für die Bewässerung wird in einer bestimmten und einheitlichen Weise reguliert. Das System wurde in Mittelamerika eingesetzt und erhielt eine Auszeichnung von den Ministerien für Landwirtschaft und Bergbau.

Während des Ersten Weltkrieges erwog der Kongreß, dieses System als Modell für die erste Erschließung des Grand Canyon und des Colorado Rivers anzuwenden. Man wollte damit gleichzeitig Land bewässern und Strom gewinnen. Die Erschließung dieser Region galt als sehr wichtig für die Kriegswirtschaft, und Harriet Strong wurde zweimal als Sachverständige vor den Kongreß geladen.

Das Ende des Krieges führte zu einer vorübergehenden Stillegung des Projekts am Grand Canyon. Aber Harriet Strongs frühere Befürwortung des Projekts, zu dem sie auch zwei Gesetzesvorlagen in den Kongreß eingebracht hatte, trug wesentlich zur späteren Erschließung des Colorado-Flusses bei. Dank ihrer Ideen kann heute die schnell wachsende Region Südkalifornien (eine der größten urbanen und nahrungsmittelproduzierenden Regionen der Welt) ausreichend mit Wasser versorgt werden.

Naturforscherinnen

Aufgabe und Ziel der ersten Erfindungen war, die Lebensbedingungen zu verbessern, und wahrscheinlich hat erstmals eine Frau eine Feldfrucht gepflanzt oder eine Hütte gebaut. Und in dem Maße, in dem sich die Bedürfnisse der Gesellschaft verändert haben, sind auch die Erfinderinnen einer grauen Vorzeit klüger und anspruchsvoller geworden. Heute sind sie Architektinnen oder Ingenieurinnen für Solarenergie; die Ackerbäuerinnen sind Botanikerinnen und Insektenkundlerinnen. Alle, die jemals die Welt verbessern wollten, haben dies aus bestimmten Motiven getan, von reiner intellektueller Neugier, wie zum Beispiel bei der Biochemikerin Wanda K. Farr, bis zu kommerziellem Gewinnstreben, wie etwa bei der Champagner-Fabrikantin Nicole-Barbe Clicquot. Aber ungeachtet ihrer Motive haben die Erfindungen stets unser aller Leben beeinflußt.

Manche Erfinderinnen und Entdeckerinnen auf dem Gebiet der Naturwissenschaften wurden hier nicht erwähnt, weil sie keine konkreten Dinge entworfen haben oder patentieren ließen. In jeder Studie über unsere Umwelt müßten jedoch die bedeutenden Leistungen von Ellen Richards (1842-1911) dargestellt werden. Sie war die Mutter der Ökologie und die erste, die am M. I. T. über die Zusammenhänge von Wasser, Luft und unserer Ernährungsweise lehrte. (Ihre Bannerträgerin Ruth Patrick wird speziell erwähnt, weil sie, neben anderen Errungenschaften, ein Gerät zum Nachweis von Gewässerverschmutzung patentieren ließ, das sie Diatometer nannte.)

Es wären noch zahlreiche Frauen zu nennen, die Bedeutendes auf diesem Gebiet geleistet haben, so die in Rußland geborene Katherine Esau, die wichtige Forschungen über die Struktur von Pflanzengeweben und die Übertragung von Pflanzenkrankheiten durchführte, die Botanikerin Kate Furbish, die in ihren siebenundneunzig Lebensjahren sechzehn Folianten mit Illustrationen füllte und viertausend Bogen mit getrockneten Pflanzen zusammentrug, die deutsche Blumen- und Insektenmalerin Maria Sibylla Merian (1647-1717), die Insekten hielt und als erste ihre Entwicklung in allen Stadien der Metamorphose beobachtete, Dorothy Hayes, die als Leiterin des Chemical and Biophysical Laboratory am landwirtschaftlichen Forschungszentrum in Beltsville (Maryland) als erste Insekten in den Weltraum schickte, die beim amerikanischen Landwirtschaftsministerium tätige Chemikerin Odette Shotwell, die ein krebserzeugendes Gift aus Schimmelpilzen entwickelte, die Biologin Lucille Farrier Stickel, die zahlreiche Artikel über Pestizidrückstände in der freien Natur veröffentlicht hat, und nicht zuletzt Helen B. Correl, eine Spezialistin für Wasser- und Feuchtgebietpflanzen.

Seit das amerikanische Patentamt begonnen hat, Pflanzenkreuzungen zu registrieren, wurden viele Hobbygärtner und Hobbygärtnerinnen Patentinhaber. Diese Biologen des Hausgartens züchteten weiße Rosen, gelbe Gurken und nahezu viereckige Wassermelonen und ließen ihre „Erfindungen" patentieren. Weil der hier verfügbare Raum knapp ist, werden diese einfallsreichen Menschen bis zur Würdigung ihrer Leistungen auf ein weiteres Buch warten müssen.

Eleanor A. Ormerod

INSEKTENBEKÄMPFUNG

Als Eleanor A. Ormerod 1901 starb, war sie die mit den meisten Ehrungen ausgezeichnete britische Wissenschaftlerin ihrer Zeit und zählte zu den berühmtesten Fachleuten aller Nationen. Sie hatte auf dem Gebiet der Entomologie jede nur erdenkliche Auszeichnung erhalten, war in wissenschaftliche Gesellschaften in England, den Vereinigten Staaten, Rußland, Kanada und Australien aufgenommen worden und war als insektenkundliche Sachverständige für die Royal Agricultural Society tätig. Ihre größte Leistung war jedoch, daß sie

179

das Studium der Insekten aus den Hallen der Universitäten in die freie Natur verlegt hat.

Eleanor Ormerod erfand wirksame und billige Methoden zur Vernichtung schädlicher Insekten. Sie versuchte erstmals in der Geschichte auf systematische Weise, Feldfrüchte und Tiere vor Schädlingen zu schützen. Ihre Broschüren und Jahresberichte über die Schädlingsbekämpfung, die sie auf eigene Kosten publizierte, waren die ersten veröffentlichten Anleitungen für Bauern auf diesem Gebiet.

Eleanor Ormerod war keineswegs für eine wissenschaftliche Karriere prädestiniert. Sie wurde 1828 in einer Familie der englischen Oberschicht geboren (ihr Großvater war Leibarzt des Königs gewesen) und hätte eigentlich kurz nach der Pubertät oder spätestens Anfang Zwanzig heiraten und sich mit dem bequemen, wenn auch vielleicht nicht besonders erfüllenden Leben der Gattin eines Landedelmannes einrichten sollen. Doch sie hatte anscheinend jenen Wesenszug, der den Wissenschaftler kennzeichnet: Sie stellte allgemein anerkannte Meinungen in Frage – besonders, wenn diese Meinungen ihre eigenen Fähigkeiten betrafen. Und sie freute sich stets besonders, wenn sie ihre Mitmenschen überraschen und verblüffen konnte. Eine Freundin erinnerte sich an eine Szene bei einer Lunch-Party: „Die friedliche Gesellschaft wurde plötzlich durch das Auftauchen einer großen und lebhaften Hornisse gestört. Niemand wagte sich an den Feind heran, aber Miss Ormerod wartete ruhig, bis das Insekt in ihre Nähe kam und fing es in einer ihrer kleinen Spanschachteln, die sie meist in der Tasche hatte. Ich überlasse es Ihnen, sich das Erstaunen und die Bewunderung der übrigen Gäste auszumalen." Eleanor verriet ihrer Vertrauten später, daß sie an der Länge der Fühler erkannt hatte, daß es sich um eine harmlose Drohne handelte.

Eleanor Ormerod heiratete nie, sondern widmete ihr Leben ganz ihren Studien. Sie arbeitete jahrzehntelang anonym. Erst 1877 begann sie, den *Annual Report of Observations of Injurious Insects* zu veröffentlichen. Die Broschüren wurden sofort sehr beliebt. Bald wurden Auflagen bis zu hundertsiebzigtausend Exemplaren gedruckt. Landwirte aus der ganzen Welt korrespondierten mit ihr. Die nächsten zwanzig Jahre ihres Lebens war ihre kleine Redaktion eine Art internationaler Umschlagplatz für insektenkundliche Informationen.

Obwohl sie bei ihren Forschungen sorgfältig und wissenschaftlich vorging – sie konstruierte sogar einmal eine eigene Wetterbeobachtungsstation, weil sie meinte, klimatische Daten könnten für ihre

180

Arbeit nützlich sein –, bot sie den Lesern ihrer Veröffentlichungen vor allem praktische Lösungen an. Die Bestandteile für ihre Rezepte zur Schädlingsbekämpfung waren leicht erhältlich und konnten von jedermann zusammengestellt werden. Sie erkannte beispielsweise, daß Kochsalzlösung als Mittel gegen die Rübenfliege geeignet war. Ihr weitverbreitetes Mittel gegen eine Madenart, die hauptsächlich Rinder befiel – ein Klecks Wagenschmiere, vermischt mit sublimem Schwefel, auf die befallenen Stellen der Haut aufgetragen – soll angeblich Ende des neunzehnten Jahrhunderts in England den halben Bestand an Kühen und Ochsen gerettet haben.

Eleanor Ormerods Wissen über Schädlinge war international so geschätzt, daß sogar Behörden der Regierungen von Rußland und Amerika sie häufig zu Rate zogen. Als 1889 die Larven der Mehlmotte die in den Vereinigten Staaten gespeicherten Mehlvorräte zu einem Großteil zu vernichten drohten, schrieb der leitende Insektenkundler des Landwirtschaftsministeriums verzweifelt an Eleanor Ormerod und bat um Hilfe. Er erhielt prompt den folgenden Rat: „Veranlassen Sie die Betreiber der mit Dampf betriebenen Mühlen, den Dampf aufzudrehen und die Larven zu verbrühen."

Sie war mehr als eine Insektenkundlerin im engeren Sinne. Sie war eine echte Ökologin, die über die engen Grenzen ihres eigenen wissenschaftlichen Gebietes hinaussah. Als jemand, der Brunnenkresse angepflanzt hatte, sich bei ihr über den totalen Mißerfolg beklagte und ihr mitteilte, das betroffene Gebiet sei aber ansonsten von Schädlingen frei, fand sie bald heraus, wo das Problem lag: Die Ehefrau des Briefschreibers hatte eine Vorliebe dafür, Reiher anzulocken. „Die Reiher haben die insektenfressenden Forellen dezimiert; deshalb vermehren sich jetzt die pflanzenfressenden Insekten so stark." Sie unterzog sich auch der undankbaren Aufgabe, gegen die verschiedenen „Sperlings-Clubs" aufzutreten. Ende des neunzehnten Jahrhunderts waren „Sperlings-Clubs" in England sehr populär. Einige Vereinsmitglieder führten sogar Bibelstellen an, um ihre Bemühungen, diese Vogelart zu vermehren, zu rechtfertigen. Der weitverbreitete Haussperling richtete nicht nur Schäden in den Obstgärten an, sondern vertrieb auch andere Vögel wie etwa Mauersegler und Hausschwalben, die als Insektenfresser sehr nützlich sind.

Als Eleanor Ormerod in den Ruhestand trat, schrieb die Londoner Zeitung *Times,* sie habe „die Lehre von der landwirtschaftlich orientierten Insektenkunde, die noch vor fünfundzwanzig Jahren gültig gewesen war, von Grund auf revolutioniert... Nicht nur im britischen

Empire, sondern in allen fortschrittlichen Ländern gebührt Miss Ormerods Name der höchste Rang unter den Wirtschaftsentomologen unserer Tage." Vier Monate später starb Eleanor Ormerod.

Jane Colden

DIE GARDENIE

Die Gardenie ist nach Alexander Garden, dem berühmten schottischen Naturforscher des achtzehnten Jahrhunderts, benannt, aber es war eine Frau, die in den amerikanischen Kolonien auf diese Pflanze aufmerksam wurde und ihr diesen Namen gab. Jane Colden identifizierte den blütentragenden Strauch als erste als Spezies einer neuen Gattung von Pflanzen der Alten Welt, obwohl sie doch seit Jahrhunderten direkt vor der Nase der größten Botaniker Europas gewachsen war.

Jane Colden wurde 1724 geboren und wuchs auf dem Land in der damaligen Provinz New York auf. Cadwallader Colden, ihr Vater, hatte in Schottland Medizin studiert und war dann in die Neue Welt ausgewandert. Er wäre wohl brennend gerne Naturwissenschaftler geworden, aber eine Laufbahn in einer Regierungsbehörde erwies sich als einträglicher. So diente er mehrmals als amtierender königlicher Gouverneur von New York.

Cadwallader war offenbar ein sehr tyrannischer Vater. Er war fest entschlossen, daß seine Tochter nicht werden sollte wie andere Frauen, die er für „nutzlos" hielt. Deshalb importierte er für ihre Erziehung und Bildung eine ganze Bibliothek aus England. Jane sollte sich der Botanik zuwenden (sie selbst wurde gar nicht gefragt), da er meinte, dieses Gebiet eigne sich besonders gut für Frauen. „Ihre natürliche Neugier und das Vergnügen, das sie an der Schönheit und Verschiedenheit in Sachen Kleidung haben, läßt sie dafür geradezu prädestiniert erscheinen", sagte er. Aber obwohl Mr. Colden viel Sorgfalt auf Janes Ausbildung verwandte, unterließ er es, ihr Latein beizubringen, die universale Wissenschaftssprache jener Zeit. Das, so meinte er wohl, sei jenseits der Grenze dessen, was Frauen zu lernen imstande seien. Er führte seine Tochter zwar in den Kreis seiner wissenschaftlich interessierten Freunde ein, beantwortete aber deren Briefe an Jane selbst.

Jane Colden erbrachte trotz dieser Hindernisse vortreffliche Leistungen. Bis 1775 hatte sie über dreihundert lokale Pflanzenarten katalogisiert und dazu zahlreiche Zeichnungen angefertigt. Alexander Garden, einer der Freunde ihres Vaters, bezeichnete ihre Arbeit als „außerordentlich exakt". Letztlich wurde Jane aber doch mehr als ein Unikum denn als Kollegin behandelt. Es war ganz typisch, daß einer ihrer Kollegen ihren Vater einmal fragte, ob sie denn gut Käse machen könne, da sie doch „so viele wissenschaftliche Kenntnisse" besitze.

Noch vor ihrer Heirat im Jahre 1759 schrieb sie an die Edinburgh Philosophical Society und berichtete von der Entdeckung einer Spezies einer neuen Gattung. Doch zu Lebzeiten war ihr keine Anerkennung mehr beschieden. Die Entdeckung, daß die Gardenie einer speziellen Gattung angehört, wurde erst 1770 anerkannt, als die Beschreibung der Pflanze in *Essays and Observations, Physical and Literary,* (der Zeitschrift eben jener Gesellschaft, an die sie sich einst gewandt hatte) veröffentlicht wurde. Jane Colden aber war bereits 1766 als Mrs. William Farquhar kurz nach dem Tod ihres einzigen Kindes gestorben. Immerhin wird sie heute, obwohl ihr so wenig Zeit zum Forschen geblieben war, als eine der ersten Wissenschaftlerinnen der Neuen Welt anerkannt.

Ruth Patrick

DAS DIATOMETER

Es ist zu einem guten Teil das Verdienst zweier Meeresbiologinnen, daß die Ökologie heute zu einem der ernsthaftesten Anliegen der Welt geworden ist. Rachel Carsons 1960 erschienenes Buch *Silent*

Spring (dt. *Der stumme Frühling*, 1965) löste eine von der politischen Basis unterstützte Kampagne gegen den rücksichtslosen Einsatz von Insektiziden und Herbiziden zur Vernichtung von Schädlingen und Unkraut aus. Diese Kampagne hatte unter anderem die Verabschiedung eines Gesetzes zur Folge, das die Anwendung von DDT verbietet, weil dieses Mittel erkanntermaßen zu erheblichen Störungen der ökologischen Kette führt und den Bestand einheimischer Tier- und Pflanzenarten bedrohte.

Die andere ökologische Heldin unserer Tage ist Ruth Patrick. Sie erfand den Diatometer, ein kleines Gerät, das es erstmals möglich machte, die Verschmutzung von Süßwasser exakt zu bestimmen.

Ruth Patrick wurde 1927 geboren. Ihr Spezialgebiet ist die Limnologie (wissenschaftliche Untersuchung von Ökosystemen in Süßwasser). Sie gehört zu den Wissenschaftlerinnen und Wissenschaftlern, die dieses Fachgebiet abgegrenzt und aufgebaut haben. Bei ihrer Forschungsarbeit im Labor und während der unzähligen Arbeitsstunden in freier Natur hat sie festgestellt, daß Binnengewässer eine komplexe Welt darstellen, deren Gesundheit vom Überleben einer empfindlichen Kette von Mikroorganismen abhängt.

Sie ist *die* Expertin für Diatomeen, jene einzelligen Algen, die das Grundnahrungsmittel für viele Organismen im Ökosystem des Süßwassers sind. Diatomeen kommen reichlich in Binnengewässern vor, in denen es genügend Licht gibt. Die Anzahl der mikroskopisch kleinen Diatomeen, gemessen mit dem Diatometer, in einem See oder Fluß kann sowohl über das Vorhandensein als auch über die Art von Schadstoffen Aufschluß geben, die andernfalls nur schwer nachweisbar wären. Ruth Patrick hat als erste erkannt, wie nützlich die Diatomeen für die Schadstoffbekämpfung sind.

Sie machte ihren Magister und ihren Doktor an der Universität von Virginia und wurde später als ordentliche Professorin für Naturwissenschaften an die Universität von Pennyslvania berufen. Sie ist die erste Frau, die den Vorsitz der Academy of Natural Sciences führt, und die erste Forschungsdirektorin bei Du Pont.

1975 erhielt sie den höchstdotierten wissenschaftlichen Preis der Welt: den John und Alice Tyler Ecology Award (hundertfünfzigtausend Dollar), der von der Pepperdine Universität in Malibu in Kalifornien vergeben wird.

Elizabeth Lucas Pinckney

INDIGO

Elizabeth Lucas Pinckney baute Indigo als Nutzpflanze zu Handels-
zwecken in den Kolonien Nord- und Süd-Carolina an. Sie wurde
dadurch nicht nur eine reiche Frau, sondern sie baute auch einen trag-
fähigen Wirtschaftszweig für weite Teile der damals noch unterent-
wickelten Gebiete auf. Seit einige Farmer, siebzig Jahre bevor Elizabeth Pinckney ihr Experiment startete, beim Versuch, Indigo
anzubauen, gescheitert waren, galt diese Pflanze als ungeeignet für
den amerikanischen Kontinent, weil sie allzu empfindlich auf Witte-
rungseinflüsse und verschiedene Böden reagiert. Die von den Franzosen beherrschten Inseln in der Karibik hatten praktisch das
Monopol für Indigo und damit für die begehrte dunkelblaue Farbe,
die aus der Pflanze hergestellt wird. Doch bis 1744 hatte die energische junge Frau durch beharrliche Experimente trotz mancher Fehl-
schläge erreicht, daß Indigo unter den Handelspflanzen im kolonia-
len Amerika den größten Einzelanteil einnahm.

Elizabeth – besser bekannt als Eliza – Lucas wurde wahrscheinlich
1722 als Tochter eines Obersten der britischen Armee geboren, der
auf den Westindischen Inseln stationiert war. Sie war ein lebhaftes
und neugieriges Kind und wurde bei ihren intellektuellen Streifzü-
gen von ihrem Vater nie gebremst. Er gewährte ihr freien Zutritt zu
seiner Bibliothek und lobte sie, wenn sie Plutarch, Vergil und Milton
las. Eliza sprach Französisch, spielte Flöte und gab nicht nur ihren drei
jüngeren Geschwistern, sondern auch den schwarzen Sklaven der
Familie Unterricht.

1738 zog die Familie Lucas auf eine Plantage am Wappoo Creek
in Süd-Carolina, und im Jahr darauf segelte Oberst Lucas in militärischen Diensten auf die Insel Antigua. Er überließ die zweihundertfünfzig Hektar große Plantage sowie einen weiteren Grundbesitz
von sechshundert Hektar in Garden Hill kurzerhand der Aufsicht
Elizas. Sie mußte als Heranwachsende plötzlich die Verantwortung
für die Familie, die Geschäfte und das Wohlergehen von zwanzig
Sklaven sowie einer Reihe von weiteren Angestellten übernehmen.
„Das macht…mehr Arbeit und Mühe, als Du Dir vorstellen kannst",
schrieb die siebzehnjährige Eliza an eine Freundin. Zweimal lehnte

Eliza Heiratsanträge von älteren, reichen Männern ab. Sie zog der damit verbundenen Sicherheit und Bequemlichkeit harte Arbeit und Unabhängigkeit vor.

Die junge Miss Lucas war eine tüchtige Verwalterin ihres Besitzes. Sie experimentierte mit neuen Feldfrüchten für die Plantagen (Ingwer, Feigen, Baumwolle, Luzerne) und half Nachbarn bei kleineren Rechtsproblemen. Sie arbeitete einen Lehrgang für zwei Sklavenmädchen aus, um sie zu „Lehrerinnen für die übrigen Negerkinder" auszubilden, wie sie sich ausdrückte.

Schon im ersten Jahr ihres Amtes als Gutsverwalterin begann Eliza mit dem Gedanken zu spielen, Indigo zu kommerziellen Zwecken anzubauen. Ihr war klar, daß dieses Experiment für die Kolonien von größter Bedeutung war. Wenn man den kostbaren blauen Farbstoff im eigenen Land herstellen konnte, würden sich die Handelsbilanzen mit England schlagartig verbessern und außerdem würden die amerikanischen Kolonien vom Handel mit den Franzosen unabhängig werden, die damals mit England Krieg führten. Eliza notierte 1739 in ihrem Tagebuch, sie setze „größere Hoffnungen auf den Indigo...als auf alle anderen Dinge, die ich probiert habe".

Die Indigopflanzen der Familie Lucas gediehen prächtig, aber die Herstellung des eigentlichen Farbstoffes – ein kompliziertes Verfahren, mit dem der blaue Farbstoff aus der Indigopflanze extrahiert und in wasserlösliche Brocken gepreßt wird – erwies sich als ein größeres Hindernis. Oberst Lucas schickte einen Techniker aus Montserrat, der bei der Herstellung des Produktes helfen sollte, aber der Spezialist sabotierte den ersten Schub, indem er „soviel Kalkmilch zusetzte, daß er die Farbe verdarb". Es stellte sich bald heraus, daß dieser Chemiker namens Nicholas Cromwell befürchtete, der Anbau und die Produktion von Indigo in den amerikanischen Kolonien könnten die Wirtschaft seiner eigenen Insel schädigen. Eliza schickte ihn fort und stellte später seinen Bruder Patrick als Hilfe bei der Indigogewinnung an. 1744 konnte sie stolze siebzehn Pfund Indigo-Farbstoff nach England exportieren, und sie gab den Großteil ihrer Ernte an Saatgut an andere Farmer in Carolina weiter. Bald wurde Indigo in der ganzen Kolonie abgebaut.

Später erklärten die Franzosen den Export von Indigo zum Kapitalverbrechen. Doch sie mußten feststellen, daß sie den Käfig erst verriegelt hatten, nachdem der Vogel ausgeflogen war. Eliza Pinckney hatte so viel prächtig gedeihenden Indigo gezogen, wie die Kolonien nur wünschen konnten. Über dreißig Jahre lang florierte Süd-Carolina aufgrund der Einkünfte, die man durch das gepreßte Indigopulver erzielte, und die Kolonie wurde dadurch sowohl von britischen Importen als auch von den Beziehungen zu der von den Franzosen kontrollierten Karibik unabhängig. 1747 exportierte Süd-Carolina hundertfünfunddreißigtausend Pfund Indigofarbstoff, und bis 1850 waren die jährlichen Exporte auf eine Million Pfund angestiegen. Erst der amerikanische Unabhängigkeitskrieg unterbrach den Handel mit England. Danach konzentrierte sich das Empire wieder auf die indischen Kolonien, um seinen Bedarf an blauem Farbstoff zu decken.

Mit einundzwanzig Jahren war Eliza eine etablierte, reiche Plantagenbesitzerin. Sie heiratete Charles Pinckney, einen hochangesehenen Rechtsanwalt aus Charleston. Charles und Thomas, ihre beiden Söhne, wurden Helden im Unabhängigkeitskrieg. Beide führten die von ihrer Mutter begonnene Tradition der landwirtschaftlichen Experimente fort. Charles war einer der ersten Pflanzer, der die langstapelige Baumwolle anpflanzte, die (anstelle des Indigo) das wirtschaftliche Rückgrat des Südens werden sollte.

Eliza Pinckney starb am 26. Mai 1793 an Krebs. Präsident George Washington bat darum, bei ihrer Beerdigung als Sargträger mitwirken zu dürfen. Elizas Tagebücher gehören bis heute zu den wichtigsten Quellen über das Alltagsleben in Amerika im achtzehnten Jahrhundert.

Von der Küchenfee zur Koryphäe

Gemeinhin gilt die Erfinderin als Hausfrau, die zu den Errungenschaften der Menscheit nicht mehr beizutragen hat als ein neues Backförmchen. Doch dieses Klischee ist längst als ebenso töricht wie unbegründet entlarvt. Angesichts der eindrucksvollen Liste von Wissenschaftlerinnen, deren Forschungsarbeiten zu bedeutenden technischen Fortschritten auf vielen Gebieten geführt haben, müssen alle chauvinistischen Spötter verstummen.

Frauen, die in erster Linie Wissenschaftlerinnen und nur in zweiter Erfinderinnen waren, gibt es in allen Disziplinen, von der Astronomie bis zur Schwerelosigkeits-Forschung. Das ist um so beachtlicher, weil die meisten Frauen an den Hochschulen massiv diskriminiert wurden. Selbst im „fortschrittlichen" Neuengland blieb den Frauen bis etwa 1790 sogar die Grundschulausbildung versagt, und erst ab 1852 durften sie die staatlichen High Schools besuchen.

Natürlich spiegelte das Vorurteil in Akademikerkreisen nur die weitverbreitete Überzeugung wider, Frauen besäßen einfach nicht genug von jenen kleinen grauen Zellen, um zurecht einen weißen Labormantel zu tragen. Noch 1921 lehnte die *New York Times* offiziell die These ab, daß Frauen bei wissenschaftlicher Arbeit jemals ebensogute Ergebnisse erzielen könnten wie Männer, denn Männer hätten „die geistige Kraft – eine notwendige Voraussetzung für jede echte wissenschaftliche Errungenschaft –, Tatsachen eher abstrakt als in Beziehungen zu betrachten, ohne sie zu überschätzen, weil sie in Einklang mit bereits vorher akzeptierten Kenntnissen stehen oder bereits etablierte Neigungen und Eigenschaften bestätigen, aber auch ohne ihnen Haß oder Ablehnung entgegenzubringen, weil sie eben gerade in die entgegengesetzte Richtung tendieren".

Ironischerweise wurde dieser Artikel in der *Times* kurz nach einem

Besuch von Marie Curie in New York veröffentlicht – der Physikerin, Erfinderin und zweifachen Nobelpreisträgerin.

Grace Murray Hopper

DER COMPUTER-COMPILER

Im Büro von Konteradmiralin Grace Murray Hopper hängt eine Uhr, die gegen den Uhrzeigersinn läuft. Damit will sie Besucher daran erinnern, daß die Tatsache, daß man etwas schon immer auf eine bestimmte Art und Weise gemacht hat, kein Grund zu der Annahme ist, man könne es nicht auch anders machen. In ihren einundachtzig Lebensjahren mußte sie, ihrer Ansicht nach, viel zu viele Leute allzu oft daran erinnern.

Konteradmiralin Hopper hat die Software für Computer revolutioniert. Sie erfand 1952 einen „Computer-Compiler", der erstmals ein in einer Programmiersprache geschriebenes Programm in Maschinensprache „übersetzte". Vor ihrer Erfindung mußten Computerprogrammierer für jede neue Software aufwendige Programme in „Maschinensprache" schreiben.

„Niemand wollte glauben, daß es möglich sei", erinnerte sie sich kürzlich bei einem Interview. „Und doch war es so offensichtlich. Warum sollte man bei jedem einzelnen Programm wieder ganz von vorn anfangen müssen? Da war es doch viel einfacher, ein Programm zu entwickeln, das ein Großteil der manuellen Arbeit immer wieder tun kann. Einen solchen Compiler zu entwickeln war nur ein logischer Schachzug. Man darf angesichts solcher Probleme nicht gegen die Logik anrennen – sondern gegen die Leute, die nicht willens oder fähig sind, umzudenken."

Die Konteradmiralin war, bis sie im August 1986 in den Ruhestand trat, die älteste Person im aktiven Dienst bei der amerikanischen Marine. Sie war 1943 der U. S. Naval Reserve beigetreten, nachdem sie in Yale in Mathematik und Physik promoviert hatte. Der Zweite

Die unermüdliche Grace Hopper setzte sich 1986 mit vierundachtzig Jahren als Konteradmiralin der U.S. Marine endlich zur Ruhe, aber ihr Erfindergeist ist ungebrochen. Ihr wird das Verdienst zuerkannt, mit COBOL die erste benutzerfreundliche Computersprache entworfen und außerdem noch viele andere bahnbrechende technische Leistungen erbracht zu haben.

Weltkrieg war in vollem Gange, und sie wurde sofort zum Leutnant befördert und im Bureau of Ordnance Computation Project der Marine eingesetzt. 1966 quittierte sie mit sechzig Jahren den Dienst bei der Marine, aber ein Jahr später wurde sie wieder in den aktiven Dienst berufen, um die Standardisierung aller Computereinrichtungen der Marine zu koordinieren.

Während ihrer aktiven Zeit hatte sie nur mit der klaren Hierarchie des Dienstweges zu tun gehabt. Jetzt mußte sie bei ihrer neuen und anders gearteten Tätigkeit überall den Aufschrei hören: „Aber wir haben das immer so gemacht!" Sie hatte den Eindruck, daß die gesamte Verwaltung der Marine sich gegen sie verschworen hatte. „Eines Tages werde ich noch jemanden erschießen lassen, der das sagt", meinte sie. „In der Computerindustrie, in der Veränderungen so schnell vor sich gehen, kann man es sich einfach nicht leisten, mit Leuten zu arbeiten, die diesen Standpunkt vertreten."

Grace Murray Hopper wurde 1906 in New York geboren und stammt aus einer Familie, die seit Generationen bei der Marine Dienst tat. Ihr Urgroßvater – den sie als einen vornehmen, weißhaarigen alten Herrn mit Backenbart und einem Spazierstock mit Silberknauf in Erinnerung hat –, Konteradmiral Alexander Wilson Russell, diente zur Zeit des Sezessionskrieges. Grace besuchte das Vassar College, machte dort 1928 ihren Abschluß und studierte dann in Yale weiter. Später kehrte sie ans Vassar College zurück, um dort zu unterrichten, und war Professorin auf Zeit, als sie der Naval Reserve beitrat.

Dort lernte sie während des Krieges am Mark I., dem ersten großen digitalen Computer der Geschichte, programmieren. Sie war der dritte Mensch, der ihn überhaupt je programmierte. „Er war ein eindrucksvolles Monstrum. Siebzehn Meter lang, knapp drei Meter hoch und fast zwei Meter tief", sagte sie später einmal.

Nach dem Krieg wurde sie leitende Programmiererin bei Remington Rand, wo sie am UNIVAC arbeitete, dem ersten großen kommerziellen Computer. Als Direktorin für automatisches Programmieren bei der Sperry Corporation veröffentlichte sie ihren ersten Artikel über Computer-Compiler, und sie war wesentlich an der Entwicklung und Durchsetzung von COBOL beteiligt, der ersten benutzerfreundlichen Programmiersprache für Computer-Software. COBOL wird noch heute vielfach verwendet.

Erst in letzter Zeit ist sie für ihre Pionierleistungen im Bereich der Informatik gebührend gewürdigt worden. „Wenn man etwas einmal macht, sagen die Leute, es sei Zufall. Wenn man es zweimal macht, dann schreiben sie es glücklichen Umständen zu. Aber wenn man es ein drittes Mal macht, dann hat man ein Naturgesetz bewiesen!" soll sie einmal gesagt haben.

Grace Hopper wurden von dreißig Universitäten Ehrendoktorhüte verliehen. Sie hat über fünfzig wissenschaftliche Artikel veröffentlicht, von denen viele das Design und die Programmierung des modernen digitalen Computers beeinflußt haben. Da sie Mitglied von über sechzig Berufsorganisationen ist, wird sie auch im Ruhestand – dem zweiten – nicht viel Ruhe finden. „Es sieht aus, als würde ich dauernd in den Ruhestand treten, dabei ist es in Wirklichkeit so, daß ich mich kaum je wirklich werde zur Ruhe setzen können", sagt sie. „Es hat mir immer Spaß gemacht, mit dem Kopf oder mit den Händen etwas zu tun. Ich bin einfach nicht damit zufrieden, nur Zuschauerin zu sein."

Betsy Ancker-Johnson

FESTKÖRPERPHYSIK

Zwar redet heute alle Welt über den Riesenfortschritt des Computer-Zeitalters, dennoch benützen Computer noch immer ein schwerfälliges, vierzig Jahre altes System, um Informationen Byte um Byte zurückzuholen. Was für ein Fortschritt wäre es erst, wenn jemand ein Konzept entwickelte, anhand dessen Computer assoziativ und nicht seriell „denken" könnten?

„Assoziativ arbeitet das menschliche Gehirn. Es gruppiert Erinnerungen in Ketten ähnlicher Information. Wenn Sie zum Beispiel in einen Supermarkt gehen, um ihre gewohnte Zahnpasta zu kaufen, brauchen Sie nicht an allen Regalen entlangzugehen und jeden Artikel einzeln anzuschauen, um das Gewünschte zu finden. Sie gehen ganz automatisch in die Ecke, in der Zahnpasta in den Regalen liegt", erklärt Betsy Ancker-Johnson. Das Computer-Element, das sie entworfen hat, um eben diese logische Leistung zu erbringen, ist nur eine von fünfzig Vorrichtungen und Techniken, die sie – vorwiegend im Bereich der Festkörperphysik – erfunden hat.

Dieses Computer-Element könnte die ganze Industrie revolutionieren. Es ist allerdings noch nicht einsatzbereit, weil noch zwei Probleme zu lösen sind: Es funktioniert nur bei einer extrem niedrigen Temperatur, und es benötigt eine ungeheure Menge Energie. „Leider wurde ich direkt nach der Erfindung dieses Computer-Elements nach Washington berufen und hatte seither keine Zeit mehr, daran zu arbeiten. Hätte ich mich weiter damit beschäftigen können, dann hätte ich diese beiden Probleme inzwischen bestimmt gelöst."

Die erste Aufgabe, die Betsy Ancker-Johnsons Aufmerksamkeit von ihrem Computer-Element ablenkte, war der Dienst als Assistant Secretary im Handelsministerium für Wissenschaft und Technik – sie war die erste Frau auf diesem Posten und mußte sechs Abteilungen mit einem Jahresbudget von insgesamt zweihundertdreißig Millionen Dollar verwalten.

Zur Zeit ist sie bei General Motors beschäftigt. Als Vizepräsidentin für den Bereich Umwelt leitet sie einen Stab von zweihundert Mitarbeitern und ist zuständig für die Sicherheit von Automobilen, für Benzinverbrauch, Lärm- und Schadstoffemission sowie für alle

Abfälle aus den Fabriken von General Motors in der ganzen Welt. „Kein GM-Produkt verläßt ohne Mitwirkung unserer Abteilung die Fabrik", sagt sie.

Die Diskriminierung, mit der Betsy an der Universität zu kämpfen hatte, war ein gutes Training für die Situation, mit der sie später auf dem Arbeitsmarkt konfrontiert wurde. Trotz ihrer tadellosen Zeugnisse und Referenzen wurden ihr von manchen potentiellen Arbeitgebern Forschungsstellen verweigert – mit der Begründung, sie würde sie ja doch bald wieder aufgeben und heiraten. Da ihr der Weg in die Industrie verschlossen war, nahm sie eine Stelle als Dozentin an der Universität von Kalifornien an. „Ich fragte mich immer wieder, warum ich mich so abgerackert hatte, um meinen Doktor in Physik zu machen", erinnert sie sich.

Sie behielt diese Stelle nur zwei Jahre lang und wechselte dann in die Industrie und zur physikalischen Forschung, doch sie hatte an der Universität von Kalifornien ihren Mann Hal Johnson, einen Mathematikprofessor, kennengelernt. Als er eine Stelle an der mathematischen Fakultät der Universität Princeton bekam, begann für Betsy (auch sie hatte ihren Mädchennamen behalten) die Stellensuche von neuem. Diesmal erklärte sie bei dem Vorstellungsgespräch ihrem potentiellen Arbeitgeber – der Firma Boeing – jedoch in aller Ruhe, sie wolle durchaus Kinder haben, aber es seien alle Vorkehrungen für deren Betreuung getroffen. Sie werde eine deutsche Haushaltshilfe herüberholen, die bereits ungeduldig auf die Möglichkeit warte, in den Vereinigten Staaten zu leben. Der Mitarbeiter des Forschungslabors, der das Bewerbungsgespräch mit ihr führte, war von dieser Weitsicht beeindruckt und stellte sie unverzüglich ein.

In den folgenden zehn Jahren bekam das Ehepaar Ancker-Johnson zwei Kinder und adoptierte zwei koreanische Kriegswaisen. Wenn sie an diese Jahre als ganztags arbeitende Wissenschaftlerin und Mutter von vier Kindern zurückdenkt, muß Betsy allerdings zugeben: „Ohne meine Haushaltshilfe hätte ich es nicht geschafft. Leider gibt man inzwischen diesen Mädchen keine Arbeitserlaubnis mehr. Ich kann mir nicht vorstellen, wie jemand in meiner damaligen Lage heute zurechtkommen soll. Eine Frau zu sein bedeutet noch immer eine zusätzliche Belastung. Die Gesellschaft erwartet nach wie vor, daß sich die Mutter um den Haushalt und die Kinder kümmert."

Bei Boeing entwarf Betsy Ancker-Johnson ihr Computer-Element und entdeckte überdies den sogenannten Halbleiter oder Pincheffekt. „Bei diesem Prozeß wird ein Kanal innerhalb des Halbleiters so heiß, daß er den Pfad von innen schmilzt", erklärt sie. Die Erzeugung so hoher Temperaturen in einem Kristall war bis dahin niemandem gelungen. Diese Technik führt möglicherweise zur Entwicklung von neuen Materialien für den Bau von Computern.

Betsy ist Expertin für jenes immer noch geheimnisvolle Teilgebiet der Physik, in dem mit Plasma in Festkörpern experimentiert wird. Doch sie hat auch viele Patente im Bereich der reinen Forschung, für die noch keine konkreten Anwendungen in Sicht sind. So führte sie zum Beispiel als Wissenschaftsforscherin bei Boeing ein Team von Wissenschaftlern, die versuchten, hochwertiges Aluminium aus geringwertigem Erz herauszulösen. Die Techniken, die das Team dabei entwickelt hat, warten noch auf ihren Einsatz, haben jedoch bereits zu wissenschaftlichen Erkenntissen über Plasmaphysik beigetragen.

Betsy Ancker-Johnson war die erste Frau, der es gelang, bei Boeing in die mittlere Managementebene aufzurücken. Jahre später machte sie sich den Spaß, ihrem ehemaligen Arbeitgeber ein wenig in die Karten zu schauen. Sie arbeitete damals im Handelsministerium mit an der Revision des Patentrechts. Dabei schaute sie die Patente der Firma Boeing durch. „Ich konnte nie herausfinden – nicht einmal als Assistant Secretary –, wie viele Patente Boeing in meinem Namen eingereicht hatte", sagte sie lachend.

Obwohl die leitende Stelle bei General Motors ihr wenig Freiheit für wissenschaftliche Arbeit läßt, hat sie den Gedanken nicht ganz aufgegeben, eines Tages zur reinen Wissenschaft zurückzukehren. Ihre Stimme klingt noch immer ganz begeistert, wenn sie sich an die Zeiten im Labor erinnert. „Als ich zu forschen anfing, hielt ich nach neuen Phänomenen in der Physik Ausschau, und wenn ich etwas Neues entdeckte, war das immer sehr aufregend. Es kam mir vor, als wären neue Möglichkeiten, solche Entdeckungen praktisch zu verwerten, in Hülle und Fülle vorhanden." Was die Arbeit von Betsy Ancker-Johnson betrifft, kann man füglich sagen: Was gut ist für General Motors, ist mit Sicherheit für das ganze Land gut.

Mary Engle Pennington

LEBENSMITTELKÜHLUNG, TIEFKÜHLKOST

Nur wenige können sich daran erinnern, daß noch in unserem Jahrhundert die Furcht, sich mit auf dem Markt gekauften Nahrungsmitteln zu vergiften, zu den Alltagssorgen gehörte. Wesentliche Grundnahrungsmittel wie Eier, Hühner, Fisch und Molkereiprodukte, die unsachgemäß gelagert worden waren, verursachten jedes Jahr den Tod von Hunderten von Menschen und führten bei einigen Tausend weiteren zu schweren Erkrankungen.

Amerika befand sich zu Beginn des zwanzigsten Jahrhunderts in einer Umbruchphase. Die starke Konzentration landflüchtiger Farmer in den Städten und der Zustrom der europäischen Immigranten machten es erforderlich, daß täglich Tonnen von Nahrungsmitteln in die rasch wachsenden neuen Städte transportiert werden mußten. Es gehörte zu den herausfordernden Aufgaben jener Zeit, eine Methode zu finden, wie man verderbliche Nahrungsmittel von den Bauernhöfen in genußtauglichem Zustand auf die Tische der Städter bringen konnte.

Mehr als jeder andere Mensch hat Mary Engle Pennington zur Lösung dieses Problems beigetragen. Sie hatte eine theoretische wissenschaftliche Ausbildung, wandte ihr Wissen jedoch bald in der Praxis an. Ihre Entwürfe und Konstruktionsmodelle für die Kühltechnik leiteten in der Nahrungsmittelindustrie eine Revolution ein. Ihre Vorschläge für Neuerungen beim Transport und bei der Lagerung von Lebensmitteln sowie ihre Beiträge zur Forschung über das Tiefkühlen von Nahrungsmitteln haben unsere Ernährungsweise von Grund auf verändert.

Mary Pennington wurde am 8. Oktober 1872 in Nashville in Tennessee geboren, wuchs jedoch in West Philadelphia auf. Ihre Eltern waren Quäker. Sie müssen für ihre Zeit bemerkenswert fortschrittlich gewesen sein, denn sie erlaubten ihrer Tochter, auf die Universität von Pennsylvania zu gehen und einen akademischen Grad zu erwerben. (Vermutlich hat Mrs. Pennington jedoch die Hoffnung nie ganz aufgegeben, daß ihre Tochter sich eines Tages dazu bewegen ließe, offiziell Mitglied der Quäkergemeinde von Philadelphia zu werden.)

Mary erwarb alle Pflichtscheine für die Magisterprüfung in den Naturwissenschaften in nur zwei Jahren, aber der wissenschaftliche Grad wurde ihr von der Universität vorenthalten, weil sie eine Frau war. Sie erhielt lediglich ein „Zertifikat für gute Leistungen". Doch sie ließ sich von dieser offensichtlichen Diskriminierung keineswegs einschüchtern, sondern setzte ihr Studium an derselben Universität fort. Ihre hervorragenden Leistungen in den höheren Semestern beschämten schließlich die Fakultät, und ihr wurde der Doktortitel verliehen. Bis auf den heutigen Tag ist Mary Pennington die einzige Person, der eine große Universität den Magistertitel verweigert, und danach den Doktortitel verliehen hat.

Die Arbeitgeber rissen sich um die Jahrhundertwende auch nicht gerade darum, Frauen einzustellen. Dr. Mary Engle Penningtons akademische Existenz wurde bestenfalls als Kuriosität betrachtet, und schlimmstenfalls als frevelhafter Verstoß gegen die natürliche Ordnung des göttlichen Universums. Sie eröffnete deshalb einen eigenen Betrieb, das Philadelphia Clinical Laboratory, und spezialisierte sich auf die Analyse von Bakterien. Aufgrund ihrer Leistungen bekam sie eine leitende Stelle am bakteriologischen Labor des Gesundheitsamtes der Stadt, wo auf der Grundlage ihrer Forschungsarbeiten über verunreinigte Milch hygienische Standards gesetzt wurden, die später im ganzen Land verbindlich wurden.

Ihr wachsendes Ansehen erregte die Aufmerksamkeit von Harvey W. Wiley, dem Chef der Abteilung für Chemie des amerikanischen Landwirtschaftsministeriums. Wiley war glücklicherweise ein alter Freund der Familie Pennington. Er brauchte jemanden, der eine neue Methode der Nahrungsmittelkonservierung untersuchte, die man Tiefkühlung nannte, und Mary Pennington erschien ihm eindeutig die am besten dafür qualifizierte Person. Aber er wußte auch, daß die Bürokraten ihre Ernennung zur Chemikerin und Bakteriologin blockieren würden, wenn sie herausfanden, daß sie eine Frau war. Seinem Rat folgend, unterschrieb Mary Pennington ihr Gesuch für die Aufnahme in den Beamtenstand im Jahre 1907 mit „M. E. Pennington". Bis sich die Erkenntnis unter den Beamten des Landwirtschaftsministeriums allgemein durchgesetzt hatte, daß „Mr. Pennington" eine Frau war, war sie bereits ein wertvolles und anerkanntes Mitglied der Abteilung. Ihre Vorgesetzten wollten nicht mehr auf sie verzichten, und außerdem war sie zur ersten Chefin des U. S. Food Research Laboratory ernannt worden.

Mary Pennington hat das Verfahren der Tiefkühlung nicht eigentlich erfunden, aber sie schuf die Voraussetzungen für den praktischen Einsatz. Wie in der normalen Erdatmosphäre kann die Luft auch in einer Kühlzelle immer weniger Feuchtigkeit halten, je näher die Temperatur dem Gefrierpunkt kommt. Das Ergebnis waren ausgetrocknete Nahrungsmittel. Wenn man jedoch die Feuchtigkeit erhöhte, verschimmelten die Lebensmittel. Mary Pennington löste dieses Problem. Ihre Methoden wurden später von der Nahrungsmittel-, der Verpackungs-, der Transport- und der Lagerindustrie übernommen. Ihre Neuerungen im Bereich der Kühltechnik gewannen während des Ersten Weltkrieges noch zusätzlich an Bedeutung; deshalb wurde ihr von Präsident Hoover eine Medaille für außerordentliche Verdienste verliehen.

Stephanie L. Kwolek

KEVLAR

Stephanie L. Kwolek ist eine der angesehensten Chemikerinnen auf dem Forschungsgebiet der Hochleistungsfasern. Sie hat fast zwanzig Patente für verschiedene Entdeckungen und Erfindungen. 1980 erhielt sie den American Chemical Society Award für kreative Neuerungen. Der Preis wird „für Forschungen in der Chemie, die zum materiellen Wohlstand und zum Glück der Menschen beitragen", vergeben. Ihre wichtigste Leistung ist die Entwicklung der Aramidfaser Kevlar, einer Faser, die so belastbar ist wie Stahl. Kevlar wird bei der Herstellung von Gürtelreifen, kugelsicheren Westen, Schiffsrümpfen und beim Bau von Flugzeugen und Raumfahrzeugen verwendet. Stephanie Kwolek spann 1976 als erste aus Kristallösungen bei sehr niedriger Temperatur ein Polyamid-Makromolekül.

Stephanie Louise Kwolek wurde am 31. Juli 1923 in New Kensington in Pennsylvania geboren. 1946 nahm sie nach ihrem Magisterabschluß in Chemie eine Stelle bei der E. I. Du Pont de Nemours & Company an. „Am liebsten hätte ich Medizin studiert", sagt sie heute, „aber ich hatte nicht genug Geld, um mich an einer medizinischen Fakultät einzuschreiben. Als ich bei Du Pont anfing, betrachtete ich dies zuerst als Übergangslösung, aber dann erwies sich die Arbeit als so interessant, daß ich beschloß, dort zu bleiben."

Sie begann als Chemikerin in der Abteilung für Textilfasern und wurde dann bei Du Pont laufend befördert. „Ich glaube, ein Grund dafür, daß ich so lange hiergeblieben bin", meinte sie, „ist die Tatsache, daß um 1946 Frauen immer höchstens ein paar Jahre lang im Labor arbeiten konnten und dann in sogenannte Frauenjobs abgeschoben wurden. Ich hatte etwas zu beweisen. Außerdem war ich ganz von Anfang an bei der Entdeckung der Polymerisation bei Niedrigtemperaturen dabei, und ich machte selbst Entdeckungen. Es war sehr aufregend."

Stephanie Kwolek fand erstmals 1960 landesweit Anerkennung für ihre Arbeit. Sie hatte lange Molekülketten bei niedrigen Temperaturen erzeugt – synthetische Fasern aus Petroleum-Derivaten, die von einer unglaublichen Festigkeit und Belastbarkeit waren. Für die Entdeckung der Technik, die dies ermöglichte, erhielt sie den oben erwähnten Preis. Außerdem meldete sie das Patent Nr. 3 671 542 an und schuf die Voraussetzungen für die kommerzielle Produktion von Aramidfasern. Die daraus entstandene Industrie macht heute Millionenumsätze. Ihre Patente und viele wissenschaftliche Ehrungen erhält die Wissenschaftlerin noch immer unter dem Namen „S. L. Kwolek". Das erinnert an jene Zeiten, in denen das „falsche" Geschlecht noch den Ausschluß von wissenschaftlicher Arbeit bedeuten konnte.

„Heute ist der Aufstieg leichter", sagt Stephanie Kwolek, und sie möchte damit die jungen Wissenschaftlerinnen, die sie unterrichtet, ermutigen. „Frauen haben jetzt Möglichkeiten, die es noch nicht gab, als ich zu arbeiten anfing. Wenn eine Frau damals sagte, was sie dachte, fand sie sich sehr schnell ohne Job auf der Straße wieder."

Katherine Burr Blodgett

ENTSPIEGELTES GLAS

Als General Electric an einem Dezembermorgen im Jahre 1938 offiziell die Entdeckung von entspiegeltem Glas verkündete, war niemand überraschter als Katherine B. Blodgett, Physikerin im Forschungslabor dieses Konzerns: Sie hatte die Entdeckung gemacht. Die Grundlagen für diese Erfindung waren ihr seit fünf Jahren bekannt, die erforderlichen Materialien waren im Labor vorhanden, doch kein Mensch hatte sich für ihre Ideen interessiert. Und nun schrieben plötzlich hundert Zeitungen landauf, landab darüber und über sie, Katherine Blodgett.

Höchstwahrscheinlich hatte ein Wirtschaftsspion der General Electric der Firmenleitung mitgeteilt, daß die Konkurrenz nahe daran war, entspiegeltes Glas zu entwickeln. Deshalb mußte so rasch wie möglich etwas unternommen werden, wenn den Ruhm für diese Entdeckung nicht andere einheimsen sollten. Nur zwei Tage später legten nämlich Physiker vom M.I.T. bei einer Tagung von Wissenschaftlern ein Papier vor, in dem sie detailliert eine eigene Methode zur Herstellung von entspiegeltem Glas vorstellten.

Katherine Blodgett hatte an der Universität Cambridge in Physik promoviert. Danach arbeitete sie im Labor von General Electrics in Schenectady im Staat New York, wo ihr Vater Patentanwalt gewesen war. Sie begann mit einer ungewöhnlichen, öligen Substanz zu experimentieren, die fünfzehn Jahre zuvor von Irving Langmuir entwickelt worden war. (Er bekam später den Nobelpreis für Chemie.) Die Substanz hatte die einzigartige Eigenschaft, auf der Oberfläche von Was-ser einen Film zu bilden – einen Film, der genau ein Molekül dick war. Das war eine faszinierende Entdeckung, aber sie interessierte zunächst nur Physiker, denn niemandem fiel eine praktische Anwendungsmöglichkeit dafür ein.

Eines Tages tauchte Katherine Blodgett während ihrer Arbeit mit der Flüssigkeit fast zufällig eine Metallplatte ein – und die Flüssigkeit bildete eine Schicht auf deren Oberfläche. Und jedesmal, wenn sie die Platte wieder eintauchte, blieb eine neue Schicht haften. Noch war ihr nicht ganz klar, daß es zum ersten Mal jemandem gelungen war, Schichten von je einem Molekül Dicke aufeinander aufzubauen.

Katherine Blodgett stellte fest, daß jede einzelne Schicht das Licht in einer leicht veränderten Abstufung reflektierte. Sie überlegte, daß es möglich sein müßte, die Dicke des Films, aber auch die anderer extrem dünner Substanzen auf Millionstel Zentimeter genau zu messen, wenn es gelang, der Farbe die ihr entsprechende Dicke der Schicht zuzuordnen. Also konstruierte sie ein „Farbmeßgerät", das aus einer versiegelten Glasröhre mit einem langen Stück Glas bestand, auf dem viele Schichten von Molekülen in gleichmäßiger Folge aufgetragen worden waren.

Als sie den gelatineartigen Film auf durchsichtiges Glas auftrug, schluckte er sämtliche Reflexe. Schließlich ist reines Glas ja nur sichtbar aufgrund des Lichtes, das es reflektiert. Das Licht, das der Film zurückwarf, überlagerte sich nun mit dem Licht, das das Glas selbst zurückwarf, und die beiden Reflexe hoben sich gegenseitig auf – das Glas wurde unsichtbar.

Katherine Blodgetts „unsichtbares Glas" – wie es in der Presse 1938 genannt wurde – wird heute für eine Vielzahl von optischen Geräten und Gebrauchsgegenständen benutzt, von Kameralinsen bis zu Bilderrahmen. Noch wichtiger aber war, daß ihre Erfindung zum ersten Mal ermöglichte, transparentes und halbtransparentes Material bis in winzigste Abstufungen hinein zu messen. Das von ihr entwickelte „Meßgerät für unsichtbares Glas" fand Anwendung in einer ganzen Reihe von wissenschaftlichen Disziplinen, darunter in der Chemie, der Biochemie, der Physik und der Metallurgie.

Besondere Bedeutung erlangte der Langmuir-Blodgett-Film, wie er in der Wissenschaft genannt wird, beim Bau von optischen Geräten. Da der Film nicht reflektiert, wird Licht, das auf eine Linse trifft, zu hundert Prozent durchgelassen. Normalerweise gehen sonst acht bis zehn Prozent des Lichts verloren, weil sie von der Oberfläche der Linse zurückgeworfen werden.

Katherine Blodgett arbeitete weiterhin bei General Electrics und verfeinerte den Film, bis sie 1963 in den Ruhestand trat. Eine Zeitlang wurde ihre Erfindung sogar erfolgreich eingesetzt, um künstlichen Regen zu erzeugen. Da aber die Kosten den Nutzen überstiegen, wurde diese Anwendung wieder aufgegeben. Katherine Blodgett starb 1981 mit einundachtzig Jahren.

Alice Chatham

RAUMFAHRERHELM

Wenn Alice Chatham Einzelstücke für Stars entwarf, dachte sie nicht an Hollywood. Als Angestellte der Air Force und später der NASA fertigte sie zum Beispiel in Handarbeit den Helm an, den Captain Chuck Yaeger trug, als er erstmals die Schallmauer durchbrach, und später entwickelte sie die Helme für die Astronauten.

Alice King Chatham, eine bekannte Bildhauerin in Dayton, Ohio, war ziemlich überrascht, als sich eines Tages im Zweiten Weltkrieg die Luftwaffe bei ihr meldete. Der Beamte sagte ihr, das Land brauche ihre Talente dringend. Die neuen Kampfflugzeuge erreichten immer größere Geschwindigkeiten und Flughöhen; deshalb brauchten die Piloten eine druckfeste Maske, um Sauerstoff einatmen zu können. Die Verantwortlichen der Air Force gingen davon aus, daß ein Bildhauer besonders gut über die Formen des menschlichen Körpers Bescheid wissen müsse und deshalb der geeignete Fachmann für die Entwicklung einer anatomisch richtig geformten Sauerstoffmaske sei.

Nachdem Alice eine absolut dichte Gummimaske für die Piloten entworfen und hergestellt hatte, wurde sie beauftragt, am streng geheimen Projekt X-1 mitzuarbeiten. Man schrieb inzwischen das Jahr 1947. Das erste Raketenflugzeug der USA war testbereit. Sie sollte herausfinden, wie die Testpiloten gegen den enormen Druckabfall geschützt werden konnten, der bei einem Aufstieg auf dreißigtausend Meter Höhe stattfindet. Alice Chatham entwickelte eine Art Rüstung für den Piloten: einen Helm, der Gesicht und Ohren bedeckte und zusammen mit einem teilweise druckfesten Anzug getragen wurde.

Sie testete mehrere Prototypen mit Erfolg und modellierte dann den Helm, den der X-1-Pilot Captain Yaeger beim Durchbrechen der Schallmauer trug. Der Helm bestand aus einer Gummimaske, die an einer Tuchkapuze befestigt war. Die Maske wurde durch eine aufblasbare Gummi-„Blase", die auch die Ohren bedeckte, unterdruckfest. Über diese Vorrichtung wurde schließlich ein harter Helm gestülpt. Nach heutigen Maßstäben war das eine sehr primitive Lösung, aber sie erfüllte ihren Zweck.

Alice Chatham arbeitete weiter an der Vervollkommnung solcher hochtechnisierter Kopfbedeckungen sowohl für die Piloten von

Überschallflugzeugen als auch für die Besatzungen der ersten Raum-
flüge. Sie entwickelte einen Druckanzug und einen den Kopf ganz
einhüllenden Helm mit einer Fiberglas-Hülle für die Schimpansen,
die bei einem „Project Woosh" genannten Versuch bei Überschall-
geschwindigkeit aus einem Flugzeug katapultiert wurden. Sie erfand
einen Zwangsanzug und eine Maske für den Rhesusaffen, der bei den
Raumfahrtprogrammen der USA als erstes Lebewesen in den Weltraum geschossen wurde. Und für „Major", einen Bernhardiner, der
beim Testen von Fallschirmen für große Höhen eingesetzt wurde,
machte sie einen Anzug, der das hundertvierzig Pfund schwere Ver-
suchstier warm halten sollte.

Im Zuge ähnlicher Aufgaben – die jedoch eher ihren Fähigkeiten
als Bildhauerin entsprachen – entwarf sie eine Versuchspuppe für das
Projekt Sierra Sam. An dieser Puppe wurden die Belastungen gemes-
sen, denen ein Pilot ausgesetzt ist, wenn er in großer Höhe von einem
Schleudersitz aus seinem Fluzeug herausgeschleudert wird. Für das
Mercury-Programm machte sie Abgüsse von den Köpfen der sieben
Astronauten und baute für jeden den passenden Helm.

Zu Alice Chathams weiteren Erfindungen für die NASA gehören
ein Raum-Bett, stretch-gestrickte Kleidungsstücke für die Astronauten sowie verschiedene Sicherungs- und Halterungsvorrichtungen.

Irmgard Flügge-Lotz

AUTOPILOTEN IN FLUGZEUGEN

Auch bei der Eroberung des Luftraumes ließen die Frauen den
Männern nur einen kleinen Vorsprung. Abgesehen von so wohlbe-
kannten Star-Fliegerinnen wie Amelia Earhart oder ihrer britischen
Kollegin Amy Johnson waren im zwanzigsten Jahrhundert viele
Frauen namhaft an der Entwicklung der Luftfahrttechnik beteiligt.
So rüstete zum Beispiel die Kanadierin Elsie Gregory MacGill eine
Fabrik für geschlossene Güterwagen im Zweiten Weltkrieg zu einer

Flugzeugfabrik um, in der pro Woche dreiundzwanzig Hawker Hurricane Fighters für die Alliierten hergestellt wurden. Und Gertrude Rogallo perfektionierte 1948 unter Mithilfe ihres Mannes und ihrer vier Kinder den Hängegleiter.

Irmgard Flügge-Lotz beschäftigte sich in Deutschland mit ähnlichen Aufgaben wie Elsie MacGill. Doch sie mußte sich gegen ihren Willen im Bereich der Rüstungsindustrie betätigen. Sie forschte im Bereich der Luftfahrttechnik, insbesondere über die Formgebung von Flugzeugen, was zur Entwicklung der ersten automatischen Piloten für Flugzeuge (eine Voraussetzung für die Entwicklung des Düsenflugzeugs) führte, allerdings nur unter Protest.

Irmgard Flügge-Lotz wurde 1903 in Hameln geboren. Sie war fasziniert vom Ingenieurwesen. Das war vielleicht darauf zurückzuführen, daß die Familie mütterlicherseits seit Generationen im Baugewerbe tätig war. Außerdem war ihr Vater von Beruf Mathematiker. Während andere Jugendliche ins Vorortkino strömten, um sich den neuesten Film von Charlie Chaplin anzusehen, ging sie in Vorstellungen, in denen Dokumentarfilme über große Leistungen von Ingenieuren gezeigt wurden. Sie verdiente sich das Studium an der Technischen Universität mit Nachhilfestunden über die Dynamik der flüssigen Körper und promovierte 1929 in den Ingenieurwissenschaften.

1931 führte sie die später als Lotz-Methode bezeichnete Berechnungsart der queraxialen (von Flügelspitze bis Flügelspitze) Verteilung der Auftriebskraft einer Tragfläche ein, die auch heute noch im Flugzeugbau verwendet wird. 1938 heiratete sie ihren Kollegen Wilhelm Flügge. Trotz ihrer feindlichen Haltung gegenüber dem Nazi-Regime wurde das Ehepaar von Hermann Göring vor der Gestapo geschützt. Er übersah ihre politische Haltung geflissentlich, um ihre technischen Fähigkeiten nutzen zu können. „Das Gleichgewicht zu bewahren war schon immer eine heikle Angelegenheit", meinte Irmgards Mann später einmal dazu.

Irmgards Spezialgebiete waren Flugdynamik und Navigation. Während des Zweiten Weltkrieges arbeitete sie an der Entwicklung der automatischen Steuerung von Flugzeugen. Die rasanten flugtechnischen Entwicklungen nach dem Ersten Weltkrieg hatten die Fluggeschwindigkeit drastisch erhöht, aber leider kaum Verbesserungen in der Flugzeugsteuerung gebracht. Die Piloten mußten beim Beschleunigen und beim Kurvenfliegen noch immer sämtliche Korrekturen an den Querrudern manuell vornehmen, und selbst kleine

Steuerungsfehler konnten die neuen, schnelleren Flugzeuge ins Trudeln und zum Absturz bringen. Irmgard Flügge-Lotz veröffentlichte ihre Theorie Jahre später. 1953 stellte sie ihre Ergebnisse in einem Buch vor, das in den USA unter dem Titel „Discontinous Automatic Control" erschien. Sie schuf damit die Grundlage für den Bau automatischer Steuerungssysteme und damit die Voraussetzung für die Entwicklung von Düsenflugzeugen.

Sie war mit ihrem Mann nach dem Krieg nach Amerika ausgewandert. Ihr Mann bekam eine Stelle als Professor für Ingenieurwissenschaften an der Stanford-Universität. Sie jedoch mußte sich mit einer untergeordneten Dozentenstelle begnügen. Mit dieser Personalpolitik sollte Nepotismus verhindert werden. Dies ungeachtet der Tatsache, daß sie 1960 als einzige kompetente Frau bei einer internationalen Konferenz über automatische Flugzeugsteuerung teilnahm. Kurz danach wurde sie in Stanford zur ersten Professorin für Ingenieurwissenschaften ernannt.

In den sechziger Jahren führte sie Forschungen im Bereich der Satellitensteuerung und Wärmeübertragung sowie über Widerstandskomponenten von Überschallflugzeugen durch. 1970 wurde sie zum Fellow am American Institute of Aeronautics and Astronautics ernannt – als zweite Frau, der diese Ehre je zuteil wurde – und erhielt auch den Preis für besondere Leistungen der Society of Women Engineers. 1974 starb sie mit einundsiebzig Jahren.

Beulah Henry

„LADY EDISON"

In den dreißiger Jahren bekam Beulah Louise Henry den Spitznamen „Lady Edison", weil sie Inhaberin von immerhin zweiundfünfzig Patenten war. Sie wurde in Memphis in Tennessee geboren und zog 1919 nach New York. Väterlicherseits stammte sie von Patrick Henry ab, der sich in den Tagen der Pioniere einen Namen gemacht hatte, und mütterlicherseits war sie die Enkelin von William Holden, dem Gouverneur von Nord-Carolina. Sie war zu einer ganz besonderen Art der Wahrnehmung fähig, die Synästhesie genannt wird. Sie selbst konnte sich nie so recht erklären, wie die komplizierten technischen Zeichnungen für ihre kniffligen Erfindungen überhaupt zustande kamen. Da sie wohl merkte, daß in ihrem Gehirn außergewöhnliche Abläufe stattfanden, jedoch keine Ahnung hatte, was der Grund dafür war, hielt sie ihre Eingebungen zunächst für Botschaften aus dem All.

Vom Phänomen Synästhesie, über die man noch heute wenig weiß, waren 1937 schätzungsweise fünf Prozent der Bevölkerung betroffen. Synästhesie ist eine Besonderheit der Sinneswahrnehmungen, bei der Töne gleichzeitig als Farben wahrgenommen werden oder Geschmack auch als taktile Reize. Seit ihrer Kindheit schrieb Beulah Henry ihr Talent für die Konstruktion mechanischer Vorrichtungen (obwohl sie nichts über Mechanik wußte!) jener „inneren Vision" zu, mit deren Hilfe sie auch zu jedem Ton, den sie hörte, eine Farbe und eine Form sah.

„Ich habe keine Ahnung von den Gesetzen der Physik, der Mechanik oder der Chemie", sagte Beulah auf der Höhe ihres Ruhmes. Sie hatte damals bereits den Protographen (der vier maschinenschriftliche Kopien ohne Kohlepapier herstellt), die Nähmaschine ohne Spule, den „Dolly Dip"-Schwamm (der Seife enthält) und die „Miss Illusion"-Puppe (deren Augen und Haare die Farbe wechseln) erfunden.

Die erste einträgliche Erfindung brachte Beulah Henry so viele Patentgebühren ein, daß sie einen ganzen Stab Mechaniker in ihrem Labor im Hotel Victoria beschäftigen konnte. Dieser „Renner" war ein Regenschirm mit auswechselbarem Bezugsstoff, den man problemlos auf die gerade modischen Farben oder passend zu einer bestimmten Garderobe abstimmen konnte. Sie hatte damit aber nicht auf Anhieb Erfolg. Schirmfabrikanten in ganz New York lehnten ihre Erfindung mit der Begründung ab, es gebe keinen Schnappverschluß, mit dem sich der Stoff an der Schirmrippe befestigen lasse.

„Mit einem Stein als Werkbank und einem Hammer und Nägeln als Werkzeugen", erläuterte Beulah Henry den Berichterstattern der Zeitschrift *American* 1925, „habe ich einfach ein Loch in die Stahlrippe gebohrt. Dann besorgte ich mir ein Stück Seife und eine Nagelfeile und modellierte genau den Typ von Schnappverschluß, der stark genug sein würde, um an einem windigen Tag seinen Zweck zu erfüllen."

Der Regenschirm mit den durch Schnappverschlüsse auswechselbaren Bezügen konnte hergestellt werden und war ein großer Erfolg. Doch das war nur die erste von vielen Ideen, die Beulah Henry mit ihrem Erfindergeist ersann und realisierte.

Die Idee für einen Schalldämpfer für Schreibmaschinen – an der sie über zehn Jahre lang arbeitete – hatte sie, als sie an einer Straßenecke stand. Sie bat sofort Passanten um einen Stift, um in aller Eile einen Entwurf der Eingebung festzuhalten. Einmal hatte sie während eines Gesprächs eine Idee für ein Kinderspielzeug. Sie hielt mitten im Satz inne, fischte einen Bleistift und einen Notizblock aus der Tasche und ließ ihre verblüfften Zuhörer stehen, um schnell den Mechanismus ihres Einfalls zu skizzieren. Oft erwachte sie plötzlich um drei Uhr morgens und schrieb eine neue Idee auf.

„Was ich mir am meisten wünsche", sagte Beulah einmal, „ist, etwas zu entdecken oder zu erfinden, das den Baumwollkapselkäfer vernichtet." Falls ihr das jemals gelungen sein sollte, ist diese Erfindung der Nachwelt leider verloren gegangen.

Von unbekannten Heldinnen zu berühmten Erfinderinnen

Unbekannte Heldinnen

In vielerlei Hinsicht handelt dieses Buch von vergessenen Heldinnen: von Frauen, deren Leistungen für die Allgemeinheit häufig nicht die Beachtung gefunden haben, die ihnen zustünde. Geschichte hängt, ebenso wie ein Urteil über Schönheit, immer vom Geschmack und der Perspektive des Betrachtenden und Berichtenden ab. Und es ist nicht zu leugnen, daß die Geschichtsschreiber manchmal fast böswillig bedeutende Neuerungen ignoriert haben, weil sie von Frauen gemacht wurden.

In vielen Fällen wurden die Erfinderinnen sogar um ihre Leistungen betrogen. Man denke etwa an Hazel Hook Waltz, die 1916 die Haarklammer erfand – und die zusehen mußte, wie ein Großunternehmer ihre Erfindung mit einer kleinen Veränderung patentieren ließ und sie auf diese Weise um ein Vermögen und um die verdiente Anerkennung brachte. Auch Catherine Littlefield Green erntete von Eli Whitney keinerlei Dank für ihren unschätzbaren Beitrag zur Erfindung der Egreniermaschine. Und Martha Costons Signallichter für die Seefahrt sind heute als „Very-Pistolen" bekannt, weil ein gewisser Leutnant Very später eine kleine Verbesserung daran vornahm.

Manche Frauen waren ihrer Zeit einfach zu weit voraus, oder sie arbeiteten zufällig gleichzeitig und unabhängig an derselben Sache wie ein bekannterer, männlicher Forscher. So wurde etwa Nettie Stevens mit ihren neuen Erkenntnissen in der Genetik schlichtweg von männlichen Kollegen ausgestochen, die die gleichen Entdeckungen gemacht hatten und in der Hierarchie der anerkannten Wissenschaftler bereits weiter oben angesiedelt waren. Und Barbara McClintock mußte damit fertigwerden, daß ihre Theorie über die „springenden Gene" nicht ernstgenommen wurde, nur weil sie dreißig Jahre zu früh kam.

Es gibt noch viele andere, die wir hier gerne erwähnen würden. Leider sind diese Frauen wirklich nahezu vergessen; deshalb ist es sehr schwierig, präzise Informationen über sie zu beschaffen.

Catherine Littlefield Greene

DIE BAUMWOLLENTKÖRNUNGS-MASCHINE

Eli Whitney kommt als Musterbild amerikanischer Erfindergabe gleich nach Thomas Alva Edison. Und doch gibt es zahlreiche Belege dafür, daß er die Baumwollentkörnungsmaschine keineswegs selbst erfunden hat – zumindest nicht ohne die tatkräftige Mithilfe einer Südstaatenschönheit namens Catherine Littlefield Greene, einer Heldin der amerikanischen Revolution und der Witwe von General Nathaniel Greene.

Whitney wurde in Massachusetts geboren. Er hielt sich eines Tages als Gast im Hause von Catherine Greene in Georgia auf. Damals baute er gerade an seiner Baumwollentkörnungsmaschine. Bis dahin hatte er wahrscheinlich noch nie in seinem Leben eine Samenkapsel der Baumwolle direkt an der Pflanze gesehen. Die Historiker gehen davon aus, daß er seine Maschine gebaut habe, nachdem seine Gastgeberin ihm erklärt hatte, ein solches Gerät sei auf einer Plantage sehr nützlich. Es ist zwar nicht sicher, daß Catherine Greene, wie manche Chronisten meinen, ihm tatsächlich die kompletten Zeichnungen ihres eigenen Entwurfs überreicht hat. Doch fest steht immerhin, daß sie eines Tages Whitney einen entscheidenden Hinweis gab, als er fast schon aufgeben wollte. Sein Prototyp funktionierte ganz und gar nicht. Catherine Greene schlug vor, die Holzzähne, die er auf die Walzen der Maschine gesetzt hatte, durch Drahtzähne zu ersetzen. Der Verbesserungsvorschlag war ein voller Erfolg. Die so modifizierte Maschine ist auch heute noch, zweihundert Jahre später, ohne wesentliche Veränderungen im Einsatz.

Natürlich schrieb Catherine Greene ihren Namen nicht auf das Patent für die Baumwollentkörnungs- oder Egreniermaschine. So etwas hätte eine vornehme Dame im Jahre 1794 nie getan. Immerhin bekam sie einen Anteil der spärlichen Patentgebühren für die Maschine, und sie finanzierte die Produktion in dem Betrieb, den Whitney mit Phineas Miller, ihrem zweiten Ehemann, als Partner gründete. Doch bald stellte sich heraus, daß Whitney ein miserabler Geschäftsmann war. Catherine Greene ist vermutlich kein großer Gewinn dadurch entgangen, daß sie auf Patentrechte verzichtet hat. Was ihr jedoch vorenthalten wurde, war der ihr gebührende Platz in der Geschichte der Erfinderinnen.

„Kitty" Littlefield wurde 1755 in einer der führenden Familien der Kolonialzeit geboren. Sie heiratete den dreizehn Jahre älteren Nathaniel Greene. Er sollte bald ein enger Bundesgenosse und Vertrauter General George Washingtons werden. Das Haus der Familie Greene war ein Treffpunkt der amerikanischen Revolutionäre. Kitty war lebhaft und kokett, aber sie konnte auch entschlossen und ernsthaft sein: 1777 folgte sie ihrem Mann nach Valley Forge und verbrachte den ganzen, bitter harten Winter an seiner Seite.

Bald nach dem Krieg richteten sich die Greenes in Mulberry Grove ein, einem Landsitz in Georgia, den ihnen der dankbare Präsident geschenkt hatte. Dort wollten sie das geruhsame Leben von Pflanzern in den Südstaaten führen. Doch schon ein Jahr später war Nathaniel tot. Catherine war mit dem Haus, dem Land und fünf Kindern auf sich selbst gestellt.

Die Verbindung zu Eli Whitney kam über Phineas Miller zustande. Er stammte aus Connecticut. Catherine hatte ihn als Hauslehrer für ihre Kinder eingestellt. Phineas Miller wurde später ihr zweiter Mann. Als er Eli Whitney, einen mittellosen Erfinder, kennenlernte, war er noch ihr Angestellter. Er verschaffte seinem Freund eine Stelle als Hauslehrer auf einer nahegelegenen Plantage, und als Whitney nach einiger Zeit entlassen wurde, nahm er ihn mit nach Mulberry Grove.

Eli machte sich im Hause nützlich. Er beschäftigte sich mit den Kindern und fertigte für Catherine einen neuen Stickrahmen an. Im Herbst 1792 zog er sich für Monate in den Keller des Hauses zurück und bastelte an der hilfreichen Maschine, von der Catherine gesprochen hatte: ein Gerät, mit dem man die Samenkörner von der Baumwolle trennen konnte. Die Maschine sollte den Sklaven der Familie Stunden mühseliger Arbeit ersparen, oder genauer gesagt, die Anzahl der erforderlichen Sklaven senken.

Catherine unterstützte Whitney in den sechs Monaten, die er an der Maschine arbeitete (und nicht zehn Tage, wie der Volksmund berichtet). Sie stellte einen Arbeitsraum, Werkzeug und Verpflegung. Als die Maschine fertig war, machte sie bei Plantagenbesitzern in der Nachbarschaft für die Erfindung Werbung. Selbst wenn sie Whitney keine fertigen Konstruktionspläne ausgehändigt hätte, wäre ihr für ihre Hilfe unter normalen Umständen ein Teil der Patentrechte zugestanden. Eli Whitney hat seiner Gönnerin jedoch nie öffentlich gedankt.

Bis Whitney seine Egreniermaschine 1794 offiziell patentieren lassen konnte (zusammen mit Phineas Miller), waren Nachbauten ohne Lizenz bereits im ganzen Süden auf dem Markt und in Gebrauch. Catherine Greene machte Bankrott, weil sie Whitneys langwierige Prozesse zur Durchsetzung seiner Rechte finanzierte. Sie und Phineas Miller heirateten 1796. Die Firma Whitney-Miller hatte insgesamt nur sechs Egreniermaschinen absetzen können. 1797 stellte sie die Produktion ein. Die Baumwollentkörnungsmaschine war, so jedenfalls drückte sich Withney aus, ,,eine so wertvolle Erfindung, daß sie für ihren Erfinder wertlos wurde".

Es mutet wie eine Ironie des Schicksals an, daß auch Whitney keinen Gewinn aus der Egreniermaschine ziehen konnte. Schließlich weist manches darauf hin, daß er sich dieser Erfindung zu Unrecht rühmte. 1807 verweigerte man ihm eine Verlängerung seiner Patentrechte, und er meldete bis zu seinem Tod im Jahre 1825 nie mehr ein Patent an. Phineas Miller starb 1803 mit neununddreißig Jahren an einem schweren Fieber. Catherine war zum zweiten Mal Witwe. Sie zog mit ihrer Familie auf einen kleineren Landsitz in Dungeness in Georgia, wo sie 1814 ebenfalls an einem Fieber starb.

POCKEN-INOKULATION

Die Pocken-Inokulation, ein Verfahren zur Prophylaxe gegen diese Seuche, wurde in Europa von Lady Mary Wortley Montague eingeführt, jener freimütigen intellektuellen Tagebuchschreiberin, die von manchen Historikern als die erste Feministin des abendländischen Kulturkreises betrachtet wird. Die praktische Anwendung ihrer Entdeckung, die sie in der Türkei gemacht hatte, führte zu ersten Ansätzen einer Erregertheorie der Krankheit. Sie rettete viele Millionen von Menschen, die sonst an Pocken gestorben wären. Allein auf den britischen Inseln starben fünfundvierzigtausend Menschen im Jahr an Pocken, bevor die Inokulation eingeführt wurde.

Selbstverständlich wird auch diese Entdeckung fast einhellig einem Mann, nämlich Edward Jenner, zugeschrieben. Er wiederholte im Grunde dasselbe Experiment, allerdings beinahe hundert Jahre nach Lady Montague. Durch Jenners wissenschaftlichen Artikel aus dem Jahre 1798 wurde auch der Begriff „Vakzination" (Impfung) eingeführt.

Im Jahre 1717 reisten Lady Montague und ihr Gatte, der britische Botschafter in Konstantinopel, in die Türkei. Im April jenes Jahres schrieb sie an eine Freundin und schilderte eine merkwürdige einheimische Sitte, die man „Einpflanzen" nannte: „Die Pocken, die bei uns doch meist tödlich verlaufen und fast überall auftreten, sind hier völlig harmlos", schrieb sie. „Alte Frauen ... haben die Aufgabe, jeden Herbst folgendes Verfahren durchzuführen ... Die Leute fragen herum, ob irgend jemand in einer Familie wohl gerade Pocken bekommt. Die alte Frau kommt mit einer Nußschale voll (vermutlich infektiösem) Material ... für Pocken und fragt, welche Vene man öffnen lassen möchte. Dann reißt sie die Vene, die man ihr nennt, sogleich mit einer großen Nadel auf." Als Resultat dieser Prozedur, die den meisten Besuchern aus dem zivilisierten Europa wohl nur als eine befremdliche primitive Sitte erschienen wäre, blieben die inokulierten Patienten „zwei Tage im Bett, sehr selten drei ... und nach acht Tagen geht es ihnen wieder so gut wie zuvor". Und sie sind gegen Pocken immun.

Lady Mary erkannte die weitreichenden Folgen dieser einfachen

Die unorthodoxe Lady Mary Montague brachte von ihren Reisen in den Mittleren Osten nicht nur einen Sinn für extravagante Mode mit. Sie führte auch die Praxis der Pocken-Inokulation im Westen ein, die ein Vorläufer der modernen Schutzimpfung war.

medizinischen Prozedur sofort. Außerdem interessierte sie das Problem lebhaft, da sie selbst in jungen Jahren an Pocken erkrankt war und entstellende Narben zurückgeblieben waren. Sie erkannte auch die Hindernisse, die einer Einführung des Verfahrens in England entgegenstanden. „Ich würde die Mühe nicht scheuen, einigen unserer Ärzte sehr ausführlich davon zu berichten", notierte sie, „wenn ich nur einen wüßte, von dem ich glaube, daß er lauter genug ist, die für ihn doch so beträchtliche Einnahmequelle dieser Krankheit zum Wohle der Menschheit zum Versiegen zu bringen."

Als Lady Mary nach England zurückkehrte, ließ sie ihre eigene Tochter gegen Pocken inokulieren und erhielt die Zustimmung von Caroline, der Prinzessin von Wales, Experimente mit sechs Gefangenen und sechs Waisenkindern durchzuführen, um die Wirkung des Verfahrens zu testen. Dann wurden die Töchter der Prinzessin inokuliert. Trotz des vehementen Widerstandes von seiten der Medi-

214

ziner und der Kirche faßte die Pockenvakzination (oder korrekter ausgedrückt, die „Variolation", weil zur Immunisierung lebende Pockenviren eingepflanzt wurden) in England Fuß. Lady Mary veröffentlichte anonym eine Schrift mit dem Titel *Plain Account of the Inoculating of the Small-Pox by a Turkish Merchant* (Einfache Schilderung der Pocken-Inokulation von einem türkischen Kaufmann) und hatte noch selbst die Genugtuung, daß die Sterblichkeitsrate bei Pockenerkrankungen von dreißig Prozent auf zwei Prozent fiel.

Mary Montague war die Urenkelin von Sir John Evelyn und eine Nichte des Schriftstellers Henry Fielding (der ihr seine erste Komödie widmete). Sie war eine eigenwillige und unkonventionelle junge Frau. 1712 brannte sie mit Edward Wortley Montague durch, um die Pläne ihres Vaters, des Earl of Kingston, zu durchkreuzen, der eine Ehe mit einem älteren Mann für sie arrangiert hatte. Als Kind hatte sie Bücher nur so verschlungen. Jetzt, als Erwachsene, wurde sie berühmt-berüchtigt für ihre geistreiche Korrespondenz (ein beträchtlicher Teil mit dem Dichter Alexander Pope) und ihre offenherzigen Tagebücher. Ihre Tagebücher gehören heute zu den wichtigsten Quellen zum Alltagsleben im achtzehnten Jahrhundert.

Von Lady Mary sagte man zu ihren Lebzeiten, sie habe „eine Zunge wie eine Viper und eine Feder wie ein Rasiermesser". Sie hatte auch mit Gedichten, Theaterstücken und Satiren literarischen Erfolg. *The Letters of Lady Mary Wortley Montague,* eine Auswahl aus ihren Briefen, wurde letztmals 1965 neu aufgelegt.

1736 sorgte Lady Mary für eine Sensation in ganz Europa. Sie verließ ihren Mann und brannte mit dem dreiundzwanzig Jahre jüngeren Wissenschaftler Francesco Algarotti nach Italien durch. Obwohl dieser inzwischen auf eine Aufforderung Friedrichs II. hin nach Berlin gegangen war, blieb Lady Montague in Venedig und eröffnete am Canale Grande einen intellektuellen Salon. Dort lebte sie einige Jahre mit dem jungen Grafen Ugo Palazzi zusammen. 1761 kehrte sie nach dem Tod ihres Mannes nach England zurück und starb dort ein Jahr später.

In der mittelenglischen Stadt Lichfield wurde ein Denkmal zu Ehren von Lady Mary Montague errichtet, weil sie in England die Pocken-Inokulation eingeführt hat. In einer 1757 veröffentlichten Schrift heißt es anerkennend, sie habe allein „vielen Tausend Briten das Leben" gerettet.

Martha J. Coston

SIGNALLICHTER FÜR HOCHSEESCHIFFE

Martha J. Coston wurde mit einundzwanzig Jahren Witwe. Sie stand ohne einen Pfennig Geld da und hatte drei kleine Kinder zu versorgen. Angesichts dieser Voraussetzungen hat sie in ihrem Leben Bewunderungswürdiges geleistet. Sie perfektionierte das Signallicht und ließ es patentieren (vor ihr hatte ein Mann daran gearbeitet) und brachte es in Amerika und Europa im Alleingang auf den Markt. Sie verkehrte mit Präsidenten, verhandelte mit Generälen, speiste an den Tischen von Adeligen, bereiste mit allem Luxus die ganze Welt und erlebte sogar noch, daß im Jahre 1886 ihre Memoiren veröffentlicht wurden – unter dem Titel *A Signal Success* (bei der J. B. Lippincott Company). Aber ihr eigentlicher Lebenswunsch ging nicht in Erfüllung. In den Annalen der Erfindungen wird das Coston-Signallicht als „Very-Leuchtpistole" verzeichnet, benannt nach Leutnant E. W. Very, obwohl er nur einige geringfügige Verbesserungen am Auslösemechanismus des Signallichtes vorgenommen hatte, nachdem es bereits lange in Gebrauch war. Bis zu ihrem Tod kämpfte Martha Coston dafür, daß der Name Very aus den Patentrollen gestrichen und der Name Coston wiedereingesetzt würde, doch all ihre Bemühungen scheiterten.

Martha Hunt – von ihren Familienangehörigen „Mattie" genannt und von den Freunden „Pattie" – wurde 1826 in Baltimore geboren und zog noch als Kind mit ihren Eltern nach Philadelphia. Mit vierzehn Jahren brannte sie mit Benjamin Coston durch. Benjamin war selbst erst neunzehn, aber er war bereits ein bekannter Erfinder, weil er ein schnelles Unterwasserfahrzeug entwickelt hatte, in dem der benötigte Sauerstoffbedarf auf chemischem Weg unter Wasser erzeugt wurde. Als Benjamin Coston bei einem Forschungslabor der Marine in Washington angestellt wurde, zog die wachsende Familie (Martha gebar in drei Jahren drei Söhne) in die Vorkriegs-Hauptstadt. Dort nahm das Ehepaar am rauschenden gesellschaftlichen Leben der privilegierten Schichten teil.

Nach der Geburt ihres vierten Sohnes nahm dieses angenehme Leben ein jähes Ende: Benjamin erkältete sich auf einer Geschäftsreise und starb drei Monate später an Lungenentzündung. Innerhalb eines Jahres verlor die junge Witwe auch noch den jüngsten Sohn und ihre Mutter. Beide starben an derselben Krankheit. Kurz darauf erfuhr sie, daß Benjamins Geschäftspartner und Verwandte sein Vermögen geplündert hatten. Der Bankrott drohte, und Martha sah sich vor die Wahl gestellt, „Steine zu schleppen ... oder zu betteln" – und beides kam für sie nicht in Frage. 1874 gab es noch keinerlei Sozialhilfe für Familien mit kleinen Kindern.

Niedergeschlagen und verbittert suchte sie Trost in der Erinnerung an ihren geliebten Mann. Beim Kramen in einer alten Truhe fand sie die Pläne für den Prototyp eines Signallichtes. Der pyrotechnische Kegel sollte in unterschiedlichen Farben hell brennen und dadurch ermöglichen, daß Seeleute einander über weite Entfernungen hinweg oder auch im Nebel oder bei Nacht Signale senden konnten. Martha Coston forderte die von Ben gebauten Prototypen von der Marine zurück, entdeckte aber bald, daß sie nicht funktionierten.

Fast zehn Jahre lang bemühte sich Martha Coston (sie trug als Witwe stets Schwarz), die Signallichter zu vervollkommnen. Es gelang ihr, ein leuchtend weißes und ein knallrotes chemisches Feuer zu erzeugen, aber sie wußte, daß sie noch eine dritte Farbe brauchte, damit das Gerät dem Standard der Seezeichen-Codes genügte. „Am allerliebsten hätte ich Blau genommen", schrieb sie, „dann hätte ich die Farben der Nationalflagge zusammengehabt, aber ich konnte es nicht in derselben Leuchtkraft und Intensität herstellen wie die anderen Farben."

Bei einer Feier anläßlich der gelungenen Installation des Transatlantik-Kabels kam Martha Coston plötzlich auf die Idee, sich schriftlich an die Hersteller von Feuerwerkskörpern zu wenden, allerdings unter dem Namen eines Mannes, „denn ich ahnte, daß sie einer Frau keine Beachtung schenken würden". Sie arbeitete dann tatsächlich mit einem Pyrotechniker zusammen, und es gelang ihr, wenn auch nicht blaues, so doch ein geeignetes grünes Licht zu erzeugen.

Obwohl sie bei den Versuchen der Marine mit ihrem Patent nicht dabei sein durfte, bekam sie von der Regierung den Auftrag über Signallichter im Wert von sechstausend Dollar und lieferte sie auch. Außerdem bemühte sie sich darum, weitere Patente für „telegraphische Coston-Nachtsignale" in England, Frankreich, Holland, Österreich, Dänemark, Italien und Schweden anzumelden.

Das Coston-Signallicht war übrigens von entscheidender Bedeutung für den Sieg der Nordstaaten im amerikanischen Bürgerkrieg: Es ermöglichte Kriegsschiffen, strategisch wichtige Informationen über weite Entfernungen hinweg auszutauschen, und es rettete Tausenden von Seeleuten das Leben, weil es die Kollisionen von Schiffen entweder verhinderte oder, falls es doch zu einem Unglück kam, eine genaue Lagebestimmung der in Seenot geratenen Schiffe ermöglichte. Doch die Coston Manufactoring Company hatte wirtschaftlich gesehen Pech. Die Inflation während des Krieges und der von der Regierung festgesetzte Preisstop hatten zur Folge, daß die Signallichter nur mit Verlust verkauft werden konnten. Martha Coston beschloß deshalb, ihr Produkt im Ausland zu vertreiben.

Sie war und blieb der Meinung, sie habe niemals die ihr gebührende Anerkennung für ihre geradezu revolutionäre Erfindung der Signallichter erhalten. Sie forderte vierzigtausend Dollar für die Abtretung aller Rechte an den Kongreß der Nordstaaten, doch sie bekam nur kümmerliche zwanzigtausend. Von der französischen Regierung forderte sie zwanzigtausend Dollar für die Patentrechte, doch sie bekam nur achttausend. Und als sie nach dem Krieg einundzwanzigtausend Dollar an Wiedergutmachungszahlungen erhalten sollte, wurden ihr letztlich doch wieder nur dreizehntausend Dollar gewährt. Nur Dänemark, so erinnerte sie sich, zahlte ihr einen in ihren Augen angemessenen Preis für die Patentrechte.

„Wir hören viel über die Ritterlichkeit der Männer gegenüber den Frauen", schrieb sie in ihren Erinnerungen, „aber ich versichere Dir, geneigter Leser, sie schwindet wie der Tau in der Sommersonne, wenn eine von uns in einen Wettbewerb mit dem männlichen Geschlecht eintritt ... Es war eine bittere Enttäuschung, als ich feststellen mußte, daß in jener erhabenen Institution unseres Landes, der Marine, Männer in hohen Positionen sitzen, die so kleingeistig sind, daß sie einer Frau den Erfolg mißgönnen."

In ihren späteren Lebensjahren reiste Martha Coston viele Jahre lang in Europa, vor allem Rußland und Skandinavien herum. Sie heiratete nie mehr, war allerdings einmal mit einem italienischen Grafen verlobt. (Er starb vor der Hochzeit. Martha behauptete, er sei einem Mordkomplott seiner Verwandten zum Opfer gefallen, weil sie nicht wollten, daß eine Bürgerliche seinen Titel und sein Vermögen erbte.)

Während des Krieges zwischen Frankreich und Deutschland tarnte sie den Koffer mit den Mustern für ihre Signallichter als Instrumentenkasten, damit sie nicht wegen Spionage verhaftet wurde.

Von den vier Kindern Martha Costons erreichten zwei das Erwachsenenalter: William, der eine Reihe von Farb-Codes entwarf, die viel auf Handelsschiffen und privaten Yachten benützt wurden, und Harry, der Manager der Firma wurde, die Coston-Signale herstellte. Er erfand eine Vorrichtung ähnlich einer Pistole, mit der man die Leuchtsätze der Signallichter zünden konnte. Für eine Verbesserung der Patronen für eben diese Pistole erhielt Leutnant Very, dem die Geschichte den Löwenanteil an Erfinderruhm zugebilligt hat, sein Patent. „Und ich mußte schweigend mitansehen", so schrieb Martha, „wie mein Signal in der amerikanischen Marine unter dem Namen Very-Signal gebraucht wurde."

Madame Lefebre

DÜNGEMITTEL

Die Gewinnung von Salpeterdünger aus dem Stickstoff in der Luft war in den zwanziger Jahren unseres Jahrhunderts ein Schwerpunkt der Agrarforschung. Die Salpetervorkommen (überwiegend in Südamerika) reichten für den Bedarf von Millionen Tonnen Stickstoffdünger, der weltweit für die Verbesserung des Bodens benötigt wurde, nicht aus. Das Verfahren, Stickstoff in Düngemitteln zu binden, war jedoch schon über fünfzig Jahre früher erfunden worden. Allerdings ist die Leistung der Erfinderin niemals gewürdigt worden. Sogar ihr Vorname ging verloren und ist in keinem Geschichtsbuch mehr verzeichnet.

Die Pariserin Madame Lefebre ließ das Verfahren für die Herstellung von Nitraten aus Stickstoff schon 1859 patentieren. Das Patent wurde in England erteilt – und vollkommen ignoriert. Der Verbrauch von Düngemitteln war damals weltweit noch erheblich geringer. Heute benötigen allein die amerikanischen Baumwollplantagen jährlich drei Millionen Tonnen Stickstoffdünger. Der Idee stand kein ausreichender Bedarf gegenüber. Als sie dann ein halbes Jahrhundert später wieder aus der Versenkung geholt wurde, erhielten andere das Lob und den Lohn, die Madame Lefebre gebührt hätten.

Nettie M. Stevens

X- UND Y-CHROMOSOMEN

Nettie Stevens Karriere verlief eher ungewöhnlich. Im Gegensatz zu den meisten intellektuellen Frauen ihrer Zeit war sie kein temperamentvolles junges Mädchen mit einem brennenden schulischen Ehrgeiz. 1861 in Vermont geboren, arbeitete Nettie als Lehrerin und Bibliothekarin und ging erst mit Mitte Dreißig aufs College – allerdings behauptete ein Kenner der Familiengeschichte, entgegen den allgemein akzeptierten Berichten, sie habe sich möglicherweise doch schon mit zwanzig Jahren am College eingeschrieben. Fest steht auf jeden Fall, daß sie sich 1896 in Stanford eingeschrieben und folglich erst mit fünfunddreißig Jahren zu studieren begonnen hat.

Nettie machte den College-Abschluß 1899 und legte ein Jahr später die Magisterprüfung in Physiologie ab. Nachdem sie 1901 den ersten wissenschaftlichen Aufsatz, eine Untersuchung der Lebenszyklen von Einzellern, veröffentlicht hatte, kehrte sie in den Osten des Landes zurück und promovierte in Bryn Mawr, wo sie den Großteil ihres restlichen Berufslebens als Professorin auf Zeit verbrachte.

1905 veröffentlichte sie eine Abhandlung, in der sie die X- und Y-Chromosomen identifizierte und auch festhielt, daß diese Chromosomen der bestimmende Faktor für das Geschlecht eines Kindes sind. Bei einer XX-Kombination wird ein Mädchen geboren, bei der XY-Kombination ein Junge. Ähnliche Arbeiten zum Thema Geschlechtsbestimmung wurden unabhängig davon – und gleichzeitig – von ihrem früheren Kollegen Edmund B. Wilson durchgeführt. Aber er konnte oder wollte sich bei der Definition der Rolle der X- und Y-Chromosomen nicht so eindeutig festlegen wie Nettie Stevens.

Man kann Edmund Wilson, dem – und wen sollte das noch wundern – Nettie Stevens Entdeckung heute meist zugeschrieben wird, seine Zurückhaltung bei Schlußfolgerungen zu den bestimmenden Faktoren des künftigen „Geschlechts" einer befruchteten Eizelle kaum übelnehmen. Einer Gesellschaft, die auf den Vorurteilen von der Überlegenheit des Mannes sowie dem Erstgeburtsrecht (des männlichen Erstgeborenen) beruht, lag die auch allgemein verbreitete Annahme freilich näher, daß der Vater bei der Zeugung das männliche Element beisteuert und die Mutter das weibliche und daß das Ergebnis letztlich durch göttlichen Ratschluß entschieden wird. Die Theorie der X- und Y-Chromosomen, wie Nettie Stevens sie vertrat, besagte aber, daß es der *Vater* ist, der „zuläßt", daß ein Mädchen geboren wird, weil er sein X-Chromosom bei der Befruchtung beisteuert.

Nettie Stevens war eine zurückhaltende Frau, der mehr an der Lehre als an ihrem Ruf als Wissenschaftlerin gelegen war. Sie hat keine großen Anstrengungen unternommen, das wissenschaftliche Establishment von ihrer Theorie zu überzeugen. Sie war bei ihren Kolleginnen geachtet und bei ihren Studentinnen beliebt, und sie arbeitete weiterhin mit berühmten Genetikern auf der ganzen Welt zusammen. 1912 starb Nettie Stevens an Brustkrebs. Wilson führte seine Untersuchungen über die geschlechtsbestimmenden Chromosomen fort und wiederholte und bestätigte schließlich ihre Erkenntnisse. Heute wird Nettie Stevens im vielbändigen *Dictionary of Scientific Biography* nicht einmal erwähnt.

Rosalind Franklin

DNS

Die Mikrochemikerin Rosalind Franklin hegte während ihrer gesamten wissenschaftlichen Laufbahn einen Groll, und das ist durchaus verständlich. Obwohl sie als erste die komplexe Struktur des DNS-Moleküls (Desoxyribonukleinsäure) erkannt hatte, wollten ihre Kollegen sie nicht einmal zu ihren Zusammenkünften zulassen, um ihre Erkenntnisse zu diskutieren. Statt dessen stahlen sie höchst unritterlich Rosalind Franklins Unterlagen und schickten sie ihren Konkurrenten. Es ging ja schließlich nicht an, daß eine Frau, die obendrein noch Jüdin war, in das total von Männern dominierte wissenschaftliche Establishment aufstieg.

Rosalind Franklin war die vierte im Bund – zusammen mit Maurice Wilkins, James Watson und Francis Crick. Dieser Gruppe von Wissenschaftlern gelang die Entdeckung der „Doppel-Helix". Daß sie 1962 nicht mit den drei Männern zusammen den Nobelpreis erhielt, war ausnahmsweise einmal nicht dem sonst üblichen Grund zuzuschreiben. Rosalind Franklin war 1958 an Krebs gestorben, und der Nobelpreis wird nur an lebende Personen vergeben. Daß ihre Leistung letztlich doch von ihren Kollegen heruntergespielt wurde (James Watson nannte sie in seinem 1968 erschienen Buch *The Double Helix* „Rosy" und deutete an, sie sei nur eine bessere Laborassistentin gewesen), bedarf keines weiteren Kommentars. In Wirklichkeit war Rosalind Franklin der erste Mensch, der, schon im Jahre 1951, die spiralförmige Struktur der DNS deduzierte. Sie machte Watson sogar auf den grundlegenden Fehler in seinem ersten Doppel-Helix-Modell aufmerksam und brachte ihn damit erst auf die richtige Spur. Dieser Anstoß führte zu den Erkenntnissen, für die er später den Nobelpreis bekam.

Rosalind Franklin wurde das Leben stets sehr schwergemacht, und sie war nicht der Typ, der sich leicht über Diskriminierung hinwegsetzte. Sie stammte aus einer angesehenen jüdischen Bankiersfamilie in London, wo sie 1920 geboren wurde. Die erste große Enttäuschung für ihre Eltern war, daß sie statt einer philanthropischen eine wissenschaftliche Laufbahn einschlug. 1941 machte sie am Newnham College in Cambridge ihr Examen. Sie erhielt ein Forschungsstipendium für eine Stelle unter der Leitung von Ronald Norrish (er bekam 1967 den Nobelpreis) – eines Mannes, der schon über ihre bloße Anwesenheit erzürnt war und der ihr nach Kräften Steine in den Weg legte. Sie wechselte daraufhin an das Zentrallabor für Chemie nach Paris, wo sie wichtige Entdeckungen in der Kristallographie und über die Struktur von Molekülen machte. Dann kehrte sie nach England zurück und arbeitete am King's College in London. Erneut war ihr Vorgesetzter ein Wissenschaftler, der die Anwesenheit einer Wissenschaftlerin als persönlichen Affront betrachtete: Maurice Wilkins weigerte sich noch in den *siebziger* Jahren, Doktorandinnen zu betreuen, und man weiß, daß er zwischen 1951 und 1953 die Erkenntnisse von Rosalind Franklin – natürlich ohne ihre Erlaubnis – an seine Freunde Watson und Crick weitergab.

1953 veröffentlichte sie einen bahnbrechenden Artikel über die Struktur der DNS. Ihre Röntgenaufnahmen wurden von Watson erfolgreich als entscheidende Grundlage für seinen Antrag auf Forschungsgelder benützt. Doch Rosalind Franklin war schließlich so empört über die Behandlung, die sie sich Tag für Tag gefallen lassen mußte, daß sie das King's College noch im selben Jahr verließ. Sie nahm eine Forschungsstelle am Birkbeck College an, wo sie wichtige Erkenntnisse über Viruspartikel sammelte. Es war ihr, während sie in Birkbeck war, strengstens untersagt, irgend etwas über die DNS verlauten zu lassen, und das, obwohl ihre Arbeit in der Virologie viel zum Verständnis genetischer Prozesse beitrug. Auf der Weltausstellung in Brüssel im Jahre 1958 organisierte sie auf Veranlassung der Royal Society eine Ausstellung, aber diese offizielle Anerkennung reichte nicht aus und kam zudem für sie zu spät. Noch im selben Jahr erfuhr sie, daß sie unheilbar krebskrank war.

Rosalind Franklin war schon immer eine Einzelgängerin gewesen. Sie teilte keinem ihrer Kollegen mit, daß sie Schmerzen hatte. Sie suchte keine Anteilnahme und erhielt auch keine. Sie arbeitete bis zu ihrem Tod mit siebenunddreißig Jahren weiter und starb als verbitterte Frau. Bedauerlicherweise hat die Geschichte bewiesen, daß sie ihren Kollegen zu Recht mißtraute. Es gibt keinen versöhnlichen Nachklang für Rosalind Franklins Leben. Ihre wissenschaftlichen Leistungen wurden zu ihren Lebzeiten nicht anerkannt, und sie blieben auch nach ihrem Tod ungewürdigt.

Barbara McClintock

„SPRINGENDE GENE"

1951 entdeckte die Genetikerin Barbara McClintock, daß sich bisher alle Wissenschaftler über die Natur der Gene und Chromosomen geirrt hatten. Es galt im wissenschaftlichen Establishment als gesichert, daß Gene – die grundlegenden Informationsbausteine in jeder Zelle – in einer festgelegten, linearen Ordnung auf den Chromosomen aufliegen, „wie Perlen an einer Schnur". Man glaubte auch gern daran, daß erbliche Merkmale vorhersagbar und logisch sind, wie Mendel das ja an vielen Generationen von Erbsenpflanzen demonstriert hatte. Deshalb war auch niemand sonderlich daran interessiert,

223

sich mit Barbara McClintocks ketzerischer Theorie zu beschäftigen, daß Gene „springen" können, daß sie ein zufälliges Verhalten zeigen und sogar von einer Zelle zur anderen wandern können.

„Sie dachten, ich sei völlig verrückt", sagte Barbara McClintock und fügte hinzu, daß in zwanzig Jahren nur drei Personen darum gebeten hätten, ein Exemplar ihres Aufsatzes über dieses Phänomen lesen zu dürfen.

Als Barbara McClintock 1983 den Nobelpreis für Medizin und Physiologie erhielt, hieß es in der Begründung unter anderem, es sei kein Wunder, daß diese Theorie jahrzehntelang abgelehnt worden sei. „Nur etwa fünf Genetiker auf der ganzen Welt waren imstande, sie überhaupt zu würdigen", sagte ein Mitglied des Ausschusses, „weil die Arbeit so überaus kompliziert und umfassend ist." Mit Barbara McClintocks Entdeckung, die nun als genetisches Grundmuster anerkannt wurde, war es fortan möglich, gegen Antibiotika resistente Bakterien zu untersuchen, ein Heilmittel für die afrikanische Schlafkrankheit zu entwickeln und bei der Erforschung der großen Unbekannten, der Entstehung und Metastasenbildung des Krebses, neue Hypothesen zu bilden. Der Sprecher des Nobelkomitees nannte Barbara McClintocks Erkenntnis „eine der beiden großen genetischen Entdeckungen unserer Zeit".

„Wenn man weiß, daß man recht hat", sagte Barbara McClintock mit einem Achselzucken, „dann kümmert man sich nicht darum, was andere Leute sagen. Man weiß, daß es früher oder später an den Tag kommen wird."

Barbara McClintock formulierte ihre unpopuläre Theorie aufgrund der Beobachtung unzähliger Generationen von Maispflanzen. Fünfzig Jahre lang arbeitete sie allein auf ihrem Maisfeld auf Long Island in New York und hatte die ganze Zeit über nicht einmal eine Laborassistentin. Die schüchterne (einen Meter fünfzig große und fünfundvierzig Kilogramm leichte) Wissenschaftlerin sagte einmal, sie sei mit ihrem einsamen Leben vollkommen zufrieden gewesen. Als sie den Nobelpreis gewann, erfuhr sie die Nachricht aus dem Radio, weil sie kein Telefon hatte. Und mit damals einundachtzig Jahren sah sie auch keinen Grund, ihre langjährigen Lebensgewohnheiten zu ändern, nur weil ihr gerade hundertneunzigtausend Dollar zugesprochen worden waren.

Barbara McClintock wurde am 16. Juni 1902 in Hartford im Staat Connecticut geboren und verbrachte ihre Jugendjahre teils in Neuengland, teils in New York. Ihr Vater war Arzt, aber das hieß noch lange nicht, daß ihre Mutter eine fortschrittliche Erziehung für Mädchen gebilligt hätte. Nur gegen den Protest der Mutter konnte sich Barbara 1919 an der Cornell-Universität einschreiben. Sie wollte Pflanzenzucht studieren, aber die zuständige Fakultät ließ keine Frauen zu. Also nahm sie als Hauptfach Botanik und wandte sich der Genetik der Pflanzen erst zu, als sie 1927 an ihrer Dissertation arbeitete.

Frauen – selbst Frauen mit Doktortitel – bekamen in den dreißiger Jahren in den USA nur befristete Professorenstellen, und Barbara McClintocks Ruf als Einzelgängerin und Außenseiterin brachte ihr in jenen Jahren mehrere Kündigungen ein. 1942 war sie dann endgültig arbeitslos. Hätte ihr nicht ein früherer Kollege von der Cornell-Universität Mut gemacht, wäre ihr Leben vielleicht ganz anders verlaufen. Aber zum Glück verhalf ihr Marcus Rhoades zu einem Forschungsstipendium vom Carnegie Institute, das ihr einen Platz an einer bescheidenen botanischen Einrichtung in Cold Spring Harbor an der Nordküste von Long Island sicherte. Und dann taten die Geldgeber von Carnegie das beste, was sich Barbara McClintock wünschen konnte: Sie ließen sie in Ruhe.

Bevor sie 1951 von der geraden, also konventionellen Linie der Forschung abwich, waren ihre Arbeiten über Genetik weithin anerkannt, und sie selbst wurde mehrfach ausgezeichnet. 1944 wurde sie als dritte Frau in der Geschichte in die National Academy of Science aufgenommen und sagte in ihrer Dankesrede: „Ich bin keine Feministin, aber ich bin immer dankbar, wenn unvernünftige Barrieren durchbrochen werden – für Juden, Frauen, Schwarze usw. Das hilft uns allen."

Nachdem sie ihre bahnbrechenden Erkenntnisse publiziert hatte und sie rundweg abgelehnt wurden, hörte Barbara McClintock auf, ihre Arbeiten zu veröffentlichen. Offenbar las sie ohnehin niemand, und ihr glaubte auch niemand. So arbeitete sie praktisch völlig im Verborgenen, zehn bis zwölf Stunden am Tag, und war dankbar, daß das Carnegie Institute (wie sie annahm, aufgrund eines Versehens) die Zahlungen niemals einstellte. Und schließlich holte die Wissenschaft der Genetik ihre Pionierin ein.

1981 gewann Barbara McClintock den Albert-Lasker-Preis für grundlegende medizinische Forschungsarbeit, der mit fünfzehntausend Dollar dotiert ist. Im selben Jahr erhielt sie weitere fünfzigtausend Dollar von der Israel-Wolf-Stiftung, und kurz darauf wurde ihr von der MacArthur-Stiftung ein Jahreseinkommen von sechzigtausend Dollar (steuerfrei) auf Lebenszeit zugesprochen. Sie nutzte den unerwarteten Reichtum, um sich zwei „Luxusartikel" zu leisten: ein japanisches Auto und eine neue Brille. Anläßlich der Verleihung des Nobelpreises gab Barbara McClintock nur eine einzige Pressekonferenz. Sie prahlte nie mit der längst überfälligen Genugtuung, die ihr nun endlich zuteil geworden war, und sie hegte nie einen Groll. Vielmehr sagte sie: „Eigentlich ist es unfair, einen Menschen auch noch dafür zu belohnen, daß er im Laufe der Jahre so viel Freude erlebt hat. Ich kann mir kein besseres Leben vorstellen."

Jocelyn Bell

DER PULSAR

1974 bekam Antony Hewish, Professor der Astronomie an der Universität von Cambridge, den Nobelpreis für Physik „für seine entscheidende Rolle bei der Entdeckung von Pulsaren". Bei der Preisverleihung wurde mit keinem Wort erwähnt, daß in Wahrheit eine seiner Studentinnen 1967 die eigentliche Entdeckung gemacht hatte.
Der pulsierende Stern oder Pulsar, den die damals bereits graduierte Studentin Jocelyn Bell entdeckt hatte, war ein gänzlich neues Himmelsphänomen. In der Astronomie, der ältesten Naturwissenschaft der Menschheit, ist die Entdeckung noch immer zu neu, als daß man ihre weitreichenden Folgen bereits in vollem Umfang erkennen könnte, aber viele Leute glauben, daß Pulsare Hinweise auf die Anfänge unseres Universums geben könnten.
Jocelyn Bell wurde 1943 in York in England geboren. Sie war erst vierundzwanzig Jahre alt, als sie ihre erstaunliche Entdeckung machte. Als Doktorandin forschte sie bereits eigenständig und hatte sich auf Radioastronomie spezialisiert. Die Radioastronomie versucht, mit riesigen, Radarschirmen ähnlichen Teleskopen elektromagnetische Wellen aus dem Weltall aufzufangen. Jocelyn Bell

226

durfte in Cambridge das Radioteleskop mit einer sammelnden Fläche von mehr als achtzehntausend Quadratmetern benützen, das wöchentlich hundertfünfzig Meter ausgedruckte Daten ausspuckte. Als sie im August 1967 nachts „interstellare Szintillation" – pulsierende Radioquellen am Himmel, die man schon früher beobachtet hatte – suchte, bemerkte sie plötzlich, daß merkwürdige Signale eintrafen. Nachts ist jedoch die Szintillation normalerweise am schwächsten. Während der folgenden drei Monate kamen und gingen die Signale – bis Jocelyn Bell endlich im November mit einem Schnellaufzeichnungsgerät feststellte, daß diese Signale in einem regelmäßigen Intervall von etwas mehr als einer Sekunde pulsierten. Alle anderen aus dem All eintreffenden Radiosignale, die man bisher aufgezeichnet hatte, sandten dagegen ein konstantes Signal aus.

Als Jocelyn Bells Entdeckung 1968 bekanntgegeben wurde, hatte niemand eine eindeutige Erklärung für das Phänomen anzubieten. Überall wurden die wildesten Theorien aufgestellt. Unter anderem ging auch allenthalben die Mär um, dies seien endlich die lang erwarteten Lebenszeichen verwandter Intelligenzen im All. Schließlich einigte man sich auf die Theorie, die Franco Pacini und Thomas Gold vorschlugen: Pulsare sind schnell rotierende Neutronensterne – Sterne, die ganz aus Neutronenpartikeln bestehen, entstanden beim Zerfall eines viel größeren Sterns.

Niemand hat je einen Pulsar gesehen, denn sie sind nur aufgrund der pulsierenden Radiosignale nachweisbar, die sie ausstrahlen. Doch seit Jocelyn Bell sie entdeckt hat, sind bereits über dreihundert registriert worden. Manche Pulsare haben einen so ungewöhnlich schnellen und regelmäßigen „Puls", daß einige Wissenschaftler sie als intergalaktische Uhren benützen. Wahrscheinlich wird man schon bald in der Lage sein, festzustellen, ob Pulsare sich von der Erde entfernen oder sich auf sie zu bewegen, was zu wichtigen Aufschlüssen über das Alter und den Ursprung des Universums führen könnte.

Zwar hat sich Hewish, Jocelyn Bells unmittelbarer Mentor, um die weitere Erforschung der Pulsare tatsächlich sehr verdient gemacht, aber bei der Verleihung des Nobelpreises ist dennoch die wohldokumentierte Tatsache übergangen worden, daß seine Assistentin die Quelle der pulsierenden Radiosignale als erste identifiziert hat.

Jocelyn Bell schloß ihre Promotion 1968 ab und arbeitet jetzt als Research Fellow am Mullard Space Science Laboratory am University College in London.

Carrie J. Everson

ERZ-GEWINNUNG

Frauen waren rar in den Goldgräbersiedlungen des Alten Westens – so rar, daß eine Frau während des Goldrausches ein Vermögen damit verdienen konnte, in diesen Camps als Wäscherin zu arbeiten. Es gab zwar ein paar energische Frauen, die ebenfalls nach Gold schürften (beinahe hundert Frauen emigrierten 1900 nach Alaska, um am Klondike Gold zu schürfen), aber die Mehrzahl der Siedlerinnen im Goldland waren entweder Ehefrauen oder Prostituierte. Eine bemerkenswerte Ausnahme bildete Carrie J. Everson. Sie ging als Lehrerin nach Colorado und wurde die Heldin der Bergarbeiter, weil sie das Verfahren erfand, mit dessen Hilfe man Edelmetalle von Schlacken trennen kann. Das Ölschwemmverfahren, das sie 1886 patentieren ließ, war die Grundlage der modernen, im Bergbau angewandten Trennungsverfahren.

Carrie Everson zog zusammen mit ihrem Bruder, einem Erzprüfer, von Chicago nach Colorado, und wenn sie gerade nicht unterrichtete, half sie ihm bei seiner Arbeit. Als sie einmal einen schmutzigen, fettigen Sack Erz auswusch, fiel ihr auf, daß der Pyrit (Katzengold) im öligen Wasser schwamm, während sich die Goldsplitter auf dem Boden absetzten.

Sie führte daraufhin aufwendige Experimente mit Ölscheidung und dem Verfahren der Säurewäsche durch, um die gereinigten Metalle herauszulösen. „Ich habe die verschiedenen Bestandteile von Petroleum erprobt", schrieb sie, „und ebenso Talg, Schweinefett, Baumwollsamenöl, Rizinusöl und Leinöl. An Säuren habe ich Schwefelsäure, Salzsäure, Salpetersäure, Phosphatsäure, Essigsäure, Oxalsäure, Gerbsäure und Gallussäure verwendet." Sie entdeckte, daß ihr Verfahren bei geringwertigen, erzhaltigen Gesteinen wirksam war, die Gold, Silber, Eisen, Kupfer, Schwefel und Antimon enthielten. „Der kommerzielle Wert", so notierte sie, „wird wahrscheinlich auf die Verwendung für Erze beschränkt sein, die Edelmetalle wie Gold, Silber und Kupfer enthalten."

Das Everson-Patent war ein Markstein im Hüttenwesen, aber wenn man jemanden bitten würde, bedeutende Frauen aus der Zeit des amerikanischen Goldrausches aufzuzählen, würden wohl nur wenige über Tänzerinnen wie Lola Montez und Lotta Crabtree oder die „unglaubliche" Molly Brown hinauskommen. Die Frau, die für den Erwerb von unzähligen Vermögen anderer erst die Voraussetzungen geschaffen hat, ist heute so gut wie vergessen.

Berühmte Erfinderinnen

Manche Frauen wurden durch ihre Erfindungen berühmt, manche Frauen waren trotz ihrer Erfindungen berühmt. Der Wunsch, etwas zu erfinden, durchzieht *le monde et le demi-monde* gleichermaßen. Wer hätte gedacht, daß die mit weiblichen Reizen reich gesegnete Schauspielerin Hedy Lamarr unter ihrem bürgerlichen Namen Hedwig Kiesler Markey ein geheimes Kommunikationssystem für den Kriegsfall patentiert hat? Es gibt aristokratische Erfinderinnen (wie Lady Ada Lovelace und Lady Montague, von denen letztere im Kapitel über die unbekannten Heldinnen zu finden ist, und Gräfin Stella Andrassy, die im Kapitel über die Nutzung der Sonnenenergie aufgeführt ist), und es gibt Erfinderinnen, die Ruhm auf der Bühne und beim Film erwarben. In beinahe allen Fällen überdauerte ihr Ruhm als Star den, der ihnen als Erfinderinnen zuteil wurde, aber das schmälert ihre Verdienste als Erfinderinnen keineswegs.

Lady Ana de Osorio

CHININ

Die Gräfin von Chinchon, Vizekönigin von Peru, führte das Heilmittel für Malaria in Europa ein. Der Chinarindenbaum, der angeblich nach der Gräfin „Chinchona" genannt wurde, produziert das Chinin.

Die Verwendung von Chinin als Medikament sollte den wichtigsten medizinischen Fortschritt des siebzehnten Jahrhunderts einleiten. Die spanische Gräfin Ana de Osorio residierte in Lima. Im Jahre 1638 wurde sie mit „Chinarinde" gegen „Tertianafieber" behandelt. Sie nahm einen Vorrat der wundertätigen Rinde mit nach Spanien und erläuterte den Medizinern ihre Heilwirkungen. Chinin war jahrhundertelang als *pulvis comitessa,* also als „Pulver der Gräfin", bekannt. Die ursprüngliche Bezeichnung „Chinchona" ist mittlerweile im Englischen zu „Cinchona" geändert worden, und nur wenige wissen noch etwas von der Dame königlichen Gebüts, die das Chinin nach Europa gebracht hat.

Lady Ada Lovelace

DER VORLÄUFER DES COMPUTERS

Lady Ada Lovelace war das einzige legitime Kind des romantischen Dichters Lord Byron, ein Sproß einer kurzen und unglücklichen Ehe. Ada war nach übereinstimmender Ansicht eine verwöhnte, hochmütige und launenhafte Frau. Sie war vermutlich in höchstem Maße hypochondrisch, zwanghaft der Spielsucht verfallen und offenbar einen Großteil ihres Lebens auch drogenabhängig. Aber sie war höchstwahrscheinlich auch ein mathematisches Genie. Mit dem Erfinder George Babbage arbeitete sie an der Entwicklung einer phantastischen „Analytischen Maschine", einer mechanischen Vorrichtung, die komplizierte Berechnungen durchführen sollte. Sie war die erste, die auf den Gedanken kam, man könne etwas „programmieren", und obwohl die technischen Mittel bei weitem nicht ausreichten, eine entsprechende „Analytische Maschine" zu ihren Lebzeiten zu konstruieren, gibt es heute eine beim Militär verwendete Computersprache, die ihr zu Ehren ADA heißt.

Ada Byron wurde 1815 geboren. Sie was ein „kränkliches Kind", und ihre herrschsüchtige Mutter verhätschelte sie einerseits, ließ ihr

Lady Ada Lovelace, einziges legitimes Kind des Dichters Lord Byron, war am Entwurf des Prototyps einer sogenannten Analytischen Maschine beteiligt, des Vorläufers der heutigen Computer.

aber andererseits häufig mit Blutegeln und dem Schröpfglas Blut abnehmen. (Später verabreichte Lady Byron ihrer Tochter auch immer wieder hohe Dosen Laudanum – eine Droge, die süchtig macht. Das führte bei ihr wohl auch zu schweren psychischen Schäden.) Ada wurde zu Hause in Mathematik, Astronomie, Latein und Musik unterrichtet und führte einen Briefwechsel mit bekannten Wissenschaftlern, um ihren Horizont zu erweitern.

Ada Lovelace lernte den Mathematiker und Ingenieur George Babbage 1834 kennen und vertiefte sich in das Studium von mathematischen Analysen. Ihre Anmerkungen zu den Theorien von L. F. Menabrea wurden viel bewundert, weil sie ebenso viele oder gar noch mehr mathematische Analysen enthielten wie der zugrundeliegende italienische Artikel.

George Babbage hatte die Idee einer „Differenz-Maschine" (die addieren und subtrahieren konnte) schon lange vor seiner Begegnung mit Ada gehabt, und er dachte sich auch die „Analytische Maschine" ohne ihre Hilfe aus. Aber Ada entwarf die Lochkarten-Programme, mit denen die Analytische Maschine für verschiedene Aufgaben programmiert werden sollte. Ada formulierte auch die heute in der Computerwissenschaft als GIGO bezeichnete Regel: *Garbage In, Garbage Out,* was etwa soviel heißt wie: Wenn nur Schrott eingegeben wird, kann der Computer auch nur Schrott ausspucken.

„Die Analytische Maschine erhebt keinerlei Anspruch darauf, irgend etwas Originelles hervorzubringen", schrieb Ada 1843. „Sie kann nur etwas tun, von dem wir wissen, wie wir es ihr befehlen können. Sie kann der Analyse folgen, aber sie hat nicht die Fähigkeit, irgendwelche analytischen Beziehungen oder Wahrheiten selbst zu ersinnen."

George Babbage gab etwa siebzehntausend Pfund an öffentlichen Mitteln aus, um ein funktionsfähiges Modell der Maschine zu erstellen (von Kosten zu Lasten seines privaten Vermögens und vermutlich auch einem Teil von Adas Vermögen gar nicht zu reden), doch war mit den Werkzeugen jener Zeit die Aufgabe nicht zu lösen. Ada hatte zugleich mit so ermüdenden Hindernissen wie dem Verbot zu kämpfen, die Bibliothek der Royal Society zu benützen (kein Zutritt für Frauen). Aber sie setzte das Studium der soeben entstehenden Wissenschaft der Kybernetik unverdrossen auf eigene Faust fort und schrieb einmal, sie hoffe, „künftigen Generationen eine berechnete Analyse des Nervensystems zu hinterlassen". Leider war auch ihr nicht mehr Erfolg beschieden als Babbage.

Lady Ada Lovelace entwickelte an einem Tiefpunkt ihres Lebens chronisches Asthma. Sie wurde mit Laudanum und Morphin behandelt und geriet bald in Abhängigkeit von diesen Drogen. Sie begann auch geradezu zwanghaft zu wetten, wobei sie ein ausgeklügeltes System erprobte, und sie glaubte fest daran, daß es ihr gelingen würde, ein System auszutüfteln, um bei Pferderennen den Sieger verläßlich vorhersagen zu können. Doch es gelang ihr nie, und der Versuch, ihre Theorien zu beweisen, kostete sie einen beträchtlichen Teil ihres Vermögens.

Gegen Ende ihres Lebens hatte sie die Abhängigkeit von Medikamenten zwar überwunden, aber die Spielsucht verließ sie nie mehr. Sie wurde immer schwächer. Die Ärzte stellten fest, daß sie unheilbar an Krebs erkrankt war. Sie starb 1852 im Alter von sechsunddreißig Jahren.

Lillian Russell

GARDEROBEN-SCHRANKKOFFER

Lillian Russell, Superstar des Musiktheaters der „Gay Nineties", der fröhlichen neunziger Jahre des vergangenen Jahrhunderts, nahm ihre Show in großem Stil mit auf Reisen. Sie hatte einen privaten Pullman-Eisenbahnwagen mit Namen *Iolanthe* und reiste Tausende von Kilometern im Jahr, umgeben von Samtkissen, goldenen Quasten und den Funken und der Asche eines mit Holz geheizten Ofens. Um ihr Reiseleben ein wenig bequemer zu gestalten, entwarf sie schließlich einen speziell für ihren Gebrauch geeigneten Garderoben-Schrankkoffer und ließ ihn 1912 patentieren. Dieser Gegenstand, so erklärte sie, ... wird alle Bedürfnisse einer Schauspielerin erfüllen ... und kann auch von anderen Reisenden benützt werden".

Der Garderoben-Schrankkoffer – der viel zu voluminös war, um ein kommerzieller Erfolg zu werden – enthielt eine Unmenge Schubladen, Lampen, Haken, Bretter und Scharniere. Er war zerlegbar, damit man ihn leicht transportieren konnte. Lillian Russell konzipierte ihn so, daß man „alle Kosmetika und die für ein Make-up notwendigen Dinge zur Hand hat und daß die Spiegel und Lampen so arrangiert sind, daß die gewünschten Ergebnisse rasch erzielt werden können, wie das eben notwendig ist, wenn die Pause zwischen zwei Akten sehr kurz ist".

„Außerdem", so fuhr sie in ihrer Patentanmeldung fort, „ist es außerordentlich wichtig, daß ein Schrankkoffer der oben beschriebenen Art der rauhen Behandlung standhält, der er auf einer Theatertournee zwangsläufig ausgesetzt wird; deshalb ist die Konstruktion sehr robust und haltbar."

Die beiden letztgenannten Kriterien gelten ebensosehr für die Erfinderin wie für ihre Erfindung. Lillian Russell überstand vier Ehen, den Ersten Weltkrieg, Skandale und ein ziemlich ausschweifendes Leben. Sie brachte es zur höchstbezahlten Schauspielerin ihrer Zeit. Im Jahre 1891 verdiente sie zwölfhundert Dollar in der Woche plus einem Gewinnanteil an der Theaterkasse von T. Henry Frenchs Manhattan Garden Theatre – eine Summe, die damals nicht nur eine große Familie, sondern gut und gern eine kleinere Stadt ernährt hätte. Ihre Schönheit und ihre Stimme waren legendär. Zugleich war sie aber

Lillian Russell, die Schauspielerin der „Gay Nineties", (hier in einer ihrer typi-schen üppigen Aufmachungen zu sehen), hatte so viel Mühe damit, ihre lästigen Kostüme und Make-Up-Utensilien zu transportieren, daß sie einen speziellen Garderoben-Schrankkoffer patentieren ließ, der diese Aufgabe besser erfüllen sollte.

auch eine tüchtige Geschäftsfrau, ohne dadurch ihr Image als Inbe-griff der Weiblichkeit einzubüßen.

Lillian Russell wurde als Helen Louise Leonard am 4. Dezember 1861 in Clinton im Staat Iowa geboren. 1890 waren ihre Auftritte in musikalischen Komödien und Operetten bereits weltweit berühmt. Ihr wurde sogar die Ehre angetragen, ihre Stimme als erste über-haupt über eine Fernsprechleitung zu schicken. Sie war ebenso schön wie talentiert, und sie lieh ihren Namen (nicht jedoch ihre Rezepte) für die Herstellung der Kosmetikserie „Lillian Russells Own Preparations" (Lillian Russells eigene Präparate). Außerdem strahlte sie vom Werbeplakat für eine Rekrutierungskampagne der Marineinfanterie.

Gegen Ende ihres Lebens widmete sie sich mehr und mehr intellektuellen Aufgaben. Präsident Harding ernannte sie 1922 zur Sonderbeauftragten für Einwanderungsprobleme, und mit fünfzig Jahren arbeitete sie als Zeitungskolumnistin. Sie starb mit sechzig Jahren an Herzversagen. Dem wohl einzigen Fehlschlag ihrer Karriere – dem Russell-Garderoben-Schrankkoffer – dürfte sie kaum nachgetrauert haben.

Hedy Lamarr

GEHEIMKOMMUNIKATIONSSYSTEM

In ihrer Autobiographie *Ecstasy and Me* (dt. „Ekstase und ich", 1967) schreibt die Hollywood-Sirene Hedy Lamarr, ihr einziger Beitrag zu den Bemühungen der Alliierten im Zweiten Weltkrieg sei ihre „mit Kakaobutter bestrichene Nacktheit" als Tondelayo in dem Film *White Cargo* gewesen. Vermutlich sollten das die Leute glauben.

In Wirklichkeit haben sie und der Komponist George Antheil – einer der wenigen Freunde, die Hedy nicht geheiratet hat – ein geheimes Kommunikationssystem erfunden, das sich besonders für Unterseeboote eignete. Sie erhielten dafür am 10. Juni 1941 das Patent Nr. 2 292 387. Diese Erfindung war theoretisch sehr ausgefeilt. Ein System sollte zum Einsatz kommen, bei dem die Funkfrequenzen intermittierend und gleichzeitig zwischen dem Sender und dem Empfänger wechselten, um zu verhindern, daß der Feind die Signale mithören konnte. In keiner Geschichte des Zweiten Weltkrieges wird jedoch berichtet, daß ein solches Verfahren je benützt wurde. Also ließ sich der theoretische Entwurf vermutlich nicht in die Praxis umsetzen.

Wer käme auf den Gedanken, daß diese
Femme fatale im Zweiten Weltkrieg
ein Geheimkommunikationssystem
patentieren ließ? Hedy Lamarr hat sich
nie öffentlich zu diesem Patent bekannt,
aber sie war einfach die einzige Hedwig
Kiesler Markey, die es 1941 gab.

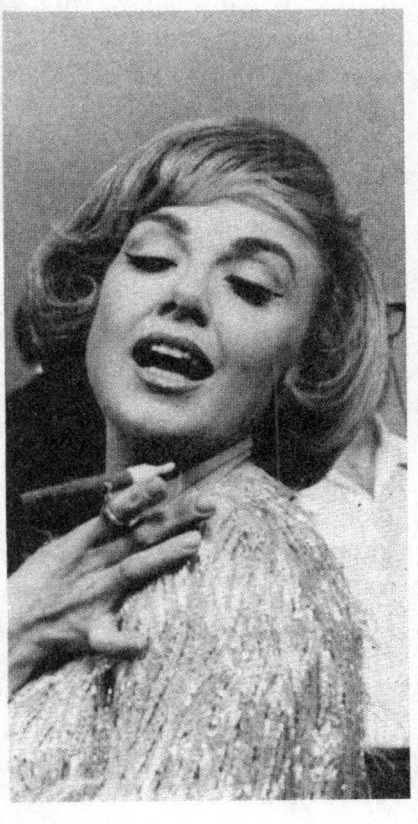

„Warum nehmen Sie nicht eine und
rauchen sie mal?" hauchte der Fernsehstar Edie Adams in ihrer Werbesendung
für Muriel-Zigarren. Um diese Aufgabe
zu erleichtern, erfand sie einen Zigar-
renhalter, der die Form eines Ringes
hatte.

237

Der Grund dafür, daß Hedy Lamarr ihre Leistung all die Jahre hindurch geheimgehalten hat, ist wahrscheinlich, daß die Beschäftigung mit derartigen Dingen einfach nicht zu ihrem Image paßte. In Hollywood bedeutet das Image alles, und selbst heute ist Hedy Lamarr noch sehr empfindlich, wenn unliebsame Dinge über sie veröffentlicht werden sollen. So hat sie 1986 eine einstweilige Verfügung gegen ein in den ganzen USA aufgelegtes Sensationsblatt beantragt, um den Abdruck einer unvorteilhaften Photographie zu verhindern.

Hedy Lamarr wurde unter dem bürgerlichen Namen Hedwig Kiesler zwischen 1913 und 1915 geboren (je nachdem, welcher Darstellung man glauben will) und begann ihre Filmkarriere mit einer richtigen Sensation. Ihre erste Hauptrolle hatte sie 1933 im tschechischen Film *Ekstase,* in dem sie fidel und splitternackt in einem Teich herumplanscht. Zwar wurde der Film in den gesamten Vereinigten Staaten verboten, aber er zog dennoch die Aufmerksamkeit von Louis B. Mayer, dem Chef der Metro Goldwyn Mayer auf sich. Er schloß – wider besseres Wissen, was ihre schauspielerischen Qualitäten betraf – einen Vertrag mit dem naiven jungen Mädchen vom Typ Lolita.

Im Rückblick leuchtet jedermann ein, was den sonst eher konservativen Mayer dazu bewog. Hedy Lamarr hatte ganz besondere Reize, ja sie wurde bereits hin und wieder als die neue Garbo bezeichnet. 1938 hatte sie als Hedy Lamarr ihr amerikanisches Debüt im Film *Algiers,* und zwar in der Rolle der verführerischen Dunkelhaarigen. Ihr gegenüber sprach Charles Boyer die wohl berühmteste Einladung der Filmgeschichte aus: „Komm mit mir zur Kasbah."

Dieser Film war ihr erster und gleichzeitig letzter mit einer kritischen Note. Im Kampf um die Zuschauergunst wurde Hedy von MGM gegen die von Paramount engagierte Dorothy Lamour in einer langen Reihe zweitklassiger Spielfilme eingesetzt (*Lady of the Tropics,* 1939; *Mädchen im Rampenlicht,* 1941; *Tortilla Flat* und *White Cargo,* 1942; *Her Highness and the Bellboy,* 1944 usw.). Ihr beschränktes Repertoire kann man jedoch nicht nur MGM anlasten. Zweimal war sie dem unsterblichen Ruhm nahe – aber sie lehnte ausgerechnet jene Rollen ab, mit denen Ingrid Bergmann in *Casablanca* (1943) und in *Das Haus der Lady Alquist* (1944) berühmt werden sollte.

Ende des Zweiten Weltkrieges war Hedy Lamarrs große Zeit in Hollywood längst vorbei – doch 1950 trug sie mit ihrer Hauptrolle als Partnerin von Victor Mature in *Samson and Delilah* von Cecil B. DeMille noch einmal dazu bei, einen Film zum größten Kassenschlager des Jahres zu machen. Und 1954 sah sie immer noch so schön und blühend aus, daß sie im italienischen Spielfilm *The Face That Launched a Thousand Ships* eine glaubwürdige „schöne" Helena von Troja abgab. Ihr letzter Film war *The Female Animal* im Jahre 1957.

Selbst in den achtziger Jahren gesteht Hedy Lamarr noch immer nicht, daß sie sich in ihrer Vergangenheit als Technikerin betätigt hat. Sie gibt zu diesem Thema keine Interviews (obwohl sie sehr freimütig über andere Themen, beispielsweise über ihr Sexualleben spricht), und sie hat auch nie öffentlich bestätigt, daß die Hedwig Kiesler Markey auf der Patenturkunde von 1941 dieselbe Hedwig „Hedy" Kiesler (alias Lamarr) ist, die damals mit dem Drehbuchautor Gene Markey verheiratet war. Vielleicht hat sie noch immer das Bedürfnis, sich als den Inbegriff der „Weiblichkeit" darzustellen, und meint, dies lasse sich nicht damit vereinen, daß sie insgeheim auch eine Intellektuelle war.

Edie Adams

DER ZIGARRENHALTERRING

Fast zwei Jahrzehnte lang gehörten Edie Adams und Muriel-Zigarren in der Vorstellung der amerikanischen Öffentlichkeit untrennbar zusammen. Mit dem hingehauchten Satz: „Warum nehmen Sie nicht eine und rauchen sie mal?" schuf sie einen der Werbespots, an die sich jedermann erinnert. Bei diesen Werbespots konnten Millionen von Zuschauern einen Blick auf eine Erfindung werfen, für die Edie Adams das Patent hatte – eine Erfindung, die von einem Goldschmied ausgeführt worden war und die nur von Miss Adams und einigen ihrer engsten Freunde benützt wurde. Der Zigarrenhalterring, den sie 1963 entworfen hatte, war nur ein Beispiel für ihre Philosophie: „Wenn einer mir sagt, etwas sei das Bestmögliche, suche ich nach sieben Wegen, es noch besser zu machen."

Die Idee für den Zigarrenhalterring hatte sie, als die Firma Muriel sich bemühte, Frauen für das Rauchen von Zigarren zu begeistern.

Edie Adams sollte bei der Werbekampagne als Zugpferd dienen. „Ich sagte klipp und klar, daß sie mich niemals dazu bringen würden, eine dicke, fette Zigarre zwischen den Fingern zu halten", sagt Edie Adams rückblickend. „Und dann habe ich mich daran erinnert, daß ich Gloria Swanson mal mit einem merkwürdigen Zigarettenhalter gesehen hatte, ich glaube in *Boulevard der Dämmerung*. Ich überlegte hin und her, ob es nicht möglich sein könnte, etwas Ähnliches für Zigarren zu konstruieren, das aus einem Stück und nicht aus zwei oder drei Teilen gemacht war."

Edie Adams bog ein Stück Draht zurecht und bastelte eine Art Feder daraus, die sich leicht sowohl an die Größe des Zeigefingers anpassen ließ, auf den sie aufgesteckt wurde, als auch an den Umfang der Zigarre, die sie halten sollte. „Es war die Funktionalität des Designs, die Tatsache, daß alles aus einem Stück war, daß es sich rentierte, die Sache patentieren zu lassen", sagt Edie Adams. „Bei Muriel wollte man die Idee sogar weiterentwickeln; deshalb ließ ich Cartier ein paar Probestücke machen. Ich habe an der Erfindung jedoch nie Geld verdient, weil gerade zu jener Zeit sogar die Männer aufhörten, Zigarren zu rauchen."

Edie Adams – geborene Edith Adams Enke – ist eine Sängerin mit klassischer Ausbildung. Sie hat als Teenager zunächst ein gewisses Talent als Modeschöpferin an den Tag gelegt und verstand es ausgezeichnet, aus abgelegten Kleidern wieder wahre Prunkstücke zu machen. Ihre Karriere als Fernsehstar erreichte den Höhepunkt in „den goldenen Jahren des Fernsehens". Damals spielte sie mit ihrem Mann Ernie Kovacs Hauptrollen in seiner erfolgreichen Varietéserie. Zu ihren eigenen Fernsehserien gehören *Here's Edie* und *The Edie Adams Show;* außerdem spielte sie in so beliebten Filmen wie *Das Appartement* und *Ein Pyjama für Zwei* mit.

Edie Adams betrachtet die Erfindung des Zigarrenhalterrings nicht gerade als Glanzpunkt ihres Lebens, ist jedoch stolz darauf, mit dieser Erfindung einen sichtbaren Ausdruck ihres einfallsreichen Geistes zu haben. „Ich fühle mich regelrecht dazu getrieben, Dinge zu verbessern", sagt sie. „Jetzt lerne ich gerade kochen, und es gibt eine Menge an Standardausrüstung in der Küche, die verbesserungsbedürftig ist." Auf die Frage, was sie am liebsten erfinden würde, erwidert Edie Adams: „Ein Programm für den Frieden, das funktioniert."

Dorothy Rodgers

DER JONNY-MOP

Toilettenschüsseln zu reinigen ist eine unangenehme Notwendigkeit. Ein Gerät zur Reinigung von Toilettenschüsseln zu erfinden
mag auch nicht als Geniestreich erscheinen, und doch werden viele
Menschen der Erfinderin dankbar sein. Interessanterweise war es
eine Frau mit einer sehr romantischen Aura, die den Toilettenreini-
ger Jonny-Mop erfand: Dorothy Rodgers, die Frau des Komponisten Richard Rodgers, zu dessen Werken so lyrische Musicals wie
South Pacific, Der König und Ich und *Meine Lieder – Meine Träume*
gehören.

Dorothy Rodgers ließ das Gerät mit Plastikgriff und einem durch-
spülbaren Reinigungskopf 1945 patentieren. „Ich dachte, es müsse
doch eine bessere Methode geben, Toiletten zu säubern als mit der
altmodischen unhygienischen Bürste", sagte sie. Sie verkaufte ihre
Rechte für zehntausend Dollar plus Gewinnanteile an einen Hersteller und belangte die Firma später gerichtlich, als ihr Lizenznehmer sie
um ihre Verkaufsanteile bringen wollte. (Die Firma argumentierte,
man habe die ursprüngliche Version so weit verändert, daß das
Design nicht mehr unter Dorothys Patent falle, aber die Gerichte
waren anderer Ansicht.)

Außer dem Jonny-Mop und seiner patentierten Verbesserung,
dem Tank-U, entwickelte Dorothy Rodgers auch ein Schnittmuster
zum Anprobieren (das man waschen, bügeln und ändern konnte) und
ein Lernspiel für Kinder namens *Turn and Learn Books* (Bücher zum
Umblättern und Lernen).

241

Beatrix Potter

FLECHTEN

Beatrix Potter ist bekannt als Schöpferin von *Peter Hase* sowie Dutzenden von weiteren beliebten Kindergeschichten. Weniger bekannt ist sie als Entdeckerin der Flechten. Sie hat als erste festgestellt, daß dieses verbreitete Gewächs gar keine Pflanze, sondern eine Symbiose zwischen Algen und Pilzen ist. Die Tatsache, daß sie dieses Phänomen schon zehn Jahre, ehe es in die allgemein akzeptierte botanische Lehre aufgenommen wurde, erfaßte und beschrieb, ist heute so gut wie unbekannt. Das ist nicht weiter verwunderlich, denn Beatrix Potter war so verärgert über die abweisende und hochmütige Haltung, die ihr die etablierten Wissenschaftler entgegenbrachten, daß sie ihre Studien völlig einstellte. Sie hinterließ lediglich eine Reihe sorgfältig verschlüsselter Notizbücher – die erst fünfzig Jahre später entziffert wurden.

Beatrix Potter wurde 1866 in einer Familie der englischen Oberschicht geboren. Sie wurde von einer Gouvernante erzogen, die ihr die üblichen Kenntnisse in Französisch, Deutsch und Handarbeit beibrachte, aber schon mit zwölf Jahren legte Beatrix eine auffallende Begabung fürs Zeichnen an den Tag. Ihr Vater war das, was wir heute einen „Star-Photographen" nennen würden, und Beatrix begleitete ihn oft bei seinen Arbeitsausflügen.

Als junges Mädchen verbrachte sie viel Zeit im Wald, studierte Pilze und Flechten und fertigte kunstvolle Zeichnungen von ihren Studienobjekten an. Sie gelangte zu der Überzeugung, daß Flechten in Wirklichkeit eine Synthese von zwei anderen Lebensformen sind. Mit dieser Erkenntnis ging sie zu ihrem Onkel, Sir Henry Roscoe, einem bekannten Chemiker. Er ermutigte sie und nahm sie mit in die Königlichen Botanischen Gärten, wo sie ihre Arbeiten dem Direktor, Sir William Thistleton-Dyer, vorstellen konnte. Doch dieser warf nur einen kurzen Blick auf ihre Papiere und sagte dann, die Zeichnungen seien „zu künstlerisch, um wissenschaftlich zu sein".

Beatrix Potter versuchte danach noch zweimal, bei ihm Gehör zu finden, wurde jedoch schroff abgewiesen. Sir Henry unterstützte sie dennoch weiter in ihren Bemühungen und sorgte dafür, daß ihr Aufsatz über die Symbiose 1897 von einem Assistenten der Linnéschen Gesellschaft gelesen wurde, der die neue Theorie über Flechten sofort als wissenschaftliche Erkenntnis akzeptierte. Doch statt ihr Wissen zu veröffentlichen, nahm Beatrix den Aufsatz wieder mit nach Hause und verbarg ihn vor der Welt.

Sie wandte sich der Kinderliteratur zu und wurde eine höchst erfolgreiche, anerkannte Autorin und Illustratorin. Beatrix Potter starb 1943 in England.

Herschel, Lavoisier, Pasteur, Brahe, Hall

SCHWESTERN UND EHEFRAUEN

Viele Erfindungen und Entdeckungen, die Männern zugeschrieben werden, kamen in Partnerschaft mit – oder unter tatkräftiger Mitwirkung von – ihren Frauen oder Schwestern zustande. Nur wenige von diesen Frauen wurden je für ihre Hilfe gebührend gewürdigt.

Eine jener Frauen, die ausnahmsweise für ihre Arbeit als Helferin und als selbständige Forscherin allgemein bekannt wurde, ist die deutsche Astronomin Caroline Herschel. Sie wurde 1750 in Hannover geboren, übersiedelte im Alter von zweiundzwanzig Jahren nach England und gab nach erfolgreichem Debut eine Laufbahn als Sängerin auf, um ihrem Bruder William als Assistentin bei seinen astronomischen Arbeiten zu helfen.

William Herschel entdeckte 1781 den Planeten Uranus und wurde ein anerkannter Wissenschaftler seiner Zeit. König George III. ernannte Herschel zum königlichen Astronomen. Herschel wurde ein Jahreseinkommen von zweihundert Pfund bewilligt. Auch Caroline bekam als Assistentin einen kleinen Posten, doch ihr Jahreseinkommen belief sich auf fünfzig Pfund – nachdem sie ihre Arbeit sechs Jahre lang umsonst getan hatte.

Caroline Herschel führte ihrem Bruder nicht nur den Haushalt, sie fütterte ihn auch eigenhändig, wenn er allzusehr in seine Beobachtungen vertieft war, und sie las ihm vor, um den übernervösen Wissenschaftler zu beruhigen. Außerdem blieb sie nächtelang auf und machte detaillierte Beobachtungen der Himmelsbewegungen. Sie stellte die Modelle und Spiegel für das handgefertigte Teleskop mit zwölf Metern Brennweite her, das Herschel für seine Arbeit brauchte, und konstruierte die Gußformen für die Teleskopspiegel selbst. Dazu mußte sie Berge von Pferdemist durch ein gigantisches Sieb stampfen.

1782 überließ William seiner Schwester ein kleines Teleskop für den eigenen Gebrauch, damit sie selbst Beobachtungen und Berechnungen anstellen konnte. Zu ihren frühesten eigenständigen Entdeckungen zählen drei neue Nebel, und ehe ein Jahr vergangen war, hatte sie mehrere neue Sternhaufen und vierzehn weitere Nebel entdeckt. Am 1. August 1786 wurde ihr (als erster Frau) Anerkennung für die Entdeckung eines Kometen zuteil, eine Leistung, die William Herschel niemals gelang. Bis 1797 hatte Caroline insgesamt acht Kometen entdeckt. Der erste, den sie registriert hatte, konnte im Januar 1790 in Paris mit bloßem Auge beobachtet werden.

Caroline und William Herschel wird das Verdienst zugeschrieben, die Wissenschaft der Stellarastronomie begründet zu haben. Sie bauten nicht nur größere Teleskope, sondern entwarfen auch optische Verbesserungen und erfanden Methoden, Linsen zu gießen und zu montieren. Carolines Lebenswerk ist der *Catalogue of Nebulae*, der die Positionen von zweitausendfünfhundert Sternsystemen auflistet und den sie erst im Alter von fünfundsiebzig Jahren abschloß. Mit der für sie typischen Bescheidenheit gab Caroline dem Werk den Untertitel *Which Have Been Observed by William Herschel* (die von William Herschel beobachtet wurden) und unterschlug ihre eigenen nächtelangen Beobachtungen des Himmels.

Caroline Herschel erhielt 1828 die Goldmedaille der Royal Astronomical Society, eine Auszeichnung, die sie nur mit gemischten Gefühlen entgegennahm. „In meinem ganzen langen Leben war ich es nicht gewöhnt und hatte auch kein Verlangen danach, öffentliche Ehrungen verliehen zu bekommen", schrieb sie an ihren Neffen, den Astronomen John Herschel.

1836 wurde Caroline in die Royal Irish Academy gewählt, und 1846 erhielt sie die Goldene Medaille für Wissenschaft vom König von Preußen. Sie vertiefte ihre naturwissenschaftlichen Studien und korrespondierte, obwohl inzwischen blind geworden, mit anderen Forschern ihres Gebietes, bis sie über neunzig Jahre alt war. 1848 starb sie mit achtundneunzig Jahren.

Antoine Lavoisier ist in allen Schulbüchern zu finden, weil er das Element „Oxygenium" (Sauerstoff) identifizierte und damit überkommene Vorstellungen von der alchemischen Substanz „Phlogiston" korrigierte. Weniger geehrt wird seine Mitarbeiterin Marie Anne Peirrette Paulze, die Lavoisier 1772 heiratete. Sie war damals vierzehn Jahre alt.

Lavoisier war bereits achtundzwanzig und ein wohletablierter Chemiker, als Marie ihn heiratete, um einer unerfreulichen, früh arrangierten Ehe mit einem noch älteren Mann zu entfliehen. Sie ging die Verbindung gern ein und machte sich gleich daran, Latein und Englisch zu lernen, um fremdsprachige Texte für ihren Mann übersetzen zu können. Sie assistierte ihm bei all seinen Experimenten, machte sämtliche Aufzeichnungen über die Laborergebnisse und führte die wissenschaftliche Korrespondenz, die das Paar mit anderen Forschern unterhielt.

1783 veröffentlichte Lavoisier seine Verbrennungstheorie, und Marie verbrannte in einer dramatischen Geste alle vorhandenen Texte, die noch die alte Phlogistontheorie enthielten. Sie illustrierte den 1789 erschienenen Band *Traité élémentaire de Chimie (Elementare Abhandlung über Chemie), der als erstes Beispiel eines modernen wissenschaftlichen Textes der Chemie gilt.*

Antoine Lavoisier mußte 1794 auf die Guillotine. Wie so vielen anderen wurde ihm zur Zeit der Französischen Revolution seine aristokratische Herkunft zum Verhängnis. Marie flüchtete vor der Schreckensherrschaft und kam für kurze Zeit ins Gefängnis. Ihr Vater wurde ebenfalls durch die Guillotine hingerichtet, und ihre Güter wurden beschlagnahmt (später jedoch wieder zurückerstattet). 1805 veröffentlichte Marie Lavoisier *Mémoires de Chimie,* womit sie ein achtbändiges Werk vervollständigte, das Antoine nur begonnen hatte. Dennoch publizierte sie es unter seinem Namen.

Im selben Jahr heiratete Marie ein zweites Mal, und zwar den amerikanischen Toryanhänger und Wissenschaftler Count Rumford, aber die beiden trennten sich schon um 1810 herum wieder. Sie erwarb zwar den Ruf, eine tüchtige Geschäftsfrau und Philanthropin zu sein, aber sie bedauerte bis zu ihrem Tod im Jahre 1836, daß sie ihres Geschlechtes wegen stets daran gehindert worden war, eigenständige wissenschaftliche Forschungen durchzuführen.

Marie Laurent arbeitete auch nach ihrer Heirat mit Louis Pasteur im Jahre 1849 eng mit diesem zusammen und blieb während seiner ganzen Forscherlaufbahn eine seiner engsten Mitarbeiterinnen. Sie arbeiteten gemeinsam im Labor und schrieben Artikel. Seine wichtigste Assistentin kann wohl zu Recht als Mitentdeckerin des Tollwut-Serums bezeichnet werden. Von 1868 an war Pasteur gelähmt, und Marie beaufsichtigte von diesem Zeitpunkt an alle Experimente.

Nach Tycho Brahe ist ein Teil des Mondes benannt, aber von Rechts wegen müßte er diese Ehre mit seiner Schwester Sofie Brahe teilen. Sie wurde um 1556 geboren, studierte als Autodidaktin Astronomie und Alchemie und arbeitete während Tychos gesamter Laufbahn am Observatorium der Uranienburg an seiner Seite. Sie starb 1643.

In der jüngeren Geschichte wäre es unverzeihlich, Julia B. Hall nicht als Miterfinderin der Aluminium-Herstellung zusammen mit ihrem jüngeren Bruder Charles Martin Hall zu würdigen. Die von Charles Hall 1886 erfundene Methode, Aluminium billig herzustellen, führte zur Gründung der später millionenschweren Firma Alcoa (Aluminium Company of America). Das Unternehmen, aus der die Alcoa hervorging, hieß Pittsburgh Reduction Company, und Julia besaß davon einhundert Stammaktien. Es gelang ihr, die Patentrechte ihres Bruders zu retten, wodurch sie ihrer Familie den Weg zu großem Reichtum eröffnete.

Julia Brainerd Hall wurde am 11. November 1859 in einer Missionarsfamilie auf einer zum britischen Empire gehörenden Westindischen Insel geboren. Sie war noch ein kleines Kind, als ihre Eltern nach Ohio zurückkehrten. Ihre vier jüngeren Schwestern und zwei jüngere Brüder wurden dort geboren. Alle Geschwister Hall studierten am Oberlin College, was für die damalige Zeit höchst ungewöhnlich war.

Obwohl die „Damenkurse" am Oberlin College eher die Geisteswissenschaften in den Vordergrund stellten und die Naturwissenschaften etwas vernachlässigten, erwarb Julia Hall doch solide Grundkenntnisse in Chemie, Geologie, Wirtschaft und Mathematik. Sie hatte sogar mehr naturwissenschaftliche Fächer als ihr Bruder, was aus ihrem Abschlußzeugnis hervorgeht (das allerdings kein Diplom war, denn das wurde Frauen vorenthalten). Nach dem Examen, das sie 1881 ablegte, übernahm sie anstelle ihrer kranken Mutter, die 1885 starb, den Haushalt der Familie.

Charles führte seine ersten Versuche in den Jahren 1882 bis 1886 in einem Holzschuppen hinter dem Wohnhaus der Familie Hall durch. Julia war jeden Tag in diesem Labor, zeichnete seine Experimente sorgfältig auf und gab ihm Anregungen. Nachdem Charles das Elternhaus verlassen hatte, korrespondierten die Geschwister über seine Forschungsarbeiten, und es ist Julias detaillierten Aufzeichnungen sowie der Tatsache, daß sie die Briefe von Charles aufbewahrte, zu verdanken, daß er seine Patentrechte dem Franzosen Heroult gegenüber erfolgreich verteidigen konnte, als dieser die Entdeckung des Verfahrens für sich beanspruchte. Dank Julia hatte Charles M. Hall bei seinem Tod im Jahr 1914 Einkünfte von hundertsiebzigtausend Dollar pro Jahr aus Alcoa-Aktien. Er hinterließ allein dem Oberlin College drei Millionen Dollar. Julia selbst verdiente zu dieser Zeit etwa siebentausend Dollar im Jahr an ihren eigenen Aktien.

Sie heiratete nie, sondern sorgte weiterhin für ihren Vater, bis er mit achtundachtzig Jahren starb. Nach dem Tod des Bruders, der für sie eine Brücke zur Welt gewesen war, gibt es keine Zeugnisse mehr über ihr Leben.

Anhang I

Das Women's Bureau

Am 5. Juni 1920 ordnete der Kongreß im Zusammenhang mit der Ratifizierung des Neunzehnten Verfassungszusatzes, mit dem den Frauen das Wahlrecht verliehen wurde, die Einrichtung einer Frauenabteilung im Arbeitsministerium an: „Es wird die Aufgabe der besagten Abteilung sein, Standardregeln und Richtlinien zu formulieren, die das Wohl der berufstätigen Frauen fördern, ihre Arbeitsbedingungen verbessern, ihre Effizienz steigern und ihre Möglichkeiten, gewinnbringende Arbeitsstellen zu bekommen, erweitern."

Unter der Leitung der Feministin Mary Anderson beschloß die Abteilung, eine Untersuchung darüber vorzunehmen, wo und wie „Frauen substantielle Beiträge zur Gesamtheit der kreativen Errungenschaften geleistet haben". Man griff den Zeitraum von 1905 bis 1921 heraus, in dem Frauen 5 016 Patente erteilt worden waren.

Die Analyse der Statistik führte zu überraschenden Ergebnissen: Frauen hatten nicht eine oder ein Dutzend, sondern Hunderte von Neuerungen in „männlichen" Bereichen patentieren lassen, wie etwa in der Landwirtschaft, im Bergbau, für Geschütze und Handfeuerwaffen, für das Maurerhandwerk und im Baugewerbe, in der Kraftfahrzeugtechnik und im Elektrobereich. Auch hatten sie Laborgeräte, optische und photographische Artikel und industrielle Sicherheitseinrichtungen geschaffen. Haushalts- und Bekleidungsartikel machten weniger als fünfzig Prozent an der Gesamtsumme aus.

Diese 1923 erstellte Übersicht war die letzte umfassende Studie der amerikanischen Regierung über Patente, die Frauen erteilt wurden. Abgesehen von den Anmeldungen von Frauen, die nach der Ratifizierung des Neunzehnten Zusatzartikels am 26. August 1920 eingereicht wurden, hatte keine dieser Erfinderinnen auch nur das Wahlrecht.

Die 5 016 Patente, die zwischen 1905 und 1921 Frauen erteilt wurden, geordnet nach Berufsgruppen, Anzahl und prozentualem Anteil:

1. Landwirtschaft, Forstwirtschaft und Viehzucht: 221 oder 4,4 Prozent.
Geflügelzucht, Molkereiprodukte, Viehzuchtbedarf und -gerät, Anbau-, Bodenbearbeitungs- und Erntegeräte, Schädlingsvernichtungsmittel, Gartengeräte und sonstige Güter.
2. Bergbau, Steinbruchbetriebe und Hüttenwesen: 14 oder 0,3 Prozent.
3. Produktion: 223 oder 4,4 Prozent.
Chemische Artikel, Nahrungsmittel, Textilartikel, Verfahren und Appara-

te, Gießereimaterialien und -apparate, Geräte und Ausstattungsgegenstände für Maschinenwerkstätten und andere metallverarbeitende Betriebe, Lederverarbeitungs- und Schuhherstellungsverfahren, Maschinen und Werkzeuge.

4. Baugewerbliche Gegenstände und Materialien: 208 oder 4,2 Prozent.
Straßen- und Kanalbau sowie dafür benötigte Materialien, Steinmetzgeräte, Einzelteile, Materialien und Werkzeuge für den Hausbau, Heizungsanlagen, Beleuchtungskörper und Zubehör.

5. Transportwesen: 345 oder 6,9 Prozent.
Automobilzubehör, Karosserien, Einzelteile, Reifen und Reifenhalterungen, Fahrräder, Motorräder, luftdruckbetriebene Fahrzeuge und Teile davon, von Pferden gezogene Fahrzeuge und Zubehör für Pferde und Fahrzeuge, Dampfeisenbahnen, Straßenbahnen und Zubehör, Verkehrszeichen und Signale, Schiffs- und Bootsausstattungen, Flugzeugzubehör.

6. Handel: 71 oder 1,4 Prozent.
Geschäftseinrichtungsgegenstände und -ausstattung, Werbeartikel und Zubehör, Meß- und Verteilungsvorrichtungen.

7. Hotel- und Gaststättengewerbe: 10 oder 0,2 Prozent.

8. Ausstattung von Reinigungs- und Färbebetrieben und Wäschereien: 6 oder 0,1 Prozent.

9. Schneider- und Hutmacherartikel: 118 oder 2,4 Prozent.

10. Büroartikel und -ausstattung: 71 oder 1,4 Prozent.

11. Fischereiwesen: 9 oder 0,2 Prozent.

12. Haushalt: 1 385 oder 27,6 Prozent.
Geräte für Küche, Waschküche, Speisezimmer, Badezimmer, Schlafzimmer und Kinderzimmer; Behälter für Asche, Abfall und Müll; Möbel, Einrichtungsgegenstände und Einzelteile, Aufhängevorrichtungen, Halterungen und andere Haushaltwaren, nützliche Einrichtungen für Kleider- und Wäscheschränke; Insektenfänger und Nagetierfallen; Näh- und Strickzeugbehälter sowie Handarbeitserleichterungen.

13. Verschiedene Artikel und Gerätschaften: 378 oder 7,5 Prozent.
Besteck, Werkzeuge, Eisenwaren, Elektroartikel, Glas- und Porzellangegenstände, Näh- und Stickmaschinen, Telefon- und Telegrafenzubehör, Schreib- und Papierwarenartikel, verschiedene Vorrichtungen zum Verpacken, Verschnüren, Tragen oder Verschicken.

14. Wissenschaftliche Instrumente: 76 oder 1,5 Prozent.
Laborgeräte, Meßinstrumente, Waagen, Uhren, optische und fotografische Geräte.

15. Geschütze, Handfeuerwaffen und Munition: 22 oder 0,4 Prozent.

16. Bekleidung und persönliche Gebrauchsgegenstände: 1 090 oder 21,7 Prozent.
Unter- und Oberbekleidung, Kopfbedeckungen, Handschuhe und Fußbekleidung, Babykleidung, Schmuck, Toilettenartikel, Geldbeutel, Schirme und Koffer.

17. Schönheitssalon- und Friseurartikel: 46 oder 0,9 Prozent.
18. Medizinische, chirurgische und zahnmedizinische Artikel: 227 oder 4,5 Prozent.
19. Sicherheits- und Hygieneartikel: 129 oder 2,6 Prozent.
Vorrichtungen zum Schutz des Eigentums, Schutzkleidung, hygienische Einrichtungen.
20. Bildung und Erziehung: 75 oder 1,5 Prozent.
Mechanische Lernhilfen, Schulmöbel und -ausstattung, Hilfen für den Musikunterricht.
21. Kunsthandwerk: 67 oder 1,3 Prozent.
Musikinstrumente und Einzelteile, Künstler- und Bildhauerwerkzeuge, Stoffe und andere kunstgewerbliche Artikel; Apparate für Theater.
22. Freizeitindustrie: 211 oder 4,2 Prozent.
Kinderspielzeug, Spiele für Erwachsene, Sport- und Campinggeräte.
23. Sonstiges: 14 oder 0,3 Prozent.
Wahl- und Registriereinrichtungen, Kirchen- und Bestattungsartikel.

Anhang II

Kindliche Geistesblitze

Als jüngste Erfinderin, die je ein amerikanisches Patent erworben hat, betrachtet man – zu Unrecht – Betty Galloway aus Georgetown in Süd-Carolina, die am 6. August 1968 das Patent Nr. 3 395 481 erlangte. Sie war zehn Jahre alt, als es erteilt wurde, und ihre Erfindung entsprach ihrem Alter: Es war ein Spielzeug, mit dem ein Kind Seifenblasen machen kann.

Tatsächlich gebührt die Ehre, als jüngste etwas erfunden zu haben, den Schwestern Teresa und Mary Thompson, die acht und neun Jahre alt waren, als sie für eine wissenschaftlich-technische Messe im Jahre 1960 ein „Solar-Tipi" erfanden und patentieren ließen. Sie nannten ihr Zelt „Wigwam" und hatten die Idee, als sie ihrem Vater zusahen, der damals gerade ein Haus mit Solarheizung für die Familie baute. Die Mädchen wollten eine eigene Version davon haben, um damit im Garten hinter dem Haus zu kampieren.

Wendy Jonnecheck war in der fünften Klasse, als sie eine neue Art von Springseil erfand und patentieren ließ, das von der Firma Quality Industries in Hillsdale in Michigan hergestellt und auf den Markt gebracht wurde.

Dank eines alljährlichen Wettbewerbs, den die pädagogische Zeitschrift *My Weekly Reader* inzwischen veranstaltet, werden Betty, Wendy und die Geschwister Thompson in den kommenden Jahren bestimmt mehr Konkurrenz haben. Über achtzigtausend Beiträge gingen anläßlich des ersten nationalen Wettbewerbs für junge Erfinder im Jahre 1986 bei der Zeitschrift ein.[*] Nach Auskunft von Terry Borton, Chefredakteur von *My Weekly Reader*, wurde der Wettbewerb ausgeschrieben, weil „wir als ganze Nation das Erfindertalent unserer Jugend fördern müssen". Die Japaner führen schon seit 1946 jedes Jahr einen landesweiten Erfinderwettbewerb durch und schreiben das hohe Innovationsniveau ihres Landes teilweise diesem Wettbewerb zu.

Stolze Siegerin des ersten Wettbewerbs von *My Weekly Reader* war Suzie Amling aus Auburn in Alabama. Die sieben Jahre alte Suzie gewann einen Geschenkgutschein im Wert von fünfhundert Dollar und eine Fahrt nach Washington (für sich und ihre Eltern) als Belohnung für ihre Erfindung: den „Reihenordner und -bewahrer".

Da ihre Klasse rund fünfhundert Meter weit an einer stark befahrenen Straße entlanggehen muß, um zur Stadtbücherei zu gelangen, wollte die

---

[*] Wer genauere Informationen über diesen Wettbewerb haben möchte, wende sich bitte direkt an die Zeitschrift. Die Adresse lautet: 245 Long Hill Road, Middletown, Connecticut 06457.

kleine Suzie etwas für die Sicherheit ihrer Klassenkamerad(inn)en tun. Mit Hilfe ihres Vaters, der an der Universität von Auburn Gartenbau lehrt, bastelte sie aus einem Stück Seil, Draht und vielen alten Koffergriffen einen Reihenordner und -bewahrer. Jeder Schüler hält sich an einem der Griffe fest, und alle Griffe sind elektrisch mit einem kleinen schwarzen Kasten verbunden, den der Lehrer oder die Lehrerin trägt. Sobald ein Schüler aus der Reihe tanzt und den Griff losläßt, ertönt ein warnendes Summen. Der Zweck der Erfindung ist natürlich schlicht, die „Kinder zusammenzuhalten".

Die jüngste Teilnehmerin, die beim Wettbewerb von 1986 einen Preis gewann, war die fünfjährige Katie Harding. Sie hatte es von Anfang an gehaßt, mit ihrem siebenjährigen Bruder an dunklen kalten Wintermorgen zum Schulbus zu gehen. Ständig trat sie in Matsch und Pfützen, und einmal mußte ihr Bruder Lee sogar einen Schultag ausfallen lassen, weil er in eine so große Pfütze gestolpert war, daß er völlig durchnäßt war. „Ich stellte mir vor, wie schön es wäre, ein Licht am Regenschirm zu haben", sagte Katie.

Mit Hilfe ihrer Mutter befestigte sie eine Taschenlampe an einem Schirm und erfand somit den „Matsch-Pfützen-Aufspürer". Die Erfindung brachte ihr einen Sparbon über zweihundertfünfzig Dollar ein und außerdem einen groß aufgemachten Bericht auf der ersten Seite der Lokalzeitung von Bloomington im Staat Indiana.

Mit zwölf Jahren gewann Anna Thompson aus Craig in Colorado den Preis für die Teilnehmer des sechsten Schuljahres mit ihrem „Backfett-Schnellspender mit Maßangabe", einer Vorrichtung, die einem die manchmal verzwickte Aufgabe abnehmen sollte, ein bestimmtes Quantum festes Backfett für ein Rezept abzuwiegen. Der Backfett-Schnellspender mit Maßangabe verwendet dazu wegwerfbare Plastiktüten, die auf einen Zylinder passen, aus dem man die benötigte Menge Backfett in ein passendes Gefäß herausdrücken kann.

Eine Erfindung eines anderen zwölfjährigen Mädchens wurde ebenfalls patentiert und sogar Grundlage einer florierenden Firma. Becky Schroeder aus Toledo in Ohio dachte sich die „Leuchttafel" (Glo-Sheet) aus, als sie zehn Jahre alt war, ließ sie mit zwölf Jahren patentieren und besaß bereits ein gutgehendes Unternehmen, als sie zweiundzwanzig war.

Alles begann eines Abends, als die kleine Becky im geparkten Auto ihrer Eltern saß und auf die Mutter wartete, die noch etwas besorgen mußte. Becky sollte noch Hausaufgaben machen und überlegte, wie praktisch es wäre, wenn man im Dunkeln schreiben könnte, und ob man nicht irgendwie das Schreibpapier beleuchten könnte.

Von ihrem Vater – der zufällig Patentanwalt war – unterstützt und ermutigt, begann Becky, mit phosphoreszierenden Substanzen zu experimentieren. Innerhalb von zwei Jahren hatte sie das Patent Nr. 3 832 556 für ihre Leuchttafel erlangt: eine Acryltafel, die ein Blatt Papier von unten beleuchtet. 1975 wurde das Patent Nr. 3 879 611 für eine verbesserte Version erteilt.

„Bei dem Versuch, im Dunkeln zu schreiben", erläuterte Becky in ihrer

Patentanmeldung, „habe ich festgestellt, daß man zwar die Schreibbewegungen mit wenig mehr Mühe als sonst durchführen kann, daß es aber schwierig ist, in geraden Zeilen mit einheitlichem Abstand zwischen den Zeilen und ohne Überschneidungen zu schreiben, weil man keine Linien auf dem Blatt hat. Im Zusammenhang mit meiner hier vorgestellten Erfindung habe ich festgestellt, daß Linien für das Schreiben im Dunkeln mit sehr wenig Licht zur Verfügung gestellt werden können. Außerdem habe ich herausgefunden, daß eine Tafel, auf die mit im Handel erhältlicher phosphoreszierender Farbe Linien aufgetragen werden, im Dunkeln deutlich durch ein oder mehrere Blätter Schreibpapier hindurch zu sehen ist."

Becky lernte bei der Begutachtung von Stoffen, die aufgrund von chemischer oder biologischer Lumeneszenz leuchten, daß es viele Substanzen gibt, die wenig Geld kosten und die, wenn man sie lediglich kurze Zeit dem Sonnenlicht oder einer hellen Lampe aussetzt, fünfzehn Minuten oder noch länger schwach nachleuchten. Ihre Leuchttafel ermöglicht zwei unterschiedliche Arten von Hintergrundlicht. Bei der einen Ausführung gibt die ganze Tafel ein schwaches Licht ab. Bei der anderen sieht der Benutzer nur Lichtlinien durch sein Arbeitsblatt schimmern, ähnlich wie bei einem Linienblatt, das unlinierten Briefblöcken beiliegt.

In den zehn Jahren nach 1975 erhielt Miss Schroeder zehn weitere Patente für Verbesserungen der Leuchttafel. Noch bevor sie 1983 ihren Collegeabschluß machte, war sie bereits Inhaberin und Betreiberin der Firma B. J. Products, Inc., die die Leuchttafel herstellt und auf den Markt bringt. Sie verkauft ihren Artikel an Polizeistationen, Krankenhäuser, die amerikanische Marine und verhandelt sogar mit der NASA.

Anhang III

Anmeldung eines Patents

Die Anmeldung eines Patentes ist im deutschsprachigen Raum mit detaillierteren rechtlichen Regelungen verbunden als in den USA.

Zuständige Patentämter:

Deutsches Patentamt
Zweibrückenstraße
D 8000 München 2

Österreichisches Patentamt:
Präsidialabteilung II
Kohlmarkt 8-10
A 1010 Wien

Bundesamt für geistiges Eigentum
Sektion Patent
Einsteinstraße 2
CH 3003 Bern

Erfinderinnen, die in einem dieser Länder eine Erfindung patentieren lassen wollen, sollten ihre Interessen durch einen auf das Patentrecht spezialisierten Anwalt vertreten lassen.

Register

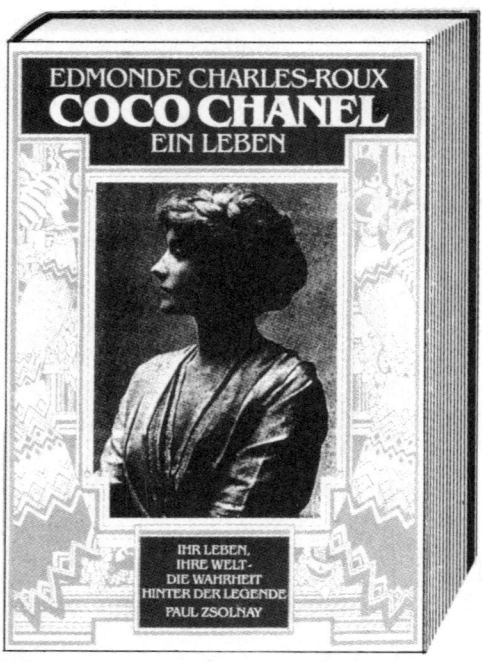